全国高职高专院校药学类与食品药品类专业“十三五”规划教材

食品化学

（供食品品类、医学营养及健康类专业用）

主　编　马丽杰　李增绪

副主编　段春燕　杨　婕　刘　玲　付晶晶　白　冰

编　委（以姓氏笔画为序）

马丽杰（辽宁医药职业学院）　　王　琢（山东药品食品职业学院）

冉春霞（重庆三峡医药高等专科学校）　　付晶晶（广西卫生职业技术学院）

白　冰（沈阳农业大学）　　刘　玲（沈阳农业大学）

刘娜丽（山西药科职业学院）　　李　晶（辽宁医药职业学院）

李景辉（辽宁医药职业学院）　　李增绪（山东药品食品职业学院）

杨　婕（江西中医药大学）　　段春燕（重庆医药高等专科学校）

中国健康传媒集团

中国医药科技出版社

内容提要

本教材是全国高职高专院校药学类与食品药品类专业“十三五”规划教材之一，系根据食品化学教学大纲的基本要求和课程特点编写而成，内容涵盖食品化学的基础理论及其相关实用知识，主要介绍了食品的化学组成、结构、性质及其在食品加工和贮藏过程中的化学变化及这些变化对食品品质和安全性的影响与控制。主要包括水分、碳水化合物、脂类、蛋白质、维生素、矿物质、酶、色素、食品风味物质、食品添加剂和相关实验内容。本教材编写时力求体现高职教育特点，在突出基本理论、基本概念和方法的同时，以应用为目的，尽量做到将基本知识和实践应用以及各种新技术有机结合在一起。每章附有学习目标、案例导入、拓展阅读、目标检测和重点小结，便于教学使用。

本教材供全国高职高专院校食品类专业、医学营养及健康类专业教学使用，也可供其他相关专业的师生和自学者参考。

图书在版编目（CIP）数据

食品化学／马丽杰，李增绪主编. —北京：中国医药科技出版社，2017.5
全国高职高专院校药学类与食品药品类专业“十三五”规划教材
ISBN 978-7-5067-8800-7

Ⅰ.①食… Ⅱ.①马… ②李… Ⅲ.①食品化学-高等职业教育-教材
Ⅳ.①TS201.2

中国版本图书馆CIP数据核字（2017）第305387号

美术编辑 陈君杞
版式设计 锋尚设计

出版 **中国健康传媒集团**｜中国医药科技出版社
地址 北京市海淀区文慧园北路甲22号
邮编 100082
电话 发行：010-62227427 邮购：010-62236938
网址 www.cmstp.com
规格 787×1092mm 1/16
印张 15 1/4
字数 323千字
版次 2017年5月第1版
印次 2021年12月第3次印刷
印刷 北京市密东印刷有限公司
经销 全国各地新华书店
书号 ISBN 978-7-5067-8800-7
定价 35.00元

获取新书信息、投稿、为图书纠错，请扫码联系我们。

出 版 说 明

全国高职高专院校药学类与食品药品类专业“十三五”规划教材（第三轮规划教材），是在教育部、国家食品药品监督管理总局领导下，在全国食品药品职业教育教学指导委员会和全国卫生职业教育教学指导委员会专家的指导下，在全国高职高专院校药学类与食品药品类专业“十三五”规划教材建设指导委员会的支持下，中国医药科技出版社在2013年修订出版“全国医药高等职业教育药学类规划教材”（第二轮规划教材）（共40门教材，其中24门为教育部“十二五”国家规划教材）的基础上，根据高等职业教育教改新精神和《普通高等学校高等职业教育（专科）专业目录（2015年）》（以下简称《专业目录（2015年）》）的新要求，于2016年4月组织全国70余所高职高专院校及相关单位和企业1000余名教学与实践经验丰富的专家、教师悉心编撰而成。

本套教材共计57种，均配套“医药大学堂”在线学习平台。主要供全国高职高专院校药学类、药品制造类、食品药品管理类、食品类有关专业［即：药学专业、中药学专业、中药生产与加工专业、制药设备应用技术专业、药品生产技术专业（药物制剂、生物药物生产技术、化学药生产技术、中药生产技术方向）、药品质量与安全专业（药品质量检测、食品药品监督管理方向）、药品经营与管理专业（药品营销方向）、药品服务与管理专业（药品管理方向）、食品质量与安全专业、食品检测技术专业］及其相关专业师生教学使用，也可供医药卫生行业从业人员继续教育和培训使用。

本套教材定位清晰，特点鲜明，主要体现在如下几个方面。

1.坚持职教改革精神，科学规划准确定位

编写教材，坚持现代职教改革方向，体现高职教育特色，根据新《专业目录》要求，以培养目标为依据，以岗位需求为导向，以学生就业创业能力培养为核心，以培养满足岗位需求、教学需求和社会需求的高素质技能型人才为根本。并做到衔接中职相应专业、接续本科相关专业。科学规划、准确定位教材。

2.体现行业准入要求，注重学生持续发展

紧密结合《中国药典》（2015年版）、国家执业药师资格考试、GSP（2016年）、《中华人民共和国职业分类大典》（2015年）等标准要求，按照行业用人要求，以职业资格准入为指导，做到教考、课证融合。同时注重职业素质教育和培养可持续发展能力，满足培养应用型、复合型、技能型人才的要求，为学生持续发展奠定扎实基础。

3. 遵循教材编写规律，强化实践技能训练

遵循“三基、五性、三特定”的教材编写规律。准确把握教材理论知识的深浅度，做到理论知识“必需、够用”为度；坚持与时俱进，重视吸收新知识、新技术、新方法；注重实践技能训练，将实验实训类内容与主干教材贯穿一起。

4. 注重教材科学架构，有机衔接前后内容

科学设计教材内容，既体现专业课程的培养目标与任务要求，又符合教学规律、循序渐进。使相关教材之间有机衔接，坚持上游课程教材为下游服务，专业课教材内容与学生就业岗位的知识和能力要求相对接。

5. 工学结合产教对接，优化编者组建团队

专业技能课教材，吸纳具有丰富实践经验的医疗、食品药品监管与质量检测单位及食品药品生产与经营企业人员参与编写，保证教材内容与岗位实际密切衔接。

6. 创新教材编写形式，设计模块便教易学

在保持教材主体内容基础上，设计了“案例导入”“案例讨论”“课堂互动”“拓展阅读”“岗位对接”等编写模块。通过“案例导入”或“案例讨论”模块，列举在专业岗位或现实生活中常见的问题，引导学生讨论与思考，提升教材的可读性，提高学生的学习兴趣和联系实际的能力。

7. 纸质数字教材同步，多媒融合增值服务

在纸质教材建设的同时，还搭建了与纸质教材配套的“医药大学堂”在线学习平台（如电子教材、课程PPT、试题、视频、动画等），使教材内容更加生动化、形象化。纸质教材与数字教材融合，提供师生多种形式的教学资源共享，以满足教学的需要。

8. 教材大纲配套开发，方便教师开展教学

依据教改精神和行业要求，在科学、准确定位各门课程之后，研究起草了各门课程的《教学大纲》(《课程标准》)，并以此为依据编写相应教材，使教材与《教学大纲》相配套。同时，有利于教师参考《教学大纲》开展教学。

编写出版本套高质量教材，得到了全国食品药品职业教育教学指导委员会和全国卫生职业教育教学指导委员会有关专家和全国各有关院校领导与编者的大力支持，在此一并表示衷心感谢。出版发行本套教材，希望受到广大师生欢迎，并在教学中积极使用本套教材和提出宝贵意见，以便修订完善，共同打造精品教材，为促进我国高职高专院校药学类与食品药品类相关专业教育教学改革和人才培养作出积极贡献。

中国医药科技出版社

2016年11月

教材目录

序号	书 名	主 编	适用专业
1	高等数学（第2版）	方媛璐 孙永霞	药学类、药品制造类、食品药品管理类、食品类专业
2	医药数理统计*（第3版）	高祖新 刘更新	药学类、药品制造类、食品药品管理类、食品类专业
3	计算机基础（第2版）	叶 青 刘中军	药学类、药品制造类、食品药品管理类、食品类专业
4	文献检索	章新友	药学类、药品制造类、食品药品管理类、食品类专业
5	医药英语（第2版）	崔成红 李正亚	药学类、药品制造类、食品药品管理类、食品类专业
6	公共关系实务	李朝霞 李占文	药学类、药品制造类、食品药品管理类、食品类专业
7	医药应用文写作（第2版）	廖楚珍 梁建青	药学类、药品制造类、食品药品管理类、食品类专业
8	大学生就业创业指导	贾 强 包有或	药学类、药品制造类、食品药品管理类、食品类专业
9	大学生心理健康	徐贤淑	药学类、药品制造类、食品药品管理类、食品类专业
10	人体解剖生理学*（第3版）	唐晓伟 唐省三	药学、中药学、医学检验技术以及其他食品药品类专业
11	无机化学（第3版）	蔡自由 叶国华	药学类、药品制造类、食品药品管理类、食品类专业
12	有机化学（第3版）	张雪昀 宋海南	药学类、药品制造类、食品药品管理类、食品类专业
13	分析化学*（第3版）	冉启文 黄月君	药学类、药品制造类、食品药品管理类、食品类专业
14	生物化学*（第3版）	毕见州 何文胜	药学类、药品制造类、食品药品管理类、食品类专业
15	药用微生物学基础（第3版）	陈明琪	药品制造类、药学类、食品药品管理类专业
16	病原生物与免疫学	甘晓玲 刘文辉	药学类、食品药品管理类专业
17	天然药物学	祖炬雄 李本俊	药学、药品经营与管理、药品服务与管理、药品生产技术专业
18	药学服务实务	陈地龙 张 庆	药学类及药品经营与管理、药品服务与管理专业
19	天然药物化学（第3版）	张雷红 杨 红	药学类及药品生产技术、药品质量与安全专业
20	药物化学*（第3版）	刘文娟 李群力	药学类、药品制造类专业
21	药理学*（第3版）	张 虹 秦红兵	药学类，食品药品管理类及药品服务与管理、药品质量与安全专业
22	临床药物治疗学	方士英 赵 文	药学类及食品药品类专业
23	药剂学	朱照静 张荷兰	药学、药品生产技术、药品质量与安全、药品经营与管理专业
24	仪器分析技术*（第2版）	毛金银 杜学勤	药品质量与管理、药品生产技术、食品检测技术专业
25	药物分析*（第3版）	欧阳卉 唐 倩	药学、药品质量与安全、药品生产技术专业
26	药品储存与养护技术（第3版）	秦泽平 张万隆	药学类与食品药品管理类专业
27	GMP实务教程*（第3版）	何思煌 罗文华	药品制造类、生物技术类和食品药品管理类专业
28	GSP实用教程（第2版）	丛淑芹 丁 静	药学类与食品药品类专业

序号	书　名	主　编	适用专业
29	药事管理与法规*（第3版）	沈　力　吴美香	药学类、药品制造类、食品药品管理类专业
30	实用药物学基础	邸利芝　邓庆华	药品生产技术专业
31	药物制剂技术*（第3版）	胡　英　王晓娟	药学类、药品制造类专业
32	药物检测技术	王文洁　张亚红	药品生产技术专业
33	药物制剂辅料与包装材料	关志宇	药学、药品生产技术专业
34	药物制剂设备（第2版）	杨宗发　董天梅	药学、中药学、药品生产技术专业
35	化工制图技术	朱金艳	药学、中药学、药品生产技术专业
36	实用发酵工程技术	臧学丽　胡莉娟	药品生产技术、药品生物技术、药学专业
37	生物制药工艺技术	陈梁军	药品生产技术专业
38	生物药物检测技术	杨元娟	药品生产技术、药品生物技术专业
39	医药市场营销实务*（第3版）	甘湘宁　周凤莲	药学类及药品经营与管理、药品服务与管理专业
40	实用医药商务礼仪（第3版）	张　丽　位汶军	药学类及药品经营与管理、药品服务与管理专业
41	药店经营与管理（第2版）	梁春贤　俞双燕	药学类及药品经营与管理、药品服务与管理专业
42	医药伦理学	周鸿艳　郝军燕	药学类、药品制造类、食品药品管理类、食品类专业
43	医药商品学*（第2版）	王雁群	药品经营与管理、药学专业
44	制药过程原理与设备*（第2版）	姜爱霞　吴建明	药品生产技术、制药设备应用技术、药品质量与安全、药学专业
45	中医学基础（第2版）	周少林　宋诚挚	中医药类专业
46	中药学（第3版）	陈信云　黄丽平	中药学专业
47	实用方剂与中成药	赵宝林　陆鸿奎	药学、中药学、药品经营与管理、药品质量与安全、药品生产技术专业
48	中药调剂技术*（第2版）	黄欣碧　傅　红	中药学、药品生产技术及药品服务与管理专业
49	中药药剂学（第2版）	易东阳　刘　葵	中药学、药品生产技术、中药生产与加工专业
50	中药制剂检测技术*（第2版）	卓　菊　宋金玉	药品制造类、药学类专业
51	中药鉴定技术*（第3版）	姚荣林　刘耀武	中药学专业
52	中药炮制技术（第3版）	陈秀瑷　吕桂凤	中药学、药品生产技术专业
53	中药药膳技术	梁　军　许慧艳	中药学、食品营养与卫生、康复治疗技术专业
54	化学基础与分析技术	林　珍　潘志斌	食品药品类专业用
55	食品化学	马丽杰	食品类、医学营养及健康类专业
56	公共营养学	周建军　詹　杰	食品与营养相关专业用
57	食品理化分析技术△	胡雪琴	食品质量与安全、食品检测技术、食品营养与检测等专业用

*为“十二五”职业教育国家规划教材。

全国高职高专院校药学类与食品药品类专业

“十三五”规划教材

前言
PREFACE

随着我国经济建设的推进、经济转型的需要和高等教育大众化进程的加快，高等职业教育正以迅猛之势加速发展，高职教育改革进入了一个新阶段。为深入贯彻和实施《国家中长期教育改革和发展规划纲要（2010-2020年）》《国务院关于加快发展现代职业教育的决定》以及《现代职业教育体系建设规划（2014-2020年）》和教育部《高等职业教育创新发展行动计划（2015-2018年）》的精神，高职院校正推行理论教学与实践教学相融通、能力培养与工作岗位相对接的“教、学、做”合一的教育教学改革。职业教育与经济社会发展密切相关，与市场经济紧密相连，牢固树立以服务为宗旨、以就业为导向的现代职业教育理念，深化产教融合、校企合作，切实推动职业教育改革与发展。其中教材建设是高职学校建设的一项基本内容，必须加强教材建设与创新，故本教材的编写遵循“能力为本位、应用为目的、创新为前提”的总体原则，优化整合课程内容、更新教材形式、加强教材管理，在编写过程中力求体现高职教育特点，把握教材理论知识的深浅度，尽量做到“必需、够用”为度；在突出基本理论、基本概念和方法的同时，以应用为目的，尽量做到将基本知识和实践应用以及各种新技术有机结合在一起，进而提高高等职业教育人才培养的质量。加强高职教材建设，编写适应高职教育特色的教材，对高等职业教育全面深化改革具有重要的意义。

食品化学是食品类、医学营养与健康类专业的专业基础课之一，是从化学角度和分子水平上研究食品的化学组成、结构、理化性质、营养和安全性质以及它们在生产、加工、贮藏和运销过程中发生的变化及这些变化对食品品质和安全性影响的一门基础应用科学。它与化学、生物化学、生物学、营养学、医学、工艺学、卫生学密切相关，是一门多学科互相渗透的交叉性新兴学科。本书共十章，主要内容包括水分、碳水化合物、脂质、蛋白质、维生素、矿物质、酶、色素、食品风味物质和食品添加剂等，并安排了相关实验内容。

本教材由马丽杰、李增绪任主编。具体编写分工是：第一章、第三章，冉春霞编写；第二章，马丽杰编写；第四章，付晶晶、马丽杰编写；第五章，白冰编写；第六章，杨婕编写；第七章，刘娜丽编写；第八章，李增绪编写；第九章，王琢编写；第十章，段春燕编写；实验指导，刘玲、马丽杰、李景辉、李晶编写。

本教材供全国高职高专院校食品类、医学营养及健康类专业专科、高职、函授以及职工大学师生使用，也可供其他相关专业师生和自学者参考。

本教材在编写过程中，得到了全国高职高专院校药学类与食品药品类专业“十三五”规划教材建设指导委员会的指导和各参编院校的鼎力支持，在此深表感谢。

由于编者水平有限，疏漏和不足之处在所难免，恳请广大读者批评指正。

编　者

2016年10月

目 录

CONTENTS

第五章 蛋白质

第六章 维生素和矿物质

第七章
酶

第八章
色素

实验指导

第一章

绪　论

学习目标

1. **掌握**　食品中主要的化学变化及其对食品品质和安全性的影响。
2. **熟悉**　食品化学的研究方法。
3. **了解**　食品化学的概念、研究内容以及食品化学在食品工业技术发展中的作用。

案例导入

案例：日常生活中炒青菜时，若加水煮制时间过长，煮制时不加锅盖或加醋，所炒青菜容易变黄。

讨论：1. 试说明青菜变黄的原因。

2. 如何才能炒出一盘鲜绿可口的青菜？

一、食品化学的概念

（一）营养素

营养素（nutrients）是指那些维持人体正常生长发育和新陈代谢所必需的物质，目前发现的营养素大约四十余种，根据化学性质及其对人体的营养作用可分为7大类：水分、蛋白质、脂肪、碳水化合物、维生素、矿物质和膳食纤维，也有人提出将植物化学物列为“第八大营养素”。

（二）食物与食品

食物（foodstuff）是指可供人类食用的物质原料的统称。将食物经特定方式加工后供人类食用的食物称为食品。《食品工业基本术语》中对食品的定义：可供人类食用或饮用的物质，包括加工食品、半成品和未加工食品，不包括烟草或只作药品用的物质。因此从广义上说，食品通常泛指一切食物。

（三）化学

化学（chemistry）是在原子、分子、离子层次上研究物质的组成、结构、性质、化学变化规律以及变化过程中能量关系的自然科学，一般可分为无机化学、有机化学、分析化学、物理化学和高分子化学等五个二级学科。

（四）食品化学

食品化学（food chemistry）属于应用化学的一个分支，是利用化学原理和方法从分子水平研究食品的化学组成、结构、理化性质、营养性、功能性及其在生产、加工、贮藏、运输、销售过程中发生的化学变化规律以及这些变化对食品品质和安全性的影响的一门学科。它是食品类、医学营养及健康类专业的一门专业基础课程，为改善食品品质、开发食品新资源、革新食品加工工艺及贮运技术、科学调整膳食结构、改进食品包装、加强食品质量与安全控制、提高食品原料加工和综合利用水平奠定了理论基础。

二、食品化学的研究内容

正如定义所述，食品化学主要研究食品以及与食品相关的内容，主要包括以下几个方面。

（一）认识食品中的各类化学组成成分及各成分的结构、理化性质和功能

食品中的化学组成按来源不同可分为天然成分和非天然成分两大类（图 1-1）。

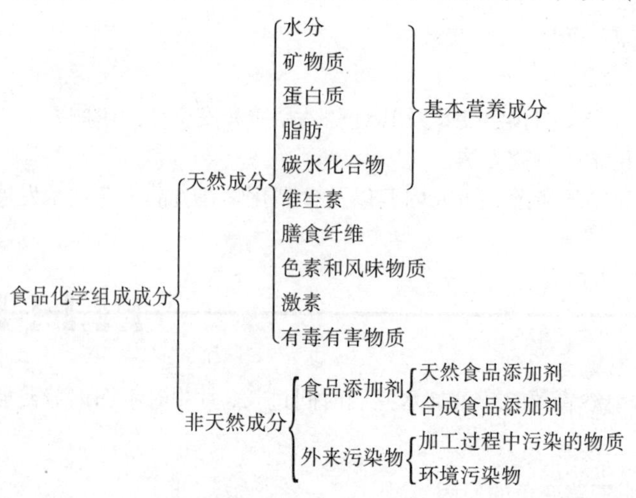

图 1-1 食品中各类化学组成成分

按照其在食品体系中的作用不同可分为如下类别。

1. 基本营养成分 水分、矿物质、蛋白质、脂肪、碳水化合物、维生素等。

2. 功能性营养成分 多酚类物质（花青素类物质和类黄酮物质）、功能性低聚糖和多糖、膳食纤维、氨基酸等。

3. 呈色、呈香、呈味成分和其他能改善食品品质的成分 调味品、香辛料、食品添加剂、色素等。

4. 其他成分 主要是上述各类成分在食品加工、贮藏、运销过程中发生各种化学反应及生物化学反应所产生的中间产物和最终产物。

（二）研究食品各组成成分在食品加工、贮藏、运输、销售过程中相互之间发生的各种反应、反应机理和历程及这些反应对食品品质和安全性的影响

食品从原料的种植养殖到原料加工、贮藏、销售的各个环节都涉及一系列的化学反应和生物化学反应，一些较重要的反应包括非酶促褐变、酶促褐变、氧化反应、水解反应、金属反应、脂类异构化、环化和聚合、蛋白质变性、蛋白质交联及糖酵解等，这些反应在一定程度上影响着食品的品质、营养性或安全性，见表 1-1。

表 1-1 影响食品品质、营养性或安全性的一些反应

反应类型	实例
非酶促褐变	焙烤食品表皮成色、焦糖的形成、维生素 C 褐变
酶促褐变	削皮的土豆先变红再变褐、切开的水果迅速变褐
氧化反应	脂肪产生异味、色素褪色、蛋白质氧化营养损失
水解反应	蛋白质、脂类、维生素、碳水化合物、色素水解
脂类异构化	顺→反异构、非共轭脂→共轭脂

续表

反应类型	实例
脂类环化和聚合	生成单环脂肪酸；油炸中产生泡沫、变黑、增稠
蛋白质变性	蛋清蛋白凝固、酶失活、肌肉组织加热消化率提高
蛋白质交联	在碱性条件下加工蛋白质使营养价值降低
糖酵解	采后植物原料和宰后动物原料的无氧呼吸

这些反应的发生将产生大量中间产物和最终产物，同时中间产物和最终产物相互之间或同食品中的蛋白质、脂肪、碳水化合物等其他成分发生二次反应，共同引起食品质地、风味、颜色、营养性或安全性的改变，见表1-2。

表1-2　食品加工或贮藏中常见的二次反应及其对食品的影响

初次反应	二次反应	对食品的主要影响
脂类水解	游离脂肪酸与蛋白质反应	蛋白质溶解性、功效比和生理价值降低，出现异味
多糖水解	单糖与蛋白质、氨基酸反应	产生良好风味，褐变，氨基酸损失，矿物质有效性下降，蛋白质的乳化性、溶解性、抗菌性、热稳定性均提高
脂类氧化	氧化产物与其他成分反应	蛋白质交联，褐变，抗氧化性，氨基酸损失，产生异味和有毒物质
水果破碎	细胞破坏、酶释放、O_2进入	褐变，酚类物质和维生素C损失，产生不良风味
果蔬热处理	细胞破坏、酶失活、酸释放	质地软化，蔬菜由绿色变为黄褐色，维生素损失
肌肉热处理	变性蛋白凝聚、酶失活	蛋白质的溶解度和持水力均下降，产生褐色或绿色，氨基酸共价交联导致营养价值降低
脂类热分解	热分解产物相互发生热聚合	油炸起泡、变黑、黏稠，营养价值降低

（三）研究影响食品化学反应和生化反应的因素

影响食品原料在采摘以及食品加工、贮藏、运销过程中各种化学反应和生化反应速率的因素主要来自两个方面。一是食品自身的特点，如各组成成分（包括催化剂）的化学性质、氧气含量、金属离子、水分活度（A_w）、pH、玻璃化温度（T_g）等；二是食品所处环境的因素，如温度（T），物理、化学及生物处理，处理时间（t），光照，污染物等，这些因素相互影响共同决定着食品体系的稳定性。通过对各种影响因素的研究和控制，可以得到合理的原料配比、适当的保护或催化措施、最佳的反应时间、温度、光照、氧气含量、水分活度、pH等最佳加工工艺和贮藏工艺控制参数。

（四）研究食品加工贮藏新技术、开发新食品资源、研发新食品产品和新食品添加剂、革新食品加工工艺等

近年来，在深入研究食品化学的同时发展了一些新技术，如膜分离技术、微胶囊技术、挤压膨化技术、超微粉碎技术、超临界提取技术、分子蒸馏技术、可食包装、活性包装等；新研制、新发现了无食用习惯但符合食品基本要求的新资源食品和新食品添加剂，如仙人掌、金花茶、芦荟、嗜酸乳杆菌、低聚木糖、透明质酸钠、叶黄素酯、L-阿拉伯糖、短梗五加、库拉索芦荟凝胶等；在原有食品产品和食品生产工艺的基础上，通过对食品原料、

食品加工过程中各种变化的研究，开发新产品和优化食品加工工艺。这些研究反过来又促进食品化学的完善和提高。

三、食品化学的研究方法

食品化学的研究方法是通过试验及理论探讨从分子水平上分析和综合认识食品的变化。食品所含的组成成分较多，是一个相当复杂的体系，因此食品化学的研究方法不同于一般化学的研究方法，它以揭示食品复杂体系以及该食品体系在加工、贮藏、运销过程中的品质和安全性为目的，研究食品的组成、结构、理化性质、功能性质、营养性和各种变化及变化规律，同时试验设计也应将研究目的作为重要的设计依据。

食品化学实验主要包括理化实验和感官实验。理化实验主要是对食品体系中的基本营养成分，功能性营养成分，呈色、呈味、呈香和其他能改善食品品质的成分以及各种反应的中间产物、最终产物的定性分析、定量分析及结构分析；感官实验以人的感觉为基础，用科学试验和统计方法来评价食品外观形态、色泽、质地、风味，是最简单、最直接的检验方法，基本方法有视觉检验法、嗅觉检验法、味觉检验法和触觉检验法。

食品化学研究的一般程序包括：

（1）食品化学实验结果和文献资料查证→建立化学反应方程式或假设机理→预测反应对食品品质和安全性的影响→实验验证。

（2）在上述研究基础上研究该反应的反应动力学→深入了解反应机理和影响反应速率的因素→建立和研究速率方程和动力学方程→选择适当条件控制化学反应速率→确保食品品质和安全性。

四、食品化学在食品工业技术发展中的作用

随着生活水平的不断提高，传统食品已不能满足人们对高层次食品的需求。食品化学作为食品科学体系中的基础学科，运用其理论和研究成果可以指导食品配方、食品加工工艺、开发新食品和食品新资源、食品深加工、控制食品加工和贮藏变化等领域，由过去的依靠经验、感觉、粗放小试、盲目甚至破坏性开发转变为依据科学研究资料、原料和同类产品的组成、性质分析、理性设计有明确目的地进行开发或根据变化机理科学地加工食品，从而促进食品工业健康而持续的发展。

食品科学的发展，促进了食品科学工作者对食品原料采后生理生化反应、食品酶促褐变、非酶促褐变、组分水解或降解、聚合反应、催化反应、色素变色与褪色反应等的认识，这些认识对现代食品加工和贮藏技术的发展产生了重要的影响，见表1-3。

表1-3　食品化学对食品工业各领域技术进步的影响

食品工业领域	影响
基础食品工业	面粉改良，改型淀粉及新型可食用材料，高果糖浆，食品酶制剂，开发新型甜味剂及其他天然食品添加剂，生产新型低聚糖、功能性肽，分离植物蛋白，开发微生物多糖和SCP，野生、海洋和药食两用资源的开发利用，食品添加剂生产等
果蔬加工工业	化学去皮，护色，维生素保留，脱涩脱苦，打蜡涂膜，化学保鲜，气调贮藏，活性包装，化学防腐等
肉品加工工业	宰后处理，保汁和嫩化，护色和发色，提高肉糜乳化力、凝胶性和黏弹性，蛋白质的冷冻变性，生鲜肉包装，烟熏剂的生产和应用，人造肉的生产，内脏的综合利用等

续表

食品工业领域	影响
饮料加工工业	速溶，克服上浮下沉，稳定蛋白质饮料，水质处理，稳定带肉果汁，果汁护色，控制澄清度，提高风味，白酒降度，啤酒澄清，啤酒泡沫和苦味改善，啤酒的非生物稳定性的化学本质及防止啤酒异味，果汁脱涩，大豆饮料脱腥等
乳品加工工业	稳定酸乳和果汁乳，开发凝乳酶代用品及再制乳酪，乳清的利用，乳品的营养强化等
焙烤食品加工	生产高效膨松剂，增加酥脆性，改善面包呈色和质地，防止产品老化和霉变等
油脂加工工业	油脂精炼和改性，DHA、EPA 和 MCT 的开发利用，食用乳化剂和抗氧化剂生产，减少油炸食品吸油量等
调味品工业	生产肉味汤料，美拉德反应调味料，核苷酸鲜味剂，碘盐和有机硒盐等
发酵食品工业	发酵工艺改进，发酵食品安全性控制，发酵产品的后处理，后发酵期间的风味变化，菌体和残渣的综合利用等
食品安全	食品中外源性有害成分来源、预防及控制，食品中内源性有害成分消除等
食品检验	检验标准的制定，快速分析，生物传感器的研制，不同产品的指纹图谱等

21 世纪食品工业将向着方便化、工程化、功能化、专用化和国际化的方向发展，以顺应人们消费观念从解决温饱问题向追求食品享受性、营养性、保健性和安全性转变，在有效降低和控制“文明病”或“富贵病”（如肥胖、心脑血管疾病、糖尿病、癌症）发生风险、减少亚健康人群比例的同时也将食品工业置身于国际化的大循环中健康发展。因此，食品化学在新历史时期被赋予了新的任务，即利用食品新技术从天然资源或食物中提取具有重要生物活性的物质，研究和开发能有效降低疾病发生风险的健康食品，该食品应具有感官享受、营养、保健、安全等特性以满足消费者的需求。

拓展阅读

肉类的嫩化

肉的嫩度是评价肉品质量的重要感官指标之一，在食用时有三种评价方法：第一、咀嚼时牙齿是否容易咬入肉中；第二、肉类是否容易断裂成片；第三、咀嚼后所残留的量的多少。目前烹饪上逐渐使用人工嫩化的方法改变肉的嫩度，主要有三种方法。

物理嫩化法：采用敲打、搅拌等手段改变肌纤维组织，使之与水的接触面增大，吸水力增加，将水分阻留达到嫩化的目的。

化学嫩化法：采用食盐、磷酸盐等盐类化学物质破坏肌纤维膜、蛋白质及其他组织，使其结构疏松，有利于蛋白质的吸水膨胀。加盐使肌肉中肌球蛋白渗出体表或为黏稠胶状，肌肉持水力增强。

酶法嫩化：通过注射、浸渍和涂抹蛋白酶液来改变肉的嫩度，酶能使粗老的肌纤维蛋白、弹性蛋白水解，促使其吸水性增加，细胞壁间隙变大，并使纤维组织中蛋白质肽键发生断裂，使胶原蛋白成为多肽或氨基酸类物质达到嫩化目的。

重点小结

食品化学是利用化学原理和方法从分子水平研究食品的化学组成、结构、理化性质、营养性、功能性及其在生产、加工、贮藏、运输、销售过程中发生的化学变化规律以及这些变化对食品品质和安全性的影响的一门学科。它的研究内容包括认识食品中的各类化学组成成分及各成分的结构、理化性质和功能；研究食品各组成成分在食品加工、贮藏、运输、销售过程中相互之间发生的各种反应、反应机理和历程及这些反应对食品品质和安全性的影响；研究影响食品化学反应和生化反应的因素；研究食品加工贮藏新技术、开发新食品资源、研发新食品产品和新食品添加剂、革新食品加工工艺等。食品化学的研究方法是通过试验及理论探讨从分子水平上分析和综合认识食品物质的变化，其实验主要包括理化实验和感官实验。食品化学被广泛用于食品工业的各个领域。

目标检测

一、名词解释

营养素　食品与食物　食品化学

二、简答题

1. 食品化学的研究内容主要包括哪些方面？
2. 试述食品加工、贮藏、运销中主要的化学变化及其对食品品质和安全性的影响。
3. 简述食品化学的研究的一般程序。

第二章

水　分

学习目标

1. **掌握**　水在食品中的存在状态；水分活度和水分吸湿等温线的概念及意义；水分活度与食品稳定性之间的关系。
2. **了解**　水在食品中的作用；水和冰的结构和性质。

案例导入

案例：切鲜肉时并没有水流出，但如果把鲜肉放置冰箱冷冻起来，再取出放置一会儿会有水流出来；多汁的水果如苹果等新鲜水果冷冻以后再从冰箱取出也是如此。新鲜的萝卜常温下只能贮存几天，但如果把萝卜制成萝卜干就成长期贮存了。

讨论：1. 为什么水果不能冷冻贮藏?

2. 为什么萝卜干能长期贮存?

第一节　概述

一、水在食品中的作用

（一）水在生物学方面的作用

水是地球上储量最多、分布最广的物质，不仅存在于江河海洋中，也存在于绝大部分的生物体中。生命体系的基本成分包括糖类、蛋白质、脂类、核酸、维生素、矿物质和水等，其中水是最普遍存在的组分，也是含量最高的组分，它往往占植物、动物质量或食品质量的50%～90%（表2-1）。

在人体内，水尽管本身不能提供热量，无直接的营养价值，但水不仅是构成机体的主要成分，而且是维持生命活动、调节代谢过程不可缺少的重要物质。断水比断食物对人体的危害和影响更为严重。

例如，水使人体体温保持稳定，因为水的热容量大，人体内热量增多或减少也不会引起体温出现大的波动。水的蒸发潜热大，蒸发少量汗水即可散发大量热能，通过血液流动使全身体温平衡。水是一种溶剂，能够作为体内营养运输、吸收和代谢物运载的载体，可作为体内化学和生物化学反应物或反应介质，也可作为一种天然的润滑剂和增塑剂，同时又是生物大分子化合物构象的稳定剂，以及包括酶催化在内的大分子动力学行为的促进剂。此外，水也是植物进行光合作用合成碳水化合物所必需的物质。因此，水对自然界所有的生命形式都是非常重要的。

表 2-1 某些代表性食品的典型水分含量

食品名称	含量（%）	食品名称	含量（%）	食品名称	含量（%）
番茄	95	牛奶	87	果酱	28
莴苣	95	马铃薯	78	蜂蜜	20
卷心菜	92	香蕉	75	奶油	16
啤酒	90	鸡	70	稻米、面粉	12
柑橘	87	肉	65	奶粉	4
苹果汁	87	面包	35	酥油	0

（二）水在食品加工及生产中的作用

水是食品的主要组成成分，也是食品中最重要成分之一。各种食品都含有一定量的水，食品的品种不同，含水量有比较大的差别（见表 2-1）。食品中水的含量、分布和状态对食品的结构、外观、质地、风味、新鲜程度产生极大的影响。食品的含水量和水在食品中的存在形式，是直接引起食品化学变化和微生物变质的原因之一。它也直接影响着食品的加工工艺和贮藏性能。所以水分含量的检测是食品分析的重要指标之一。食品加工中通过改变水在食品中的存在形式和含量，以提高食品的稳定性。如以干燥或浓缩的方式除去或减少食品中的水分含量，便于贮存和运输；进行冷冻处理是使水变成非活性成分，延长贮存期；在豆腐、果冻的制作过程中将水固定在凝胶中实现截留部分水分的目的。食品采用不同的包装形式，也取决于食品的水分含量，有的是防止水分散失，有的则是为了防止吸收外界空气中的水分引起食品的腐败变质。

水还是食品生产中的重要原料之一，食品加工用水的水质直接影响食品的品质和加工工艺。因此，研究水的结构、物理化学特性、水分分布和状态、及其对食品品质和保藏性的影响，对食品加工和食品保藏技术有重要意义。

二、水和冰的物理性质

水与一些具有相似分子量和相似原子组成的分子（如元素周期表中 O 周围的一些元素氢化物，CH_4、NH_3、HF、H_2S、H_2Se 等）的物理性质相比，除了水的黏度正常外，其他性质均有显著差异。水的熔点、沸点比较高，介电常数（介电常数是溶剂对两个带相反电荷离子间引力的抗力的度量）、表面张力、热容和相变热（熔融热、蒸发热和升华热）等物理常数也较高。水的密度较低，水结冰时体积增加，表现出异常的膨胀特性，这会导致食品冻结时组织结构的破坏。水的热传导值大于其他液体，而冰的热导值略大于非金属固体。另 0℃时冰的热导值约为同一温度下水的 4 倍，这说明冰的热传导速度比非流动的水（如生物组织中的水）快得多。冰的热扩散率是水的 9 倍，这表明在一定的环境条件下，冰的温度变化速度比水大得多。因而可以解释在温差相等的情况下，为什么冷冻速度比解冻速度更快。

第二节 水和冰的结构和性质

一、水分子的结构

水的特殊物理性质是由水分子的特殊结构和形成氢键的能力所决定的。了解水分子的结构，可解释水的各种物理化学性质。

水分子（H_2O）由2个氢原子与1个氧原子组成。氢原子的电子结构是$1s^1$，氧原子为$1s^2$，$2s^2$，$2p_x^2$，$2p_y^1$，$2p_z^1$。氧原子外层电子构型为$2s^22p^4$，当它与氢形成水时，氧原子的外层电子首先进行杂化，形成4个等同的sp^3杂化轨道，其中两个轨道上各有1个电子，另外两个轨道上则被2个已成对的电子占据。两个氢原子的1s电子云与氧原子中两个$2p^1$电子云重叠而形成两个共价键，每个键的离解能为$4.614×10^2$kJ/mol，氧原子中另两对未共用的电子（$\Phi_1\Phi_2$）称孤对电子。如果四对电子完全相同，根据“价层电子对互斥”理论，便形成一个正四面体，从中心原子到四对电子的连线应互成109°28′。但现在氧原子的两对孤对电子的排斥力强于已形成共价键的两对电子，把两个O—H键间的角度压缩，使得键角变为104.5°。如果把这四个电子云伸张方向的顶点连接起来，就是一个四面体结构，即角锥体结构（图2-1），氧原子位于此四面体的中心。其中，O—H核间的距离是0.096nm，氧与氢的范德瓦尔斯半径为0.14nm与0.12nm。

以上对水分子的描述只适合于普通的水分子，在纯净的水中，还存在总共有33种以上HOH的同位素等化学变体。不过，这些变体仅占极微小的数量，因此，在大多数情况下可忽略不计。

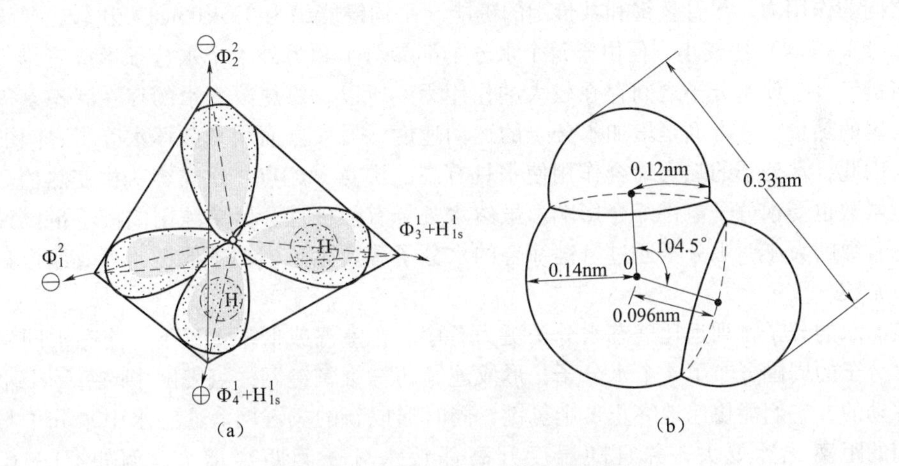

图2-1 单个水分子的结构示意图

（a）sp^3构型；（b）气态水分子的范德瓦尔斯半径

二、水分子的缔合作用

水分子中氧原子的电负性很强，O—H键的电子云强烈地偏向于氧原子一边，使得氢原子带有部分正电荷，因而O—H键是一个较强的极性键。由于水分子呈V字形结构，导致分子内的正负电荷中心发生偏离，产生较强的极性，使整个水分子发生偶极化，形成偶极分子，纯水在蒸汽状态下，分子的偶极矩为1.84D（德拜），这种极性使分子之间产生吸引力。另外，水分子中氢原子核外只有一个1s电子，在氧原子的作用下，使氢原子带有部分正电荷，几乎是一个裸露的质子，因氢原子无内层电子，不会受其他原子的电子云排斥，因而极易与另一个水分子的氧原子的孤对电子通过静电引力相吸引而形成氢键，水分子之间便通过形成这种氢键而产生了缔合作用。

水分子一方面以分子中的2个氢原子分别与另外2个水分子中的氧原子的孤对电子形成氢键，同时分子中的氧原子上含有的2个孤对电子又可以与另外2个水分子的氢原子形成2个氢键。这样，每一个水分子，沿着氧原子外层的4个sp^3杂化轨道，最多可与另外4个水分子形成氢键（图2-2）。由于每个水分子都有2个氢键供体和受体部位，因此水分子

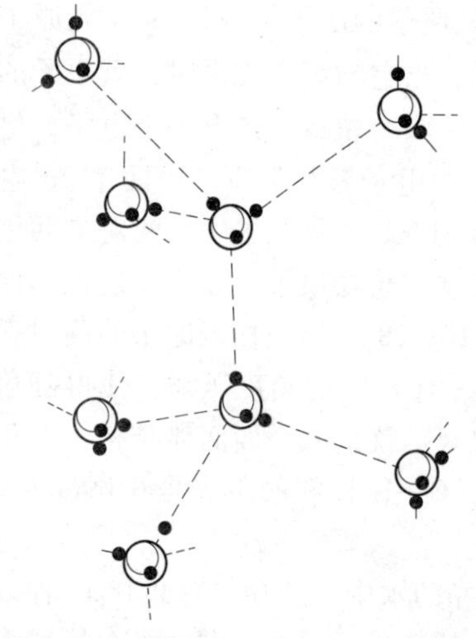
图 2-2 四面体构型中水分子的氢键

具有可通过氢键缔合形成三维空间多重氢键的能力。

由于每个水分子在三维空间具有相等数目的氢键供体和氢键受体，因此，水分子间的吸引力比同样靠氢键结合在一起的其他小分子要大得多。例如 NH_3 中由 3 个氢供体和 1 个氢受体形成四面体排列，HF 的四面体排列只有 1 个氢供体和 3 个氢受体，说明它们没有相同数目的氢供体和氢受体。因此，它们只能在二维空间形成氢键网络结构，并且每个分子都比水分子含有较少的氢键。

根据水在三维空间形成多重氢键的缔合作用，可以从理论上解释水的许多异常的物理性质。水的异常物理性质与断裂水分子间氢键需要额外能量有关。

水分子之间多重氢键的缔合作用，大大加强了分子之间的作用力。尽管氢键和共价键的键能（平均键能约为 335kJ/mol）比较，氢键的键能（2~40kJ/mol）比较小，但由于每个水分子都参与了和另外 4 个水分子形成三维空间的多重氢键缔合，使水分子之间存在较大的作用力。所以，要想改变水的存在状态，需要供给水一定的热量，一方面是增加水分子的运动速度，另一方面用来破坏水分子之间的氢键缔合。因此，水分子的强大缔合作用使水具有高的沸点、熔点、比热容、相变热等。水的高介电常数也受水分子氢键缔合影响。虽然水分子有强极性，但单纯用偶极不足以说明水的介电常数的大小，水分子通过氢键缔合的水分子簇产生了多分子偶极，有效地提高了水的介电常数。

液态水的分子排列远比气态水分子更为有序。在室温或低于室温下，液态水同样是每一个水分子的周围分布了 4 个水分子，形成连续的三维氢键网，氢键网中的每一个水分子是可移动的，它们能快速地终止 1 个氢键，同时形成新的氢键网。液态水中水分子与水分子之间的距离比冰要大，并且随温度升高邻近水分子间距离增大。例如，1.5℃ 时为 0.29nm，8.3℃ 时为 0.31nm。由于温度升高，分子间距离加大，水的配位数也增多。实际上液态水中每 1 个水分子的周围平均分布多于 4 个水分子，如 1.5℃ 时液态水中每 1 个水分子的周围平均分布 4.4 个水分子，8.3℃ 时为 4.9 个水分子。因而水的密度取决于水分子之间的缔合程度（周围分布的水分子数）和分子间距离这两个因素，水分子之间缔合程度增加，使密度增加；分子间距离增加，使密度减小。值得注意的是，在 0~3.98℃ 时配位数的影响占主导，故 3.98℃ 水的密度最大。进一步提高温度，由于水分子间的距离增大占了主导地位，密度又随之降低。通常，把 4℃ 水的密度定为 $1g/cm^3$，作为水的最大密度。

水的黏度低与结构有关，因为氢键网络是高度动态的，当分子在纳秒甚至皮秒这样短暂的时间内改变它们与邻近分子之间的氢键键合关系时，会增大水分子的运动性和流动性。

水具有溶剂性，由于介电常数高，所以它能促进电解质离解；水也能溶解非离子有机分子，包括含羟基的糖和醇以及含羰基的醛和酮，这是因为水的偶极性使其能以氢键形式与这些极性分子或功能基团相互作用；水还能作为两亲分子的分散介质，两亲分子如脂肪酸、极性脂、蛋白质、糖脂和核酸等。两亲分子的结构特点是同时具有亲水基和疏水基。

三、冰的结构和性质

众所周知，当水的温度降到 0℃ 以下时，水开始结冰。冰是水分子有序排列形成的晶体。当水的温度降到0℃以下时，水分子与水分子之间的距离缩小，0℃时最邻近的水分子之间的距离为0.276nm，此时，每个水分子通过氢键与相邻的4个水分子结合，形成具有稳定的四面体结构的冰，其O—O—O键角约为109°，十分接近理想四面体的键角109°28′，水分子间靠氢键连接在一起形成低密度的刚性结构（图2-3）。普通冰属于六方晶系的六方形双锥体结构。从图中可以看出，每个水分子能够缔合另外4个其他水分子即1、2、3、W，形成四面体结构，所以配位数等于4。

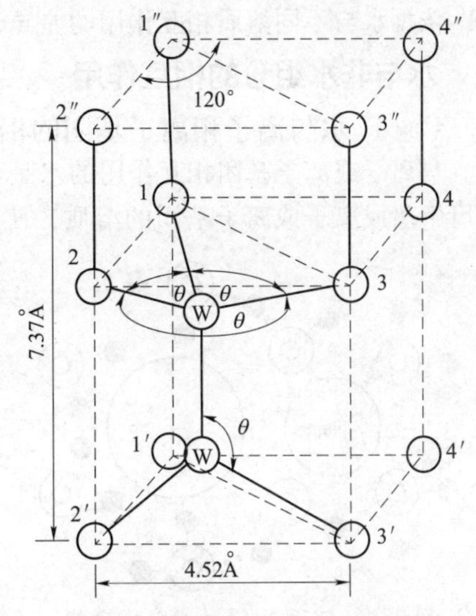

图2-3 0℃时普通冰的晶胞
（圆圈表示水分子中的氧原子）

水在结冰过程中，水分子高度有序排列，体积膨胀，体积增加了9%，因而冰的密度降低，故冰的密度小于$1g/cm^3$。

冰中溶质的种类和数量能影响冰晶的结构。在不同的溶质影响下，冰的结构主要有4种类型：六方形、不规则树状、粗糙球状、易消失的球晶。此外，还存在各种各样中间形式的结晶。六方形是大多数冷冻食品中重要的冰结晶形式。样品在最适的低温冷却剂中缓慢冷冻，并且溶质的性质及浓度均不严重干扰水分子的迁移时，才有可能形成六方形冰结晶。然而明胶水溶液冷冻时则形成具有较大无序性的冰结构，随着明胶浓度的提高，主要形成六方形和玻璃状冰结晶。显然，像明胶这类大而复杂的亲水性分子，不仅能限制水分子的运动，而且阻碍水形成高度有序的六方形结晶。

水的冰点为0℃，可是纯水并不在0℃就结冻，常常首先被冷却成过冷状态，只有当温度降低到开始出现稳定性晶核时，或在振动的促进下才会立即向冰晶体转化并放出潜热，同时促使温度回升到0℃。开始出现稳定晶核时的温度叫过冷温度，如果外加晶核，不必达到过冷温度时就能结冰，但此时生成的冰晶粗大，因为冰晶主要围绕有限的晶核长大。

食品中含有一定水溶性成分，这将使食品的结冰温度（冻结点）持续下降到更低，直到食品到了低共熔点。低共熔点在-65～-55℃之间，而我国的冻藏食品的温度常为-18℃，因此，冻藏食品的水分实际上并未完全凝结固化。尽管如此，在这种温度下绝大部分水已冻结了，并且是在-4～-1℃之间完成了大部分冰的形成过程。

降低温度使食品产生冻结是贮藏食品的常用方法，其作用主要在于低温冻结时，能抑制微生物和致病菌的繁殖，而不是为使食品中的水结冰。对食品进行缓慢冷冻时会造成食品组织结构不可逆转的损害，如解冻时食品组织软化、液汁流失、风味降低等。因此，现代冻藏工艺提倡速冻，使食品温度迅速下降到-18℃以下，该工艺下形成的冰晶体呈针状，比较细小，冻结时间缩短且微生物活动受到更大限制，因而能较好地保证食品品质和风味。

第三节 食品中水的存在状态

新鲜的动、植物组织和一些固态食品中常含有大量水分，但在切开时，水都不会很快大量地流出，这是因为水分子与周围食品中的各种非水组分以不同方式相互作用结合在一起而被截留的缘故。

依据水与不同溶质相互作用的差异，可将水与非水组分的相互作用分为以下几种类型。

一、水与非水组分的相互作用

（一）水与离子和离子基团的相互作用

与离子或离子基团相互作用的水是食品中结合得最紧密的一部分水。由于在水中加入了可解离成离子或离子基团的溶质，使纯水靠氢键键合形成的四面体正常结构遭到破坏。对于既无氢键受体又无供体的简单无机离子，它们与水相互作用仅是极性结合。图 2-4 表示 NaCl 邻近的水分子可能出现的相互作用方式，这种作用称为离子水合作用。例如，Na^+、Cl^- 和解离基团—COO^-、—NH_3^+ 等靠所带的电荷与水分子的偶极矩产生静电相互作用。Na^+ 与水分子的结合能力大约是水分子间氢键键能的 4 倍。

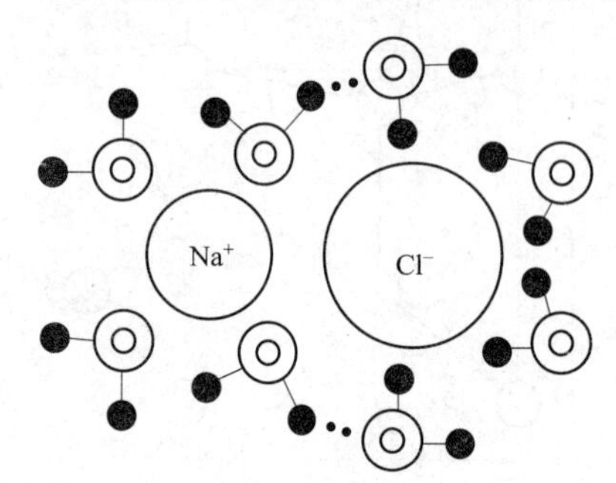

图 2-4 邻近 NaCl 的水分子可能出现的相互作用方式（图中只表示出纸平面上的水分子）

水与离子、离子基团的静电相互作用使水在离子的周围按一定方式排列，即水分子以其电负性强的一端围绕阳离子，而以电负性小的一端围绕阴离子，在水中形成的这种结构可改变水的流动性。一般大体积离子（K^+、Rb^+、Cs^+、Cl^- 等）能阻碍水形成网状结构，从而使这类盐溶液更易流动；而那些电场强度较强、小体积或多价离子有助于水形成网状结构，使这类离子水溶液流动性比纯水要差些。总之，所有的离子或离子基团对水的结构都起破坏作用，因为它们能阻止水在 0℃ 下结冰。

（二）水与具有形成氢键能力的中性基团的相互作用

水可与食品中蛋白质、淀粉、果胶物质、纤维素等成分通过氢键而结合。水与溶质之间的氢键键合比水与离子之间的相互作用要弱，但与水分子之间的氢键强度大致相同。

各种有机分子的不同极性基团与水形成氢键的牢固程度有所不同。如蛋白质多肽链中赖氨酸侧链上的氨基，谷氨酸侧链上的羧基，肽链两端的羧基和氨基，这两种基团与水形成的氢键，键能大、结合得牢固。蛋白质中的酰胺基、淀粉、果胶质、纤维素等分子中的羟基与水也能形成氢键，但键能小、不牢固。

中性基团通过氢键结合其邻近的水虽然数量有限，但其作用和性质却非常重要。例如，它们可形成“水桥”，维持大分子的特定构象。图 2-5 和图 2-6 分别表示木瓜蛋白酶肽链之间存在一个由 3 分子水构成的水桥，以及与木瓜蛋白质分子中的两种功能团之间形成的氢键，这三分子水显然成了该酶的整体构成部分。

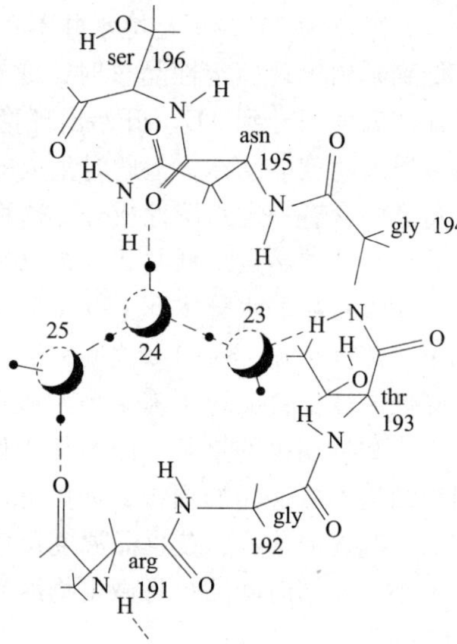

图 2-5 木瓜蛋白酶中的一个 3 分子水桥

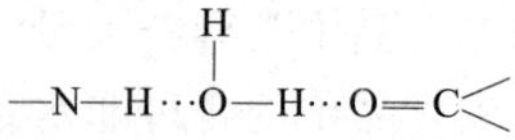

—N—H···O(—H)—H···O═C<

图 2-6 水与蛋白质分子中两种功能基团形成的氢键（虚线）

（三）水与非极性物质的相互作用

向水中加入疏水性物质，例如烃、稀有气体、油脂及蛋白质的非极性基团，它们与水不能形成氢键，且与水分子之间产生斥力，从而使疏水基团附近的水分子之间的氢键键合增强。由于与这些不相容的非极性实体邻近的水形成了特殊的结构，此过程则被称为“疏水水合”。由于疏水水合在热力学上是不利的，因此倾向于尽可能地减少水与存在的非极性实体的缔合，如果存在两个分离的非极性基团，那么不相容的水环境将促进它们之间的缔合，从而减少水-非极性实体界面面积，此过程被称为“疏水相互作用”。

因此疏水基团具有两种特殊性质，即它们能和水形成笼形水合物，以及能与蛋白质分子产生疏水相互作用。

笼形水合物的“主体”物质即水通过氢键形成了笼状结构，通过物理作用方式将非极性物质截留在笼中，被截留的物质称为“客体”物质。笼形水合物的“主体”一般由20~74个水分子组成，“客体”是低分子量化合物，只有它们的形状和大小适合于笼的“主体”才能被截留，如低分子量的烃、稀有气体、二氧化碳、乙醇等。“主体”水分子与“客体”分子的相互作用一般是弱的范德华力，也存在静电相互作用。此外，分子量大的蛋白质、碳水化合物、脂类等其他物质也能与水形成笼形水合物。

在水溶液中，溶质的疏水基团间的缔合是很重要的，因为大多数蛋白质分子中大约40%的氨基酸含有非极性基团，蛋白质的疏水基团受周围水分子的排斥而相互靠范德华力或疏水键结合得更加紧密，疏水相互作用是维持蛋白质三级结构的重要因素，因此，水及水的结构在蛋白质构象中起着重要的作用。当然如果蛋白质暴露的非极性基团太多，就很容易聚集并产生沉淀。

二、水的存在状态

水与其他非水成分的结合力强弱程度不同，使食品中的水存在不同的状态，按照食品中水分的存在状态，可将食品中的水分为结合水和自由水。

（一）结合水

结合水（或称为束缚水、固定水），通常是指存在于溶质或其他非水组分相邻处、与非水成分通过氢键结合的水，是食品中与非水成分结合牢固的水。根据结合水被结合的牢固程度的不同，结合水有以下不同的形式。

1. 化合水 是结合得最牢固的、构成非水物质组成的那些水，例如，作为化学水合物中的水。

2. 邻近水 是处在非水组分亲水性最强的基团周围的第一个水分子层，也叫单分子层水。其中与离子或离子基团缔合的水是结合最紧密的邻近水。单分子层水也包括微毛细管（直径$<0.1\mu m$）中的水。在食品中它与非水成分之间的结合能力最强，其蒸发、冻结、转移和溶剂能力均可被忽略，在-40℃下不结冰，也不能被微生物所利用。在高水分食品中这部分水的含量约为总水量的0.5%。一般来说，食品干燥后安全贮藏的水分含量要求即为该食品的单分子层水。

3. 多层水 是指单分子层水之外的几个水分子层包含的水，这部分水占据单分子覆盖层旁边未覆盖的非水物表面位置以及单分子覆盖层外位置，主要是靠水-水和水-溶质间氢键而形成。尽管多层水不像邻近水那样牢固地结合，但仍然与非水组分结合得紧密，且性质与纯水的性质也不相同。大多数多分子层水在-40℃仍不结冰，即使有些结冰，冰点也大大下降，无溶剂能力，不能被微生物所利用。多分子层水可被蒸发，但蒸发需吸收较多热量。多分子层水的总量随食品不同而变化，在高水食品中低于食品总水量的5%。干燥食品吸收了这部分水时，非水组分开始膨胀。

因此，结合水包括化合水和邻近水以及几乎全部多层水。食品中大部分的结合水是和蛋白质、碳水化合物等相结合的。结合水一般在-40℃下不结冰，这个性质具有重要实际意义。例如，它可以使植物种子和微生物孢子在冷冻条件下仍能保持生命力；新鲜水果、蔬菜、肉类等在冰冻后细胞遭冰晶破坏，解冻后组织不同程度地崩溃。另外，结合水不能作溶剂，也不能被微生物所利用。

（二）自由水

自由水是指食品中与非水成分有较弱作用或基本没有作用的水。这部分水主要靠毛细管力维系，或称为游离水、体相水。它可分为三类：不移动水或滞化水、毛细管水和自由流动水。

1. 滞化水 是指被组织中的显微和亚显微结构与膜所阻留的水，由于这些水不能自由流动，所以称为不移动水或滞化水。例如一块重100g的肉，总含水量为70~75g，含蛋白质20g，除去近10g结合水外，还有60~65g水，这部分水大部分是滞化水。

2. 毛细管水 是指在生物组织的细胞间隙和制成食品的结构组织中存在着的一种由毛细管力所截留的水，在生物组织中又称为细胞间水，其物理和化学性质与滞化水相同。当毛细管水直径<0.1μm时，毛细管水实际上已经成为结合水，而当毛细管直径>0.1μm则为自由水。

3. 自由流动水 指动物的血浆、淋巴和尿液，植物的导管和细胞内液泡中的水，因为都可以自由流动，所以叫自由流动水。

自由水具有与稀溶液中水相似的全部性质。自由水在-40℃以上可以结冰，在食品内可以作为溶剂，自由水可以以液体形式移动，在气候干燥时也可以以蒸汽形式逸出，使食品中含水量降低；在潮湿的环境中食品容易吸收一定量的水分，使含水量增加，所以食品中的含水量随着周围环境湿度的变化而改变。微生物可以利用自由水生长繁殖，各种化学反应也可以在其中进行。因此，自由水的含量直接关系着食品的贮藏和腐败。从防腐角度考虑，它越少越有利于食品的保藏，但它又与食品的风味、硬度和韧性密切相关，许多食品中必须保持合适的自由水含量。另外，在食品加工和贮藏过程中发生变动和发挥功能的主要是这类水。一般新鲜的蔬菜、水果中含有大量的自由水。

（三）结合水与自由水的区分

结合水和体相水之间的界限是很难作定量地区分。只能根据物理、化学性质作定性地区分（表2-2）。

（1）结合水的量与食品中有机大分子的极性基团的数量有比较固定的比例关系。如每100g蛋白质可结合的水分平均高达50g，每100g淀粉的持水能力在30~40g之间。结合水对食品的风味起着重要作用，当结合水被强行与食品分离时，食品风味、质量就会改变。

（2）结合水的蒸汽压远远低于自由水，在100℃下结合水不能从食品中分离出来，结合水沸点可达105℃。

（3）结合水不易结冰（冰点约-40℃）。由于这种性质，使得植物的种子和微生物的孢子（几乎没有自由水）得以在很低的温度下保持其生命力；而多汁的组织（新鲜水果、蔬菜、肉等）在冰冻后，细胞结构往往被体相水的冰晶所破坏，解冻后组织不同程度地崩溃。

（4）结合水不能作为溶质的溶剂。

（5）体相水能为微生物所利用，结合水则不能。

表 2-2 食品中水的性质

项目	结合水	体相水
一般描述	存在于溶质或其他非水组分附近的那部分水。包括化合水和邻近水以及几乎全部多层水	位置上远离非水组分，以水-水氢键存在
冰点（与纯水比较）	冰点大为降低，甚至在-40℃不结冰	能结冰，冰点略微降低
溶剂能力	无	大
平均分子水平运动	大大降低甚至无	变化很小
蒸发焓（与纯水比）	增大	基本无变化
在高水分食品中占总水分含量（%）	<0.03~3	约 96%

（四）食品水分含量的测定

水分的定量测定方法很多，我国颁布的国家标准（GB）为：称取一定量的样品，用烘箱在 95~105℃ 干燥 1~2 小时，直至恒重后，根据试样减少的质量，计算食品的水分含量。它包括全部的自由水和多分子层结合水。

第四节 水分活度

在日常生活中人们知道，食物的易腐败性与含水量之间有着密切的关系，在食品加工中无论是浓缩或脱水过程，目的都是为了降低食品的含水量、提高溶质的浓度，以降低食品易腐败性，这成为人们保藏食品的重要依据和方法。然而人们也认识到不同种类的食品即使水分含量相同，但他们腐败变质的难易程度有显著差异，这说明仅以含水量作为判断食品稳定性的指标是不可靠的。之后人们逐渐认识到食品的品质和贮藏性与水分活度有着更紧密的关系。

一、水分活度的定义与测定方法

水分活度是指相同温度下食品溶液中水的逸度与纯水逸度的比值，可近似表示为食品中水的蒸汽压 p 和该温度下纯水的饱和蒸汽压 p_0 的比值。可用式（2-1）表示：

$$A_w = p/p_0 = ERH/100 = N = n_1/(n_1+n_2) \qquad (2-1)$$

式中：A_w 是指水分活度；p 是一定温度下某种食品在密闭容器中达到平衡状态时的水蒸气分压；p_0 是同温度下纯水的饱和蒸汽分压；ERH 是样品周围的空气平衡相对湿度；N 是溶剂的摩尔分数；n_1 为溶剂的摩尔数，n_2 为溶质的摩尔数。

水分活度表示食品中水分的存在状态，反映水与各种非水成分缔合的程度，水分活度越小，表示食品中结合水比例越大，食品中水与非水成分缔合程度越强；反之，水分活度越大，则食品中结合水比例越小，与非水成分缔合程度越弱。

A_w 也可以用平衡相对湿度 ERH 表示：$A_w = ERH/100$。

平衡相对湿度指在相同温度下，物料既不吸湿也不散湿时大气的相对湿度。由于物质溶于水后水的蒸气压总要降低，所以水分活度的值便介于 0~1 之间。

测定食品中的水分活度，可以用扩散法，即将食品与几种水分活度较高和水分活度较低的标准饱和盐溶液放在恒温密闭的环境中，待达到扩散平衡后，根据样品质量的改变，求出食品的水分活度。通常情况下，温度恒定在25℃，扩散时间为20分钟，样品量为1g，并且是在一种水分活度较高和另一种水分活度较低的饱和盐溶液下分别测定样品的吸收或散失水分的质量，然后按式（2-2）计算A_w。

$$A_w=(A_x+B_y)/(x+y) \qquad (2-2)$$

式中：A为水分活度较低的饱和盐溶液的标准水分活度；B为水分活度较高的饱和盐溶液的标准水分活度；x为使用B液时样品质量的净增值；y为使用A液时样品质量的净减值。

食品中的水分活度也可采用水分活度测定仪进行测定。

二、水分活度与温度的关系

测定样品水分活度时，必须标明温度，因为A_w值随温度而改变。克劳修斯-克拉伯龙方程式（2-3），精确地表示了A_w与绝对温度T之间的关系。

$$\ln A_w=-k\ \Delta H/R(1/T) \qquad (2-3)$$

式中：T是热力学温度；R是气体常数；ΔH则为纯水的汽化潜热（40537.2J/mol）；k是样品中非水物质的本质和浓度的函数，也是温度的函数，但在样品一定和温度变化范围较窄的情况下，k可看为常数。

因此，根据上述方程，$\ln A_w$与$1/T$作图为直线。其意义是：一定样品的水分活度的对数在不太宽的温度范围内随绝对温度升高而正比例升高。具有不同水分含量的天然马铃薯淀粉的$\ln A_w$-$1/T$实验图证明了这种理论推断，如图2-7所示。从图可见$\ln A_w$和$1/T$两者间有良好的线性关系。

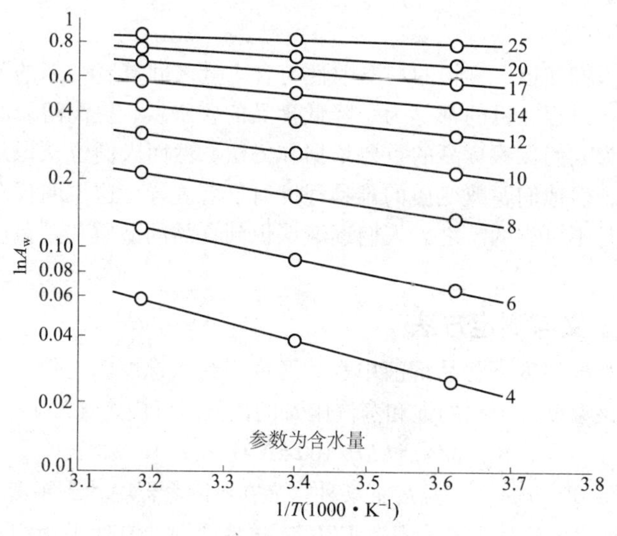

图2-7 天然马铃薯淀粉的水分活度与温度的Clausius-Clapeyron关系

（用每克干淀粉中水的克数表示含水量）

但是$\ln A_w$与$1/T$图并非总是直线，当食品的温度低于0℃时，$\ln A_w$与$1/T$直线发生转折，在冰点以下$\ln A_w$与$1/T$的变化斜率明显加大了，并且不再受样品的非水成分影响，如图2-8所示。

比较食品在冰点上下的水分活度时，应注意到以下重要差别。

（1）冰点以上，食物水分活度是食物组成和食品温度的函数，并且主要与食品的组成有关；而在冰点以下，水分活度与食物的组成没有关系，而仅与食品的温度有关。

（2）冰点上下食物水分活度的大小与食品的理化特性的关系不同。如在-15℃时，水分活度为0.80，在此低温下，食品中微生物不会生长，多种化学反应缓慢；在20℃时，水分活度仍为0.80，但化学反应快速进行，且微生物能较快的生长。

因此不能用食物冰点以下的水分活度来预测食物在冰点以上的水分活度；同样，也不能用食物冰点以上的水分活度来预测食物冰点以下的水分活度。

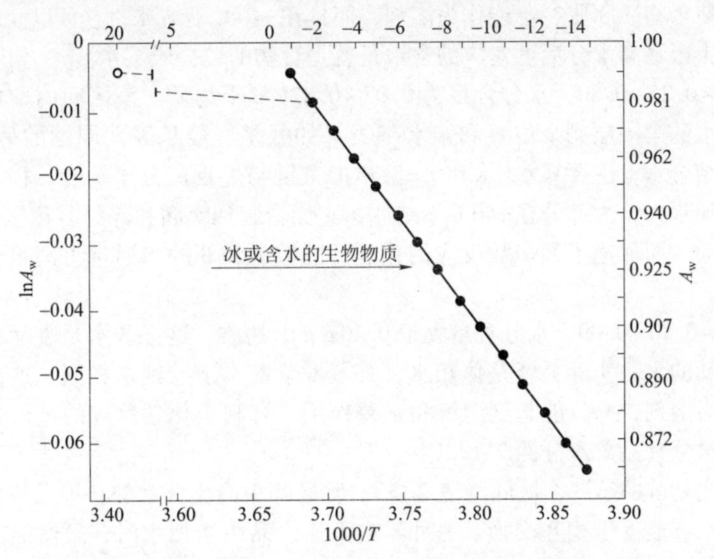

图 2-8　在冰点以上及以下时，样品的水分活度与温度的关系

三、食品水分的吸湿等温线

在恒定温度下，食品的水分含量（用每单位干物质质量中水的质量表示）与它的水分活度之间的关系图称为吸湿等温线。一般情况下，食品中的含水量越高，水分活度也越大。水分活度与水分含量之间的关系如图 2-9 所示。

在高含水量食品中（含水量超过干物质），A_w 接近于 1.0；当含水量低于干物重时，A_w 值小于 1.0；当食品含水量较低时，水分含量的轻微变动即可引起 A_w 值的极大变动，将此线段放大得图 2-10。

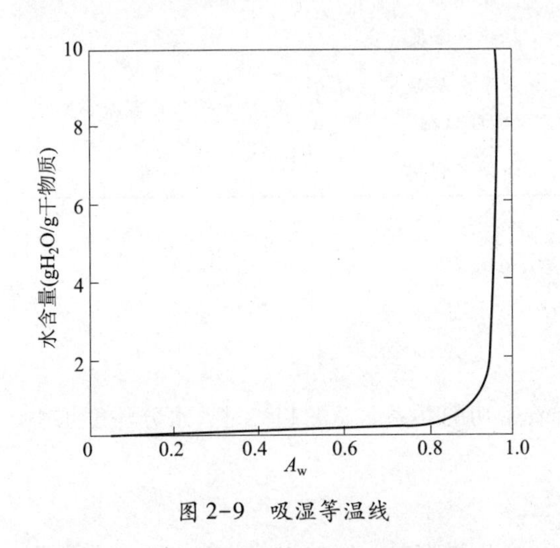

图 2-9　吸湿等温线

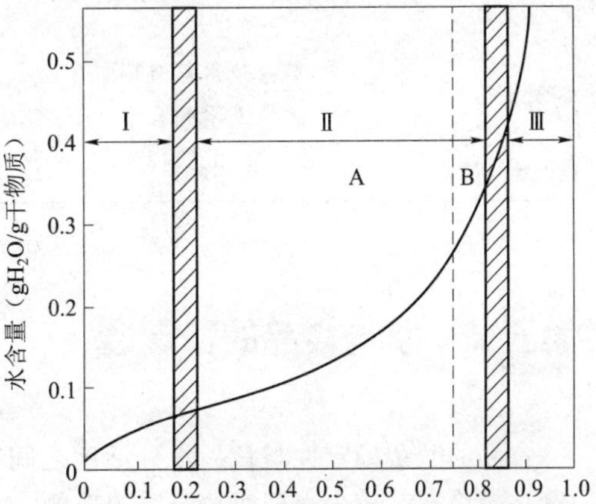

图 2-10　食品在低水分含量范围的吸湿等温线

将图2-10中吸湿等温线分成几个区，将有助于理解吸湿等温线的意义和价值。根据水分活度与含水量的关系可将此曲线分成三个区域。

Ⅰ区：是食品中水分子与非水组分中的羧基和氨基等离子基团以水-离子或水-偶极相互作用而牢固结合，是食品中与非水组分结合最为紧密的水。它在吸湿时最先吸入，干燥时最后排除，所以这部分水 A_w 也最低，一般 A_w = 0~0.25，水分含量为0~0.07g/g干物质。这部分水不能使干物质膨胀，不能作为溶剂，而且在-40℃不结冰，它可以简单地看作为固体的一部分。Ⅰ区最高水分活度对应的含水量就是食物的单分子层水。

Ⅱ区：A_w = 0.25~0.80，水分含量为0.07~0.32g/g干物质。该区间内增加的水分占据非水组分吸附水的第一层剩余位置和亲水基团（如氨基、羟基等）周围的另外几层位置，形成多分子层结合水，主要靠水-水和水-溶质的氢键与邻近的分子缔合，移动性比体相水差，蒸发焓比纯水大，大部分在-40℃不结冰，它们会起到膨润和部分溶解作用，引起体系中反应物的流动，而加速了大多数反应的速度。区域Ⅰ和Ⅱ的水通常占高水分食品总水分的5%以下。

Ⅲ区：A_w = 0.80~0.99，水分含量大于0.40g/g干物质。这部分水是食品中结合最不牢固和最容易流动的水，实际上就是体相水，其蒸发焓基本上与纯水相同，这部分水即可以结冰，又可作为溶剂，并且能起到溶解和稀释作用，有利于化学反应的进行和微生物的生长。通常占高水分食品总水分的95%以上。

吸湿等温线划分的这3个区间（表2-3），除区间Ⅰ内化合水外，等温线区间内和区间与区间之间的水都能发生相互交换。另外，向干燥食品中增加水时，虽然能够稍微改变原来所含水的性质，如产生溶胀和溶解过程，但在区间Ⅱ内增加水时，区间Ⅰ内水的性质几乎保持不变。同样，在区间Ⅲ内增加水，区间Ⅱ内水的性质也几乎保持不变，从而可以说明，食品中结合得最不牢固的那部分水对食品的稳定性起着重要作用。

表2-3 吸湿等温线上不同区水分性质

	Ⅰ区	Ⅱ区	Ⅲ区
A_w	0~0.2	0.2~0.85	>0.85
含水量（%）	1~6.5	6.5~27.5	>27.5
冻结能力	不能冻结	不能冻结	正常
溶剂能力	无	轻微~适度	正常
水分状态	单分子水层吸附 化学吸附结合水	多分子水层凝聚 物理吸附	毛细管水或自由流动水
微生物利用	不可利用	部分可利用	可利用

第五节 水与食品的稳定性

食品的贮藏稳定性与食品水分活度之间有着密切的联系。总的趋势是，水分活度越小的食品越稳定，较少出现腐败变质的现象。

一、水分活度与微生物生命活动的关系

水是一切生物体生命活动不可缺少的成分，微生物需要一定的水分才能进行一系列正

常代谢。影响食品稳定性的微生物主要是细菌、酵母和霉菌，这些微生物的生长繁殖都要求有最低限度的 A_w。如果食品的 A_w 低于这一数值，微生物的生长繁殖就会受到抑制（表 2-4）。

表 2-4 食品中水分活度与微生物生长

A_w范围	在此范围内的最低 A_w 值能抑制的微生物	在此水分活度范围内的食品
0.95~0.91	沙门杆菌属、溶副血红蛋白弧菌、肉毒梭状芽孢杆菌、沙雷氏杆菌、乳酸杆菌属、足球菌、一些霉菌、酵母	一些干酪、腌制肉、一些水果汁浓缩物，含有55%蔗糖（饱和）或12%氯化钠的食品
0.91~0.87	许多酵母、小球菌	发酵香肠、松蛋糕、干的干酪、人造奶油、含65%蔗糖（饱和）或15%氯化钠的食品
0.87~0.80	大多数霉菌、金黄色葡萄球菌、大多数酵母菌属	大多数浓缩水果汁、甜炼乳、巧克力糖浆、糖浆和水果糖浆、面粉，米，含有15%~17%水分的豆类食品、水果蛋糕、家庭自制火腿、微晶糖膏、重油蛋糕
0.80~0.75	大多数嗜盐细菌、产真菌毒素的曲霉菌	果酱、加柑橘皮丝的果冻、杏仁酥糖、糖渍水果、一些棉花糖
0.75~0.65	嗜旱霉菌、二孢酵母	含约10%水分的燕麦片、砂性软糖、棉花糖、果冻、糖蜜、粗蔗糖、一些干果、坚果
0.65~0.60	耐渗透压酵母、少数霉菌	含15%~20%水分的果干、一些太妃糖与焦糖、蜂蜜
0.50	微生物不生殖	含约12%水分的酱、含约10%水分的调味料
0.40	微生物不生殖	含约5%水分的全蛋粉
0.30	微生物不生殖	含3%~5%水分的曲奇饼、脆饼干、面包硬皮等
0.20	微生物不生殖	含2%~3%水分的全脂奶粉、含约5%水分的脱水蔬菜、含约5%水分的玉米片、家庭自制的曲奇饼、脆饼干

由表可见，不同类群微生物生长繁殖的最低水分活度范围是：大多数细菌为 A_w>0.9，酵母为 A_w>0.87，大多数霉菌为 A_w>0.8，大多数耐盐细菌为 A_w>0.75，耐干燥霉菌和耐高渗透压为 A_w>0.60。在水分活度低于 0.60 时，绝大多数微生物就无法生长。

二、水分活度与食品化学变化的关系

图 2-11 表明在 24~25℃温度范围内几类重要反应的速度与 A_w 的关系。

图 2-11（c）表示脂类氧化和 A_w 之间的相互关系。很明显，从极低的 A_w 值开始，脂类的氧化速度随着水分的增加而降低，直到 A_w 值接近等温线［图 2-11（f）］区间Ⅰ与Ⅱ的边界时，脂类的氧化速度达到最低；而进一步增加水就使氧化速度增加直到 A_w 值接近区间Ⅱ与Ⅲ的边界；再进一步增加水将会引起氧化速度降低（未表示出来）。对此的解释为：首先，加入到非常干燥的食品样品中的水明显地干扰了脂类的氧化，这部分水（区域Ⅰ）被认为能结合脂类氧化中的氢过氧化物，干扰了它们的分解，于是，阻碍了氧化的进行；另

外，这部分水能与催化氧化的金属离子发生水合作用，从而显著地降低了金属离子的催化效力。当水增加到超过区间Ⅰ与Ⅱ的边界时，增加了氧的溶解度和脂类大分子的肿胀，暴露出更多的催化部位，从而加速了氧化。当A_w值较大（>0.8）时，加入的水则减缓了脂类的氧化速度，这是由于水的增加对体系中的催化剂产生了稀释效应而降低其催化效力。

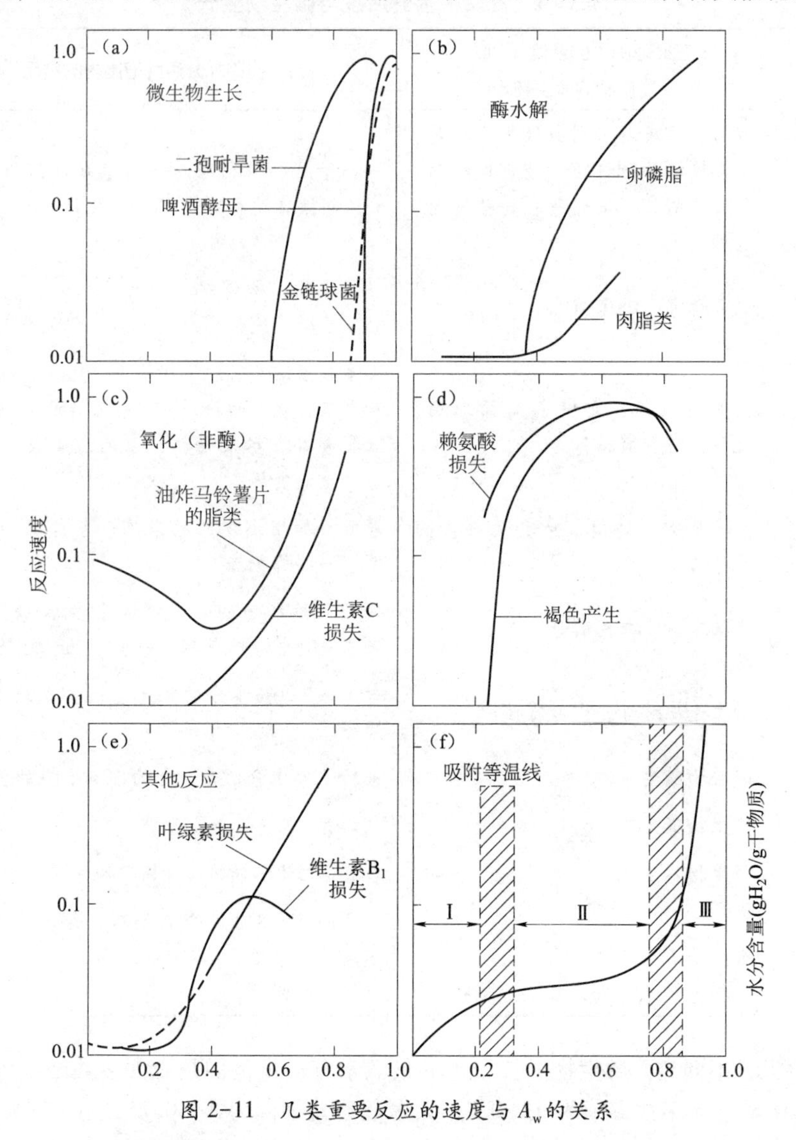

图 2-11 几类重要反应的速度与A_w的关系

从酶促反应与食物水分活度的关系来看：酶促反应在A_w值很低时速度也很慢，但A_w高于0.35后，随着A_w继续升高，酶促反应速度迅速提高。水分活度对酶促反应的影响是两个方面的综合，一方面影响酶促反应底物的可移性，另一方面影响酶的构象。食品体系中大多数的酶类物质在水分活度小于0.85时，活性大幅度降低，如淀粉酶、酚氧化酶和多酚氧化酶等。但也有一些酶例外，如酯酶在水分活度为0.3甚至0.1时也能引起甘油三酯或甘油二酯的水解。

三、降低水分活度提高食品稳定性的机理

如上所述，低水分活度能抑制食品的化学变化和微生物的生长繁殖，稳定食品质量，

是因为食品中发生的化学反应和酶促反应以及微生物的生长繁殖是引起食品腐败变质的重要原因，故降低水分活度可以提高食品的稳定性，其机理如下。

（1）大多数化学反应都必须在水溶液中才能进行，如果降低食品的水分活度，则食品中水的存在状态发生了变化，结合水的比例增加，自由水的比例减少，而结合水不能作为反应物的溶剂。所以，降低水分活度，能使食品中许多可能发生的化学反应、酶促反应受到抑制。

（2）很多化学反应属于离子反应。该反应发生的条件是反应物首先必须进行离子化或水化作用，而这个作用的条件必须是有足够的自由水才能进行。

（3）很多化学反应和生物化学反应都必须有水分子参加才能进行（如水解反应），若降低水分活度，就减少了参加反应的自由水的数量，化学反应的速度也就变慢。

（4）许多以酶为催化剂的酶促反应，水除了起着一种反应物的作用外，还能作为底物向酶扩散输送介质，并且通过水化促使酶和底物活化。当A_w值低于0.8时，大多数酶的活力就受到抑制；若A_w值降到0.25~0.30的范围，则食品中的淀粉酶、多酚氧化酶和过氧化物酶就会受到强烈地抑制或丧失其活力（但脂肪酶例外，水分活度在0.05~0.1时仍能保持其活性）。

由此可见，食品化学反应的最大反应速度一般发生在具有中等水分含量的食品中（A_w为0.7~0.9），而最小反应速度一般首先出现在等温线的区间Ⅰ与Ⅱ之间的边界（A_w为0.2~0.3）附近，当进一步降低A_w时，除了脂类的氧化反应外，其他反应速度全都保持在最小值，这时的水分含量是单分子层水分含量。因此，用食品的单分子层水的值可以准确地预测干燥产品最大稳定性时的含水量。

重点小结

水是不仅是构成机体的主要成分，而且是维持生命活动、调节代谢过程不可缺少的重要物质。本章分别简述了以下几方面内容。

（1）水和冰的结构和性质，其中重点论述了水的结构、水的多重氢键与缔合作用形成及其对水的性质的影响。

（2）水在食品中的存在形式：结合水和自由水的概念、不同形式结合水与自由水的性质以及结合水与自由水的区别；介绍了水与非水组分的三种相互作用：水与离子和离子基团的相互作用、水与具有氢键键合能力的中性基团的相互作用、水与非极性物质的相互作用。

（3）重点介绍了水分活度、吸湿等温线的定义、吸湿等温线不同区域水分的性质；水分活度对食品稳定性的影响，其中重点阐述水分活度与微生物生命活动的关系、水分活度与食品中各种化学反应速度的关系、提高食品稳定性的机理。

因此水在食品中的存在状态直接影响到食品的性质，是食品易腐败的原因，是决定食品中各种化学反应速度的重要因素，水分含量、水分活度是预测食品贮藏稳定性的重要参数。

目标检测

1. 如何从理论上解释水的独特的物理性质？
2. 离子、亲水性物质、疏水性物质分别以何种方式与水作用？
3. 食品中水的存在形式有哪些？各有何特点？
4. 水分含量与水分活度的关系如何？什么是水分的吸湿等温线？其曲线形状受哪些因素的影响？
5. 水分活度对食品稳定性有哪些影响？

第三章

碳水化合物

学习目标

1. **掌握**　碳水化合物在食品工业上的应用。
2. **熟悉**　碳水化合物的理化性质和功能。
3. **了解**　单糖、低聚糖和几种常见多糖的结构特点。

案例导入

案例：苹果、葡萄、西瓜等水果放置于冰箱冷藏室一段时间后，再取出食用会感觉更甜；未食用完的米饭放置一段时间（特别是冷藏条件下）后，会变干变硬，即使重新加热也不及新鲜米饭柔软滋润。

讨论：1. 试说明水果冷藏变甜以及米饭冷藏变干硬的原因。
　　　2. 如何防止米饭变干硬而影响口感?

第一节　概述

碳水化合物是自然界分布广泛、数量最多的有机化合物，是食物原料的主要组成成分之一，植物体中含量尤为丰富，占其干重的85%～90%，其中又以纤维素为主。碳水化合物是生物体主要的供能物质，是合成其他化合物的基本原料，同时也是生物体机体的组成成分。人类摄取食物的总能量中55%～65%由碳水化合物提供，因此它是人类及动物的生命源泉。

碳水化合物的分子组成可用$C_n(H_2O)_m$通式表示，因此被统称为碳水化合物。但后来发现某些糖如鼠李糖（$C_6H_{12}O_5$）和脱氧核糖（$C_5H_{10}O_4$）并不符合上述通式，而且某些糖还含有氮、硫、磷等，显然碳水化合物的名称已经不适当，但由于沿用已久，至今还在使用这个名词。

一、碳水化合物的定义和分类

从化学结构上看，碳水化合物是多羟基醛、多羟基酮类化合物及其衍生物和缩合物的总称，包括各种单糖、低聚糖、多糖、糖醇、肌醇、糖苷等。可根据其可水解程度情况不同进行分类。

（一）单糖

指不能再水解的最简单的多羟基醛或多羟基酮及其衍生物，如葡萄糖、果糖、肌醇等。根据所含碳原子数目不同，可将单糖分为丙糖、丁糖、戊糖、己糖、庚糖等，其中戊糖、己糖最重要，如核糖、脱氧核糖、葡萄糖、果糖等。

（二）低聚糖

又称为寡糖，一般指由2~10个单糖通过糖苷键连接而成的碳水化合物，如蔗糖、乳糖、麦芽糖等。根据组成的单糖不同，可将低聚糖分为均低聚糖和杂低聚糖，前者由同一种单糖缩合而成，如麦芽糖；后者由不同的单糖缩合而成，如蔗糖、棉籽糖等。根据是否具有还原性可分为还原性低聚糖（如麦芽糖）和非还原性低聚糖（如蔗糖）。

（三）多糖

指由10个以上单糖缩合而成的碳水化合物，如淀粉、纤维素、半纤维素、果胶等。多糖的分类如下。

1. 根据组成分类

均多糖：指只有一种单糖组成的多糖，如淀粉，纤维素等。

杂多糖：指由两种或两种以上的单糖组成的多糖，如香菇多糖等。

2. 根据是否含有非糖基团分类

纯粹多糖：不含非糖基团的多糖，也就是一般意义上的多糖。

复合多糖：含有非糖基团的多糖，如糖蛋白、糖脂等。

3. 根据生物学功能分类

结构多糖：组成生物体的多糖，如纤维素、糖蛋白、糖脂等 。

贮存多糖：淀粉、糖原。

抗原多糖：指具有抗原性的多糖类。在多数情况下，多糖类属不完全抗原，但在免疫及试管内反应方面有作为完全抗原而起作用的事实。

根据来源不同可分为植物多糖、动物多糖、微生物多糖。

二、食品中碳水化合物的功能

碳水化合物是食品的重要组分，在加工、贮藏过程中影响着食品的营养、色泽、香味、口感、质地以及某些功能性质，主要表现如下。

1. 供给能量 碳水化合物是人体所需的三大产能营养素之一，人体摄入总能量中有55%~65%是由碳水化合物提供的。

2. 调节食品色泽、风味 具有游离醛基或酮基的还原糖在一定条件下可与食品中的其他成分（如氨基酸）反应产生色泽和香气。

3. 提供甜味 单糖和部分低聚糖本身有甜味和高溶解性，可作为甜味剂和保藏剂。

4. 增稠、稳定作用 多糖类具有高黏度、胶凝能力和稳定作用，可作为增稠剂、稳定剂（如果胶、卡拉胶等）以改善食品质地和口感。

5. 促进胃肠蠕动、降糖降脂等作用 膳食纤维、果胶等多糖，虽在胃肠道不易被消化吸收，但可以促进胃肠蠕动，有助于食物消化；可促进结肠功能，预防结肠癌；降糖降脂，预防胆结石，防止过度肥胖；提高机体免疫力等。

6. 其他保健作用 某些多糖、低聚糖（茶叶多糖、木耳多糖、低聚果糖、低聚木糖等）具有保健功能，如降血脂、降血压、降血糖、促进肠道双歧杆菌增殖、提高机体免疫力等。

第二节 单糖

一、单糖结构

单糖是结构最简单的碳水化合物，在自然界以链状结构和环状结构两种形式存在，环状结构比链状结构稳定。

（一）链状结构

除丙酮糖外，所有单糖均含有手性碳原子，有旋光异构体。根据它们与D-甘油醛的关系，其构型可分为D型和L型（图3-1），D/L型主要依据与羰基相距最远的手性碳的构型，若此手性碳上的羟基在右面的为D-型，在左面的为L-型。天然存在的单糖大多数为D型。

单糖根据官能团不同可分为醛糖和酮糖，如图3-2所示。

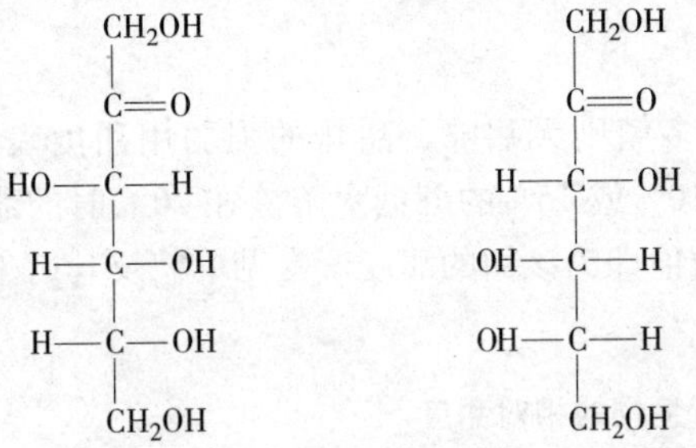

D-果糖　　L-山梨糖

图3-1　D型和L型单糖的结构

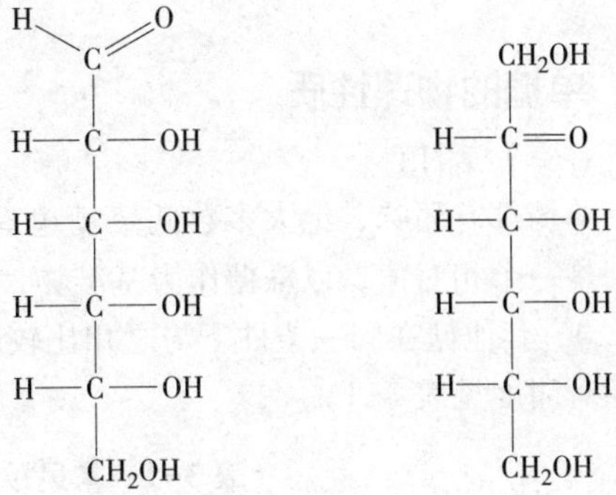

D-阿洛醛糖　　D-阿洛酮糖

图3-2　醛糖和酮糖的结构

（二）环状结构

1. 费歇尔（Fisher）投影式　单糖的链状结构不稳定，生物体内的单糖通常以环状结构存在。醛糖中活泼羰基容易受羟基氧原子亲核攻击生成半缩醛；酮糖的羰基具有相似的反应。经半缩醛化，醛糖可形成稳定的六元吡喃糖环，酮糖生成五元呋喃糖环（图3-3）。

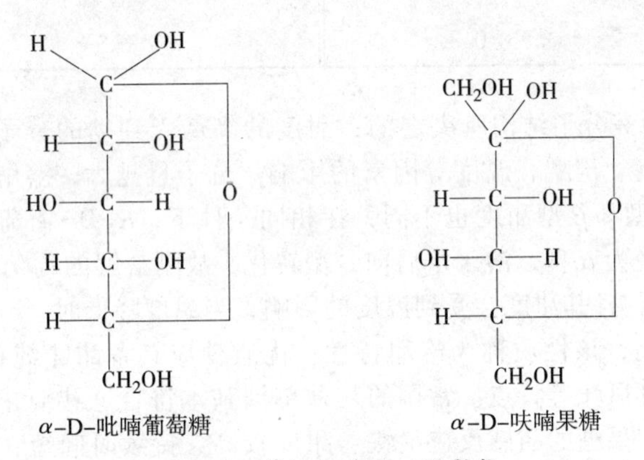

图3-3　单糖的Fisher投影式

2. 哈沃斯（Haworth）透视式　直立的环状费歇尔投影式，虽然可以表示单糖的环状结构，但还不能确切地反映单糖分子中各原子或原子团的空间排布。为此哈沃斯（Haworth）提出用透视式来表示：根据单糖新形成的半缩醛羟基与决定单糖构型的羟基的相对位置可分为α、β构型，二者位于平面同一侧为α型，不在同一侧的为β型（图3-4）。

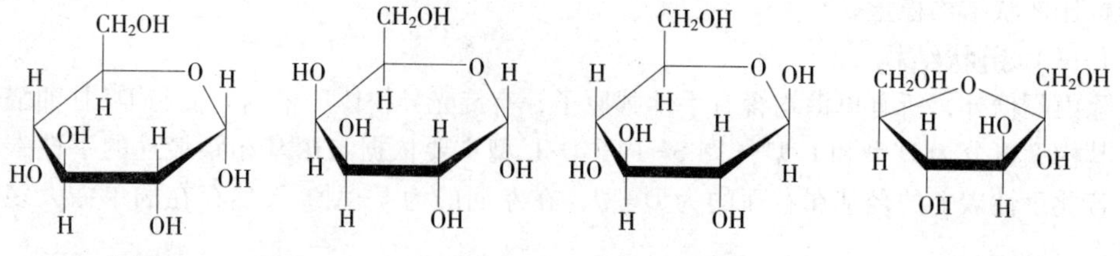

α-D-葡萄糖　　α-D-半乳糖　　β-D-葡萄糖　　α-D-果糖

图 3-4　α 型和 β 型单糖的 Haworth 透视式

二、单糖的物理性质

（一）甜度

单糖都有甜味，绝大多数低聚糖也有甜味，多糖则无甜味。甜味的强弱用甜度表示，甜度是一个相对值，以蔗糖作为基准物，一般以 10% 或 15% 的蔗糖水溶液在 20℃ 时的甜度为 1.0，其他糖在同一条件下与之相比较所得的数值即为该糖的甜度。常见单糖及其衍生物的相对甜度见表 3-1。

表 3-1　常见单糖及其衍生物的相对甜度

名称	相对甜度	名称	相对甜度
β-D-果糖	1.5	木糖醇	1.0
蔗糖	1.0	麦芽糖醇	0.9
α-D-葡萄糖	0.7	甘露糖醇	0.7
α-D-甘露糖	0.6	赤藓糖醇	0.6
α-D-木糖	0.5	山梨糖醇	0.5
乳糖	0.4	乳糖醇	0.25
α-D-半乳糖	0.3		

物质的甜味是由其分子结构所决定的，甜度的高低受到糖的分子结构、分子量、分子存在状态、溶解度、构型、温度等因素的影响。分子量越大，溶解度越小，甜度就越小。D-葡萄糖的 α 型和 β 型甜度也不同，在相同条件下，α-D-葡萄糖的甜度 $>$ β-D-葡萄糖，结晶型葡萄糖为 α 型，溶于水后向 β 型转化，故刚溶解的葡萄糖溶液最甜；D-果糖的甜度 α 型 $<$ β 型，且其甜度会受到温度的影响，当温度降低时，α-D-果糖向 β-D-果糖转变使其甜度升高，该性质称为冷甜特性。优质糖应具备甜味纯正、甜度高低适当、甜感反应快、无不良风味等特点。常用的几种单糖基本符合这些要求，但稍有差别。蔗糖甜味纯正而独特；果糖的甜感反应最快、甜度较高、持续时间短；葡萄糖的甜感反应较慢、甜度较低。

（二）溶解性

单糖均能溶于水，且分子中含有多个羟基增加了它在水中的溶解性，但不能溶于乙醚、丙酮等有机溶剂。各种单糖的溶解度不同，果糖的溶解度最高，其次是葡萄糖。糖醇在水中溶解时吸热较高，如木糖醇的溶解热为 153.0J/g，适宜制备具有清凉感的食品。温度对单糖的溶解过程和溶解速度具有决定性的影响，随着温度升高，单糖的溶解度增大，两种单糖的溶解度见表 3-2。

表 3-2 常见单糖的溶解度

糖类	20℃		30℃		40℃		50℃	
	浓度（%）	溶解度（g/100g 水）	浓度（%）	溶解度（g/100g 水）	浓度（%）	溶解度（g/100g 水）	浓度（%）	溶解度（g/100g 水）
果糖	78.94	374.78	81.54	441.70	84.34	538.63	86.94	665.58
葡萄糖	46.71	87.67	54.64	120.46	61.89	162.38	70.91	243.76

糖的溶解度与其水溶液的渗透压密切相关，溶解度越大，渗透压越高，从而影响糖渍食品的保藏性。在糖渍食品中，糖浓度须达到 70% 以上才能抑制霉菌、酵母的生长。在 20℃时，单独使用果糖、蔗糖、葡萄糖的最高浓度分别为 79%、66%、47%，故只有果糖在此温度下具有较好的食品保藏性，而单独使用蔗糖、葡萄糖均达不到防腐、保质的要求。

（三）旋光活性和变旋现象

旋光性是一种物质使直线偏振光的振动平面发生旋转的特性。旋光方向以符号表示：右旋为 D-或（+），左旋为 L-或（-）。在单糖中除丙酮糖外，分子结构中均含有一个或多个手性碳原子，故都具有旋光活性。因此，旋光性是鉴定糖的一个重要指标。

单糖的旋光活性通常用比旋光度表示。比旋光度是指 1ml 含有 1g 糖的溶液在其透光层为 0.1m 时使偏振光旋转的角度，通常用 $[\alpha]_{\lambda}^{t}$ 表示。t 为测定时的温度；λ 为测定时的波长，一般采用钠光，用符号 D 表示。表 3-3 列出了几种单糖的比旋光度。

表 3-3 各种糖在 20℃（钠光）时的比旋光度值 $[\alpha]_{D}^{20}$

糖类名称	比旋光度	糖类名称	比旋光度
D-葡萄糖	+52.2°	D-阿拉伯糖	-105.0°
D-果　糖	-92.4°	D-木　　糖	+18.8°
D-半乳糖	+80.2°	L-阿拉伯糖	+104.5°
D-甘露糖	+14.2°		

单糖物质刚溶于水时，其比旋光度处于变化中，经过一段时间，分子结构由链状向环状转变，α 型、β 型等同分异构体之间达到平衡后，比旋光度不再变化，这种现象称为变旋现象。

（四）吸湿性、保湿性与结晶性

吸湿性是指糖在湿度较高条件下具有吸收水分的性质，保湿性是指糖在空气湿度较低条件下具有保持水分的性质。这两种性质对保持食品的柔软性、弹性、贮藏及加工都具有重要意义。各种糖的吸湿性不同，其中果糖、果葡糖浆>葡萄糖>蔗糖。生产面包、糕点、软糖等食品时，宜选用吸湿性强、保湿性强的果糖、果葡糖浆等；而生产硬糖、酥糖及酥性饼干时，以蔗糖为宜。

单糖能够以结晶的形式存在，糖溶液越纯越易结晶。葡萄糖易结晶，但晶体细小，果糖、转化糖较难结晶，在糖果制造时，要应用糖结晶性质上的差别。

（五）其他

单糖的水溶液具有渗透压增大和冰点降低的特点。渗透压随着浓度增高而增大；在相同浓度下，分子量越小，分子数目越多，渗透压也越大。浓度越高，糖溶液分子量越小，冰点降低得越多。

单糖的黏度通常随温度的升高而下降。在食品生产中，可通过调节糖的黏度以改善食品的稠度和适口性。O_2在糖溶液中的溶解度低于水溶液，因此糖溶液具有抗氧化性，有利于保持食品的色、香、味和营养成分。

三、单糖的化学性质

单糖的结构都是由多羟基醛或多羟基酮组成，因此具有醇羟基及羰基的性质，如具有醇羟基的成酯、成醚、成缩醛等反应和羰基的一些加成反应等。在食品加工、贮藏中比较重要的几种反应如下。

（一）美拉德反应

美拉德反应又称羰氨反应，指羰基与氨基经缩合、聚合生成类黑色素的反应。因其产物是棕色缩合物，又称为“褐变反应”，这种褐变反应不是由酶引起的，所以属于非酶褐变。食品加工中由羰氨反应引起食品颜色加深的现象比较普遍，会引起食品色泽、风味和营养价值的变化。

1. 美拉德反应机理 美拉德反应过程可分为初期、中期、末期三个阶段，每一个阶段又包括若干个反应。

（1）初期阶段 初期阶段包括羰氨缩合和分子重排两种作用。

①羰氨缩合（图 3-5） 羰氨反应的第一步是氨基化合物中的游离氨基与羰基化合物的游离羰基之间的缩合反应，最初产物是一个不稳定的亚胺衍生物，称为薛夫碱，此产物随即环化为N-葡萄糖基胺。

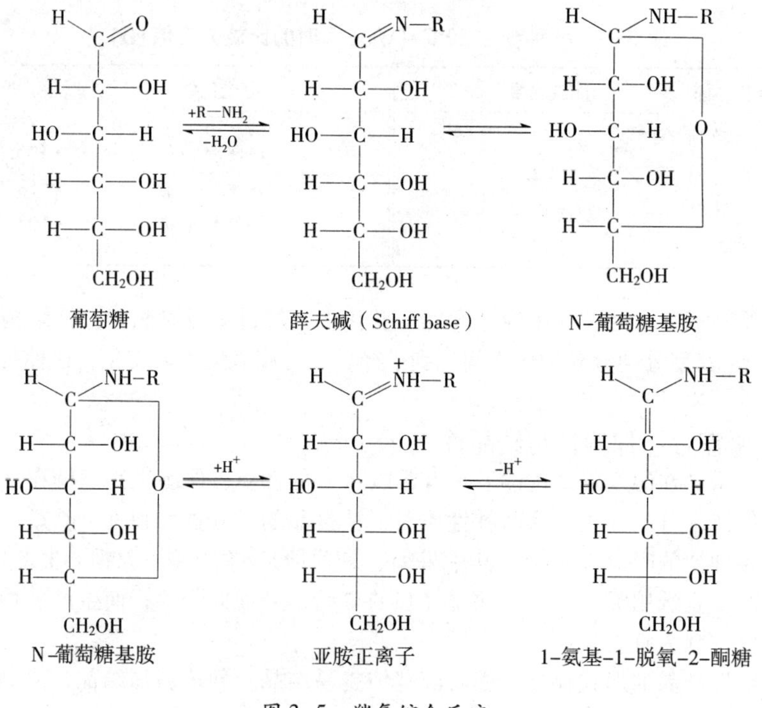

葡萄糖 $\underset{-H_2O}{\overset{+R-NH_2}{\rightleftharpoons}}$ 薛夫碱（Schiff base） $\rightleftharpoons$ N-葡萄糖基胺

N-葡萄糖基胺 $\underset{}{\overset{+H^+}{\rightleftharpoons}}$ 亚胺正离子 $\overset{-H^+}{\rightleftharpoons}$ 1-氨基-1-脱氧-2-酮糖

图 3-5 羰氨缩合反应

羰氨缩合反应是可逆的，在稀酸条件下，该反应产物极易水解。羰氨缩合反应过程中由于游离氨基的逐渐减少，会使反应体系的 pH 下降，所以在碱性条件下有利于羰氨反应。

亚硫酸根可与醛形成加成化合物可阻止N-葡萄糖基胺，因此美拉德反应早期色素尚未形成时添加还原剂如SO_2或亚硫酸盐可以在一定程度上抑制食品褐变。

②分子重排　N-葡萄糖基胺在酸的催化作用下经过阿姆德瑞分子重排，生成氨基脱氧酮糖即单果糖胺（图3-6）。

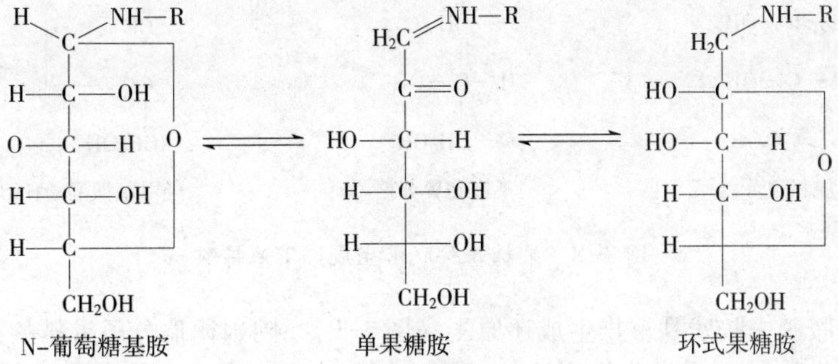

N-葡萄糖基胺　单果糖胺　环式果糖胺

图3-6　阿姆德瑞分子重排

酮糖也可与氨基化合物生成酮糖基胺，而酮糖基胺可经过海因斯分子重排作用异构成2-氨基-2-脱氧葡萄糖（图3-7）。

N-果糖胺　2-氨基-2-脱氧葡萄糖

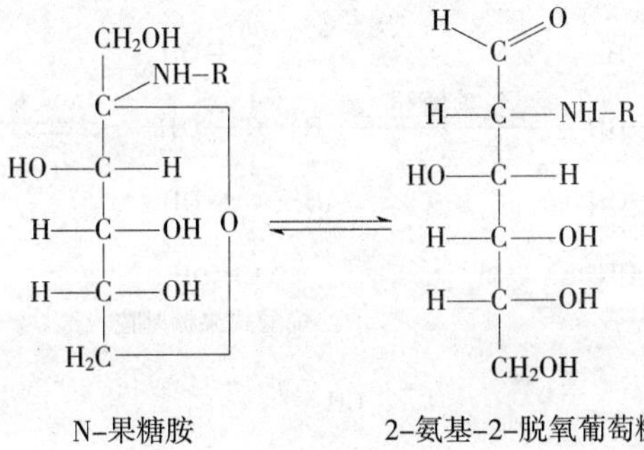

图3-7　海因斯分子重排

（2）中期阶段　重排产物1-氨基-1-脱氧-2-酮糖（果糖基胺）的进一步降解可能存在以下几条途径。

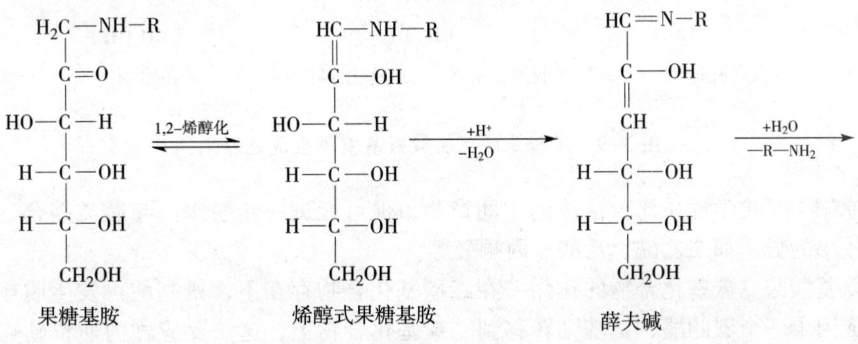

果糖基胺 —(1,2-烯醇化)⇌ 烯醇式果糖基胺 —($+H^+$, $-H_2O$)→ 薛夫碱 —($+H_2O$, $-R-NH_2$)→

①果糖基胺脱水生成羟甲基糠醛（HMF）（图3-8）

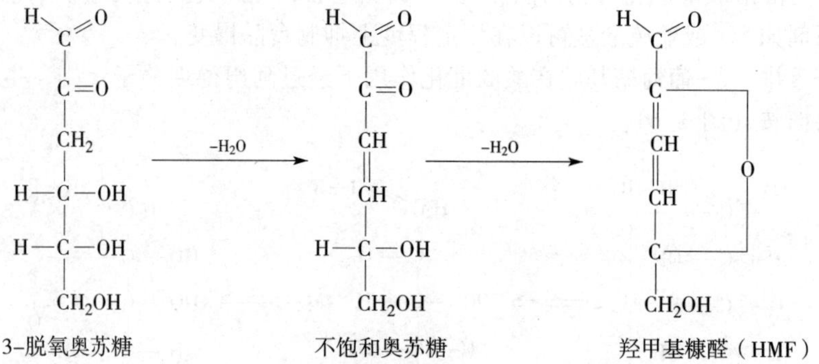

3-脱氧奥苏糖 —($-H_2O$)→ 不饱和奥苏糖 —($-H_2O$)→ 羟甲基糠醛（HMF）

图 3-8 果糖基胺脱水生成羟甲基糠醛

②果糖基胺脱去胺残基重排生成还原酮（图 3-9） 阿姆德瑞分子重排的产物除了发生上述反应历程中的1,2-烯醇化作用外，还可以在pH>7.0 经过2,3-烯醇化最终生成还原酮类化合物的途径。由果糖基胺生成还原酮的历程如下。

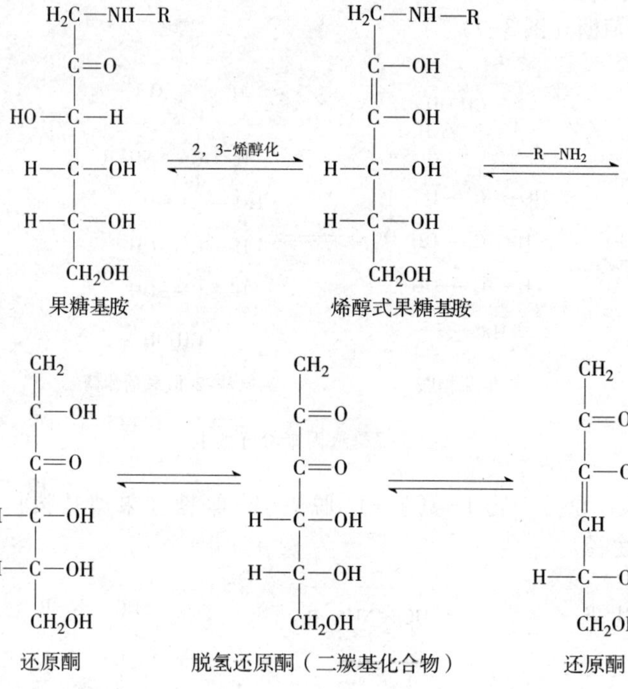

果糖基胺 ⇌（2，3-烯醇化）烯醇式果糖基胺 ⇌（$-R-NH_2$）

还原酮 ⇌ 脱氢还原酮（二羰基化合物） ⇌ 还原酮

图 3-9 果糖基胺脱去胺残基重排生成还原酮

还原酮类是化学性质比较活泼的中间产物，他可能进一步脱水、与胺类缩合，也可能裂解成较小的分子如二乙酰、乙酸、丙酮醛等。

③氨基酸与二羰基化合物的作用 在二羰基化合物存在下，氨基酸可发生脱羧、脱氨作用，成为少一个碳的醛，氨基则转移到二羰基化合物上，这一反应称为斯特勒克降解反应。二羰基化合物接受了氨基，进一步形成褐色色素（图 3-10）。

（3）末期阶段 羰氨反应的末期阶段包括两类反应。

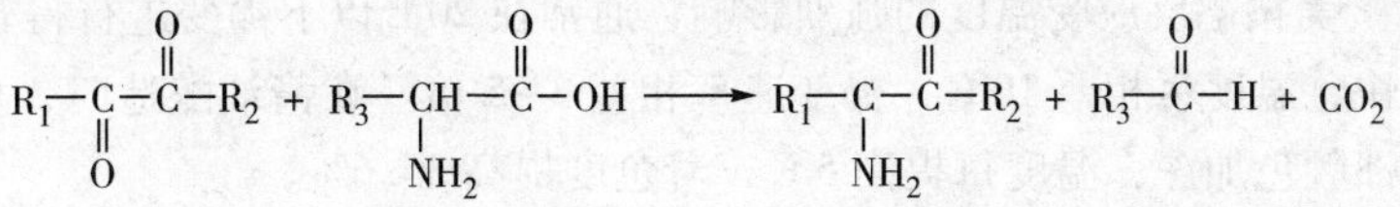

$$R_1-\overset{O}{\overset{\|}{C}}-\underset{O}{\underset{\|}{C}}-R_2 + R_3-\underset{NH_2}{\underset{|}{CH}}-\overset{O}{\overset{\|}{C}}-OH \longrightarrow R_1-\underset{NH_2}{\underset{|}{C}}-\overset{O}{\overset{\|}{C}}-R_2 + R_3-\overset{O}{\overset{\|}{C}}-H + CO_2$$

二羰基化合物　氨基酸　胺类化合物　醛类化合物

图 3-10　斯特勒克降解反应

①羟醛缩合（图 3-11）　羟醛缩合是两分子醛的自相缩合作用，并进一步脱水生成不饱和醛的过程。

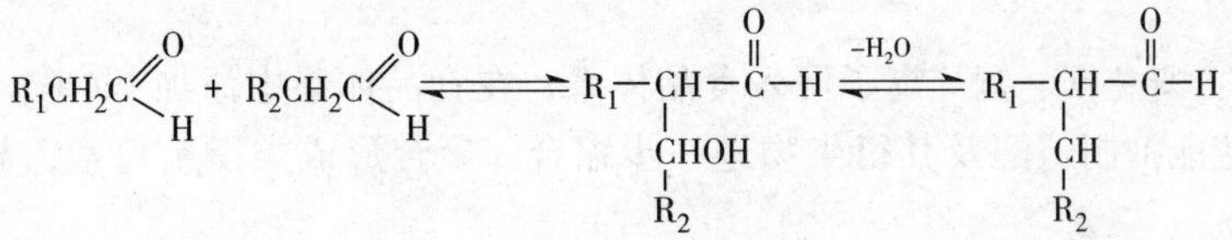

$$R_1CH_2C\!\begin{smallmatrix}O\\ H\end{smallmatrix} + R_2CH_2C\!\begin{smallmatrix}O\\ H\end{smallmatrix} \rightleftharpoons R_1-\underset{\underset{R_2}{|}}{\underset{CHOH}{\underset{|}{CH}}}-\overset{O}{\overset{\|}{C}}-H \xrightleftharpoons{-H_2O} R_1-\underset{\underset{R_2}{|}}{\underset{CH}{\underset{|}{CH}}}-\overset{O}{\overset{\|}{C}}-H$$

β-羟基醛　不饱和醛

图 3-11　羟醛缩合反应

②生成类黑精物质的聚合反应　经中末期反应后的产物糠醛及其衍生物、二羰基化合物、还原酮类、由斯特勒克降解和糖裂解所产生的醛等，这些产物进一步缩合、聚合形成类黑精色素。类黑精前体产物可能引起致突变物质的形成，其毒性有待进一步研究。

2. 影响美拉德反应的因素和控制措施　美拉德反应与羰基化合物和氨基化合物的种类、温度、氧气、水分及金属离子等因素密切相关。通过采取适当措施控制这些因素可促进或抑制食品褐变，对食品在加工、贮藏中的品质变化具有重要意义。

（1）羰基化合物和氨基化合物　除碳水化合物能发生美拉德反应外，存在于食品中的其他羰基化合物也可发生该反应。褐变速率 α、β 不饱和醛>α-二羰基化合物>酮。在空气中易被氧化成为 α-二羰基化合物的一些物质（如抗坏血酸），也易褐变。

还原糖的美拉德反应速率>非还原性糖；还原性糖的反应速率：五碳糖>六碳糖，五碳糖的褐变速率大约是六碳糖的10倍；五碳糖的反应速率：核糖>阿拉伯糖>木糖；六碳糖的反应速率：半乳糖>甘露糖>葡萄糖。

通常氨基酸、肽类、蛋白质、胺类均与褐变有关。褐变速率：胺类>氨基酸>肽类>蛋白质。碱性氨基酸的褐变速度快；氨基在 ε-位或在末端者，比在 α-位的易褐变。

控制措施：去除一种反应底物，一般去除食品中的还原糖可以减少褐变。如在蛋品加工时，干燥前加入葡萄糖氧化酶可催化葡萄糖氧化为葡萄糖酸，从而防止蛋品褐变。

（2）pH 的影响　在酸、碱性条件下均可发生美拉德反应，当 pH>3 时，其反应速率随 pH 的升高而加快，pH 在 7.8~9.2 之间时褐变反应最严重；当 pH≤3 时，氨基在强酸性条件下被质子化，阻止了 N-葡糖基胺的形成，因而褐变反应程度很小。

控制措施：降低 pH 是可以有效控制褐变，如酸渍食品和酸发酵食品。

（3）反应物浓度　美拉德反应速率与反应物浓度成正比。水分含量在 10%~15% 时，褐变最易进行；在完全干燥条件下，难以进行；褐变与脂肪本身无关，但当水分含量超过 5% 时，脂肪氧化加快，褐变也加快。

控制措施：降低食品体系的水分活度（$A_w \leq 0.2$）或增大液体食品的稀释度，均可以有效抑制褐变的进行。

(4) 温度　美拉德反应受温度的强烈影响，通常在20℃以下褐变进行得较慢，而30℃以上则褐变较快，温度每相差10℃，褐变速率相差3~5倍。在酱油酿造时，可通过提高发酵温度，使酱油颜色加深，温度每提高5℃，着色度提高35.6%。

控制措施：提高温度有利于褐变反应的进行。对于不希望褐变的食品在加工时应尽量避免高温长时间处理，且宜低温贮存，如将食品置于10℃以下冷藏，则可较好地防止褐变。

(5) 金属离子　铁离子和铜离子能催化还原酮类的氧化而促进褐变，且Fe^{3+}比Fe^{2+}作用更强。钙离子可与氨基酸结合为不溶性化合物，同时有协同SO_2抑制褐变的作用。

控制措施：避免铁、铜等离子混入食品体系；在食品体系中添加$CaCl_2$；亚硫酸处理，SO_2和亚硫酸盐能抑制糠醛及其衍生物进一步缩合、聚合形成类黑精色素，从而抑制食品褐变。

3. 美拉德反应对食品品质的影响　美拉德反应会对食品品质产生有利和不利的影响。

(1) 有利影响　为了形成和加强发酵类茶、可可豆、咖啡、酱油、醋、面包、啤酒、皮蛋等食品固有的色泽，在其加工处理时需要利用适当的褐变反应。此外，美拉德反应过程中产生的褐变反应产物，特别是氨基酸的斯特勒克（Strecker）降解产物可赋予食品特殊的风味，如还原糖与牛奶蛋白质反应时，可产生乳脂糖、太妃糖及奶糖的风味等。

(2) 不利影响　美拉德反应可引起某些食品色泽变劣，需要严格控制，如乳制品、植物蛋白饮料的高温杀菌，蛋品褐变等。此外，食品中的还原糖与蛋白质的部分链段相互作用导致部分氨基酸的损失，特别是必需氨基酸L-赖氨酸所受的影响最大。赖氨酸含有ε-氨基，即使存在于蛋白质分子中，也能参与美拉德反应，从而引起氨基酸等营养成分的损失，这在营养学上是不利的。

（二）焦糖化反应

糖类在没有含氨基化合物存在时加热到熔点以上（一般是140~170℃以上），因糖发生脱水与降解，也会发生褐变反应，这种反应称为焦糖化反应。焦糖化反应在酸、碱条件下均可进行，但碱性条件下的反应速率大于酸性条件下的反应速率。糖在强热的情况下生成两类黑褐色色素物质：一类是糖的脱水产物，即焦糖或酱色；另一类是裂解产物，即一些挥发性的醛、酮类物质，它们进一步缩合、聚合或发生羰氨反应形成的深色物质。因此，焦糖化反应包括两方面产生的深色物质。

各种单糖因熔点不同，其反应速度也各不一样，熔点越低，越易引起反应。如葡萄糖的熔点为146℃，果糖的熔点为95℃，麦芽糖的熔点为103℃，因此果糖最易引起焦糖化反应。焦糖化作用也可赋予某些食品悦人的色泽与风味，如焙烤、油炸食品；同时利用此反应可以得到食品色素——焦糖色。

目前有四种商品化的焦糖色素，第一种是亚硫酸铵法焦糖色，以碳水化合物为主要原料，在氨化合物和亚硫酸盐同时存在下，加或不加酸（碱）而制得。此类色素的水溶液呈酸性（pH 2.0~4.5），属于耐酸焦糖色素，适用于焙烤食品、糖浆、糖果、调味料以及可乐等酸性饮料的调色。第二种是氨法焦糖色，以碳水化合物为主要原料，在氨化合物存在下，加或不加酸（碱）而制得，不使用亚硫酸盐。其水溶液pH 4.2~4.8，适用于烘焙食品、糖浆、调味料、含醇饮料等食品。第三种是苛性亚硫酸盐焦糖色，以碳水化合物为主要原料，在亚硫酸盐存在下，加或不加酸（碱）而制得，不使用氨化合物。主要用于白兰地、威士忌、朗姆酒以及配制酒等含醇饮料，且最大使用量为6.0g/L。第四种是普通法焦糖色，以碳水化合物为主要原料，不使用亚硫酸盐和氨化合物，加或不加酸（碱）而制得。其水溶液的pH3.0~4.0，适用于饮料、焙烤食品、果冻、调味料等食品。四种焦糖色的使用量需严格按照GB 2760—2014《食品安全国家标准　食品添加剂使用标准》的规定用于食品生产加工过程。

某些焦糖化反应产物除可以呈色外，还具有独特的风味，如麦芽酚（3-羟基-2-甲基吡喃-4-酮）、异麦芽酚（3-羟基-2-乙酰基呋喃）具有面包的风味。

（三）差向异构化作用

在几种化学组成相同的单糖中，若多个手性碳原子中只有一个手性碳原子的构型不同，其他手性碳原子的构型都完全相同的旋光异构体被称为差向异构体。用稀碱溶液处理单糖，能形成差向异构体的平衡体系，如D-葡萄糖在稀碱的作用下，可通过稀醇式中间体的转化得到D-葡萄糖、D-甘露糖和D-果糖三种差向异构体的平衡混合物（图3-12）。单糖的异构化作用在工业上被用于制备高甜度的果葡糖浆。

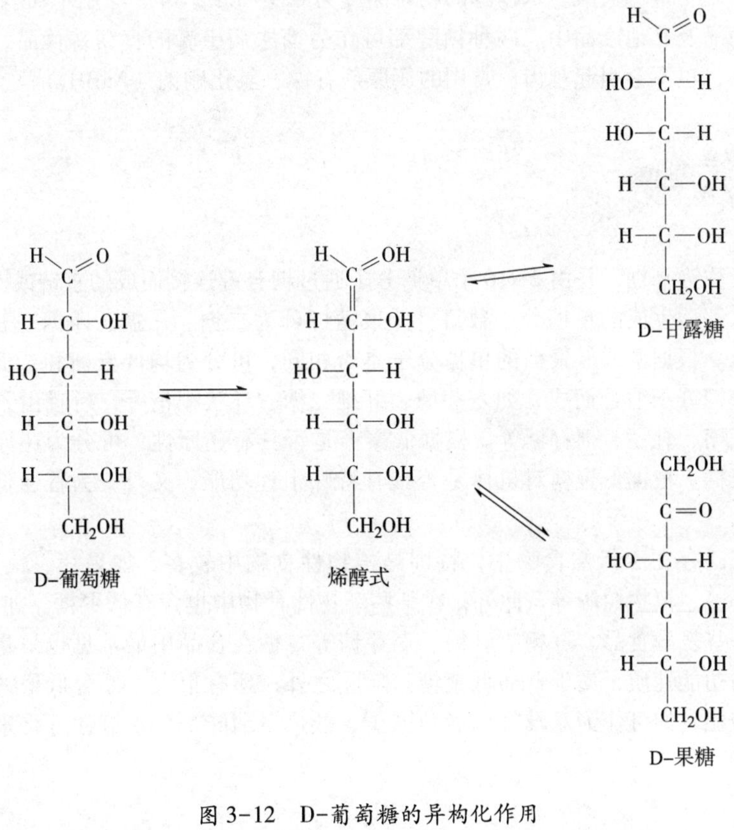

D-葡萄糖　烯醇式　D-甘露糖　D-果糖

图3-12　D-葡萄糖的异构化作用

（四）氧化反应

单糖是含有游离羰基的化合物，因此可在不同的氧化条件下被氧化成各种不同的氧化产物。单糖在弱氧化剂如土伦试剂、费林试剂中可被氧化成糖酸，同时还原金属离子。反应式如下：

$$C_6H_{12}O_6+2[Ag(NH_3)_2]OH \xrightarrow{\triangle} C_6H_{11}O_7NH_4+2Ag\downarrow+3NH_3+H_2O$$

$$C_6H_{12}O_6+2Cu(OH)_2 \xrightarrow[\triangle]{NaOH} C_6H_{12}O_7+\underset{\text{(棕红色)}}{Cu_2O\downarrow}+H_2O$$

醛糖中的醛基在溴水中可被氧化成羧基而生成糖酸，糖酸加热很容易失水而得到γ-和δ-内酯。如葡萄糖被溴水氧化生成D-葡萄糖酸和D-葡萄糖酸-δ-内酯（DGL），前者可与钙离子生成葡萄糖酸钙，它可作为口服钙的补充剂，后者是一种温和的酸味剂，适用于肉制品、乳制品和豆制品，也可以作为膨松剂的一个组分用于焙烤食品。酮糖与溴水不起作用，故利用该反应可以鉴别酮糖和醛糖。

葡萄糖在氧化酶的作用下发生伯醇基的氧化，醛基不被氧化，而生成葡萄糖醛酸。葡萄糖醛酸在机体内可与某些有毒物质（如重金属、乙醇）结合形成苷类，随尿液排出体外起到解毒的作用。

（五）还原反应

单糖分子中的醛基或酮基可在还原剂的作用下加氢还原成羟基，生成产物为糖醇，如葡萄糖可被还原为山梨糖醇；果糖可被还原为山梨糖醇和甘露糖醇的混合物；木糖被还原为木糖醇。山梨糖醇的相对甜度为0.5~0.6，可作为糕点、糖果、调味品和化妆品的保湿剂，亦可用于制备抗坏血酸。木糖醇的相对甜度为0.9~1.0，可广泛用于在糖果、口香糖、巧克力、医药品及其他产品中。两种糖醇都可作为糖尿病患者的食糖替代品，食用后不会引起血糖升高，也不会引起龋齿。常用的还原剂有镍、氢化硼钠（$NaBH_4$）。

第三节 低聚糖

低聚糖又称为寡糖，是由2~10个单糖分子通过糖苷键连接而成的直链或支链低聚合度糖类。根据水解后生成的单糖分子数目，低聚糖可分为二糖、三糖、四糖、五糖等，其中二糖最为常见。根据组成低聚糖的单糖分子是否相同，可分为均低聚糖和杂低聚糖，均低聚糖由同种单糖分子缩合而成，如麦芽糖、纤维二糖、环状糊精等，后者由不同种单糖缩合而成，如蔗糖、乳糖、棉籽糖等。根据低聚糖是否具有还原性，可分为还原性低聚糖和非还原性低聚糖。根据低聚糖对机体是否具有特殊生理功能，又可分为普通低聚糖和功能性低聚糖。

低聚糖广泛存在于天然食物中，特别是植物性食物中较多，如果蔬、粮谷类、豆类、植物块茎、海藻、植物树胶等。此外，在某些动物性食物中也含有低聚糖，如牛奶、蜂蜜、昆虫类以及一些发酵食品。蔗糖、乳糖、麦芽糖等二糖在食品中最常见也最重要，但它们不具有特殊的功能性质，属于普通低聚糖。除此之外，还有很大一部分低聚糖对人体具有显著的生理功能，如可作为双歧杆菌增殖因子、低热量甜味剂、水溶性纤维素等，因而近年来备受重视。

一、蔗糖

蔗糖广泛分布在植物的根、茎、叶、花、果实和种子内，尤其以甜菜和甘蔗中含量最高，因此制糖工业常常以甘蔗和甜菜为原料提取蔗糖。蔗糖是食品工业中最重要的能量型甜味剂，广泛用于含糖食品的加工。

（一）结构

蔗糖是由1分子α-D-葡萄糖和1分子β-D-果糖通过α-1,2-糖苷键结合而成的非还原性二糖，其结构式如图3-13所示。

（二）性质及其在食品工业中的应用

1. 蔗糖的物理性质及其应用 纯净的蔗糖为无色透明的结晶，相对密度1.588，熔点

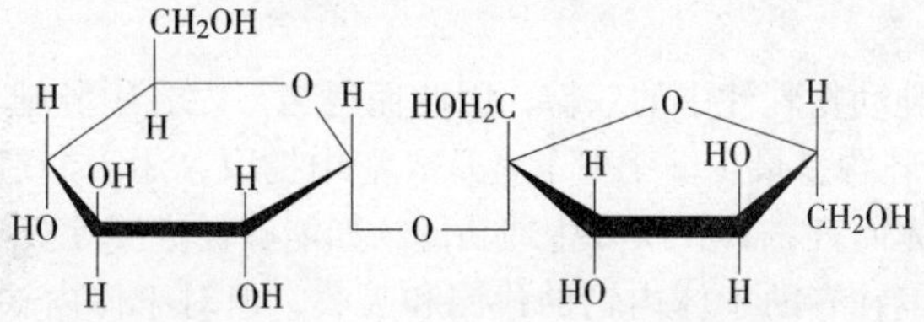

α-D-吡喃葡萄糖残基（1→2）　β-D-呋喃果糖苷

图 3-13　蔗糖的结构式

160℃，难溶于乙醇、氯仿、乙醚等有机溶剂，易溶于水，其溶解度随温度的升高而增大。此外，蔗糖的溶解度还会受盐类的影响，当溶液中存在 KCl、NaCl、K_3PO_4等物质时，其溶解度增大；但当 $CaCl_2$存在时，其溶解度反而会减小。

蔗糖的甜味强，其甜度（1.0）大于麦芽糖（0.3）和乳糖（0.2）。蔗糖的黏度比单糖高，蔗糖糖浆熬煮成的糖膏具有可塑性，适应糖果生产工艺中的拉条和成型的需要。另外，在搅拌蛋白时加入糖浆，利用其黏度包裹、稳定蛋白中的气泡，有利于提高蛋白质的发泡性。蔗糖的吸湿性小，可用作糖衣材料、硬糖和酥性饼干的甜味剂，以防止糖制品吸湿回潮。

蔗糖具有发酵性，可被霉菌、酵母菌、乳酸菌等发酵生成乙醇和二氧化碳，这在食品工业特别是酿酒和面团发酵上具有重要意义。但也由于蔗糖的发酵性，在某些食品的生产上可能引起微生物生长繁殖而发生食品变质现象，故可选用其他甜味剂代替。

蔗糖易结晶，且晶体粗大，其结晶速度受溶液浓度、温度、杂质等因素的影响，一般蔗糖溶液纯度越高越易结晶。淀粉糖浆（葡萄糖、低聚糖和糊精的混合物）、果糖或果葡糖浆不易结晶，并可防止蔗糖结晶。在糖果生产上，为改善产品品质，需要合理利用糖类物质结晶性质的差异，如生产硬糖时需加入淀粉糖浆，而不单独使用蔗糖，目的是避免蔗糖结晶破裂而得不到透明、坚韧的产品；生产果脯、蜜饯时需要高糖浓度，若单独使用蔗糖溶液容易因结晶而出现返砂现象，影响外观和防腐效果，可适当添加果糖或果葡糖浆，以利用其不易结晶性来改善产品品质。

蔗糖溶液具有抗氧化性，因为 O_2在蔗糖溶液中的溶解度大大减小。如 20℃、60%的糖溶液中 O_2的溶解度仅为纯水的 1/6。蔗糖溶液不仅可以防止果蔬氧化、阻止水果中挥发性酯类的损失、延缓糕饼中油脂的氧化，高浓度的糖液还可以抑制微生物的生长，可用于果脯、蜜饯和糖果的生产。

2. 蔗糖的化学性质及其应用　蔗糖的热聚合与分解作用。将蔗糖加热到熔点以上会形成玻璃状晶体，在 190~220℃的较高温度下脱水缩合形成棕褐色焦糖，此物质可用作可乐、酱油等食品的增色剂。焦糖进一步分解则生成二氧化碳、一氧化碳、醋酸及丙酮等产物。在潮湿条件下，蔗糖在 100℃时分解、脱水，生成黑色物质。

蔗糖的转化作用。蔗糖的比旋光度为$[\alpha]_D^{20}=+66.5°$，其水解后生成葡萄糖和果糖，葡萄糖的比旋光度为$[\alpha]_D^{20}=+52.2°$，果糖的比旋光度为$[\alpha]_D^{20}=-92.4°$，最终平衡时，蔗糖水解液的比旋光度为$[\alpha]_D^{20}=-19.9°$，即蔗糖经水解后由原来的右旋变为左旋，这种变化称为转化，蔗糖水解液被称为转化糖浆。

蔗糖可与碱土金属的氢氧化物反应，生成蔗糖盐。工业上常利用此特性从废糖蜜中回收蔗糖。

二、乳糖

乳糖是存在于哺乳动物乳汁中的双糖，因此而得名。人乳中乳糖含量最高，为5.0%~7.0%，羊乳次之，牛乳含量最少。工业上常从乳清中提取，用于制造婴儿食品、糖果、人造牛奶等。乳糖对人体而言，具有众多生理功能，如能够促进婴儿肠道内双歧杆菌的增殖，有利于构建肠道微环境；有助于体内钙的代谢和吸收，但对于体内缺乏乳糖酶的人群，可能导致乳糖不耐症；乳糖的水解产物——半乳糖能促进脑苷脂类和黏多糖类物质的生成，对幼儿智力发育非常重要。

（一）结构

乳糖分子由1分子β-D-半乳糖与1分子α-D-葡萄糖以β-1,4-糖苷键连接而成，其结构式如图3-14所示。

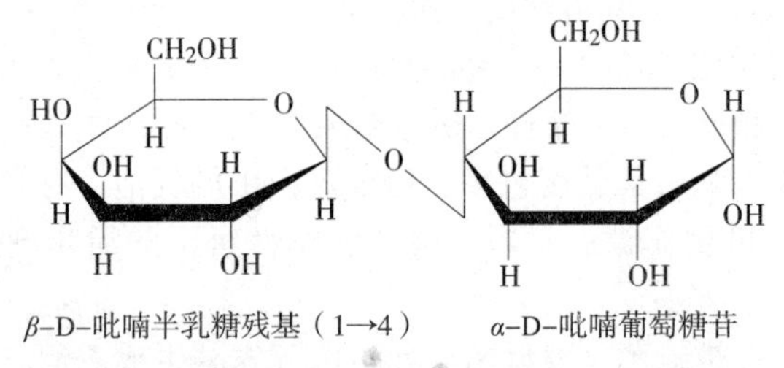

图3-14　乳糖的结构式

（二）性质及其在食品工业中的应用

1. 物理性质及其应用　常温下，乳糖为白色的结晶性颗粒或粉末，在水中溶解度较小，不溶于乙醇、氯仿、乙醚。乳糖含有α和β两种同分异构体，α-乳糖右旋性大，在水中溶解度小，甜味较淡；β-乳糖右旋性小，在水中溶解度大，甜味较浓。两者在一定条件下可发生转变，并达到平衡。20℃时，平衡状态时乳糖的旋光度$[\alpha]_D^{20}=+55.3°$，α-乳糖和β-乳糖分别为37.3%和62.7%，α-乳糖所占比例随温度生高而升高。α-乳糖的熔点为223℃，β-乳糖的熔点为252℃。

2. 化学性质及其应用　乳糖的水解作用。乳糖在β-半乳糖苷酶或稀酸溶液中可水解为半乳糖和葡萄糖，可被乳酸菌利用发酵生成乳酸，这在酸奶生产上具有重要作用，但不能被酵母菌发酵。同时，乳糖水解对于防治乳糖不耐症也有重要意义。

乳糖褐变反应。乳糖分子中的葡萄糖残基上的醛基可与酪蛋白中的氨基发生美拉德反应生成棕褐色物质，反应临界温度为100~200℃，临界pH为6.0~7.6，该反应可用于改善焙烤食品的色泽和风味。但在高温加热时，乳糖本身会引起焦糖化反应，导致乳及乳制品颜色变深，但牛乳在一般杀菌条件下不会产生褐变。

三、麦芽糖

麦芽糖存在于花粉、花蜜、树蜜以及大豆植株的根、茎、叶中。谷物发芽、面团发酵以及甘薯蒸烤时也会生成麦芽糖，啤酒酿造中的原料之一麦芽汁的主要成分就是麦芽糖。麦芽糖容易消化，在糖类中营养最丰富。

（一）结构

麦芽糖是麦芽二糖的简称，由2分子葡萄糖通过α-1,4-糖苷键连接而成，是淀粉、糊精等大分子多糖类物质在β-淀粉酶催化下的主要水解产物，其结构式如图3-15所示。

（二）性质及其在食品工业中的应用

1. 理化性质及其应用　食品工业上常见的麦芽糖多为透明黏稠的液体，而纯净的麦芽

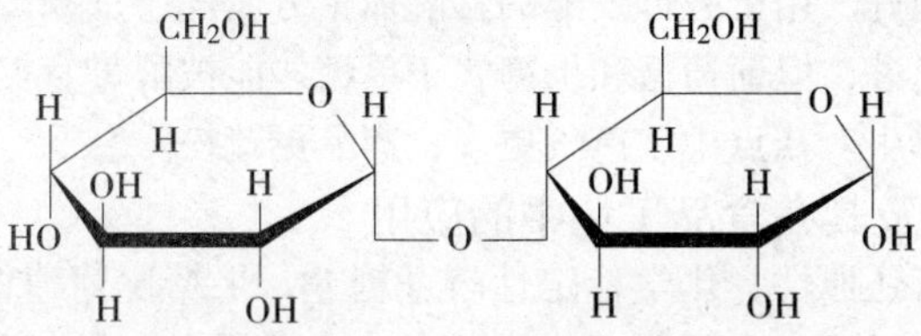

α-D-吡喃葡萄糖残基（1→4）　α-D-吡喃葡萄糖苷

图 3-15　麦芽糖的结构式

糖为无色或白色针状结晶，相对密度 1.540，溶于水，微溶于乙醇，几乎不溶于乙醚。麦芽糖有 α-型和 β-型两种同种异构体，二者之比为 42∶58，由于内在结构不同，性质各异，前者熔点 108℃，$[\alpha]_D^{20}=+173°$；后者熔点 102~103℃，$[\alpha]_D^{20}=+130.4°$。麦芽糖甜味温和，甜度约为蔗糖的 1/3，热值仅为蔗糖的 5%，清香可口，食后不留后味，是新型的食品甜味剂和代糖品。麦芽糖黏度较高，可满足糖果拉条和成型需要，同时也具有提高蛋白质起泡性的作用。能被多种酵母菌发酵生成乙醇和二氧化碳，这在啤酒酿造工业上具有重要意义。

2. 化学性质及其应用　麦芽糖的还原性。麦芽糖分子结构中有醛基，是具有还原性的糖，因此可以与银氨溶液发生银镜反应，也可以与新制碱性氢氧化铜反应生成砖红色沉淀。麦芽糖中的醛基在一定条件下可与氨基酸中的氨基缩合发生美拉德反应，产生特殊的风味和颜色变化。

麦芽糖的水解作用。麦芽糖在稀酸加热或 α-葡萄糖苷酶作用下水解成 2 分子葡萄糖，可用作食品、营养剂等。

四、果葡糖浆

果葡糖浆，又称高果糖浆或异构糖浆，是以酶法糖化淀粉所得的糖化液经葡萄糖异构酶的异构作用，将其中一部分葡萄糖异构成果糖，由葡萄糖和果糖组成的一种混合糖浆。按果糖含量的多少，果葡糖浆分为三代产品：第一代果葡糖浆（F42 型）含果糖 42%；第二代果葡糖浆（F55 型）含果糖 55%；第三代果葡糖浆（F90 型）含果糖 90%。现已广泛用于饮料、冷冻食品、面包、糕点、糖果、水果罐头、果脯、蜜饯、果酱等食品的加工中。

（一）物理性质及其在食品工业中的应用

果葡糖浆为无色黏稠状液体，常温下流动性好，无臭。其甜度与果糖含量成呈正相关，三代产品的甜度分别为 1.0、1.4、1.7。果葡糖浆含有不同量的果糖，果糖的甜度与温度有很大关系 40℃以下时温度越低，果糖甜度越高，因而使果葡糖浆具有冷甜特性，冷甜的原因是果糖具有两种分子构型：α 型和 β 型。α 型果糖的甜度是 β 型果糖的 3 倍，低温时部分 β 型果糖转化为 α 型果糖，而使甜度增加。这一特性使得果葡糖浆适用于清凉饮料和其他冷饮食品，如碳酸饮料、果汁饮料、运动饮料、冰棒、冰淇淋等。

果糖溶解度为糖类中最高，果糖和葡萄糖溶解度随温度上升的速度比蔗糖快。果酱、蜜饯类食品是利用糖的高渗透压而保存的，需要糖具有高的溶解度，糖浓度在 70% 以上时才能抑制酵母、霉菌生长，单独使用蔗糖达不到这种要求，而使用果糖含量 42% 的果葡糖浆浓度可达到 77%。

果葡糖浆具有较好的抗结晶性能，可用于果脯、蜜饯类食品的加工而防止“返砂”现象的发生。果葡糖浆吸湿性和保湿性好，具有良好的保水分能力和耐干燥能力，这一特性可使糕点保持新鲜松软，从而延长了产品货架期。

果葡糖浆发酵性能好，用于酵母发酵的食品加工方面优于蔗糖。酵母菌能利用葡萄糖、果糖、蔗糖和麦芽糖发酵，但葡萄糖和果糖属于单糖，能被酵母直接利用，发酵速度更快，在制作面包和利用酵母生产糕点中，产气更多，产品更疏松。

（二）化学性质及其在食品工业中的应用

果糖和葡萄糖具有还原性，化学稳定性较蔗糖差，果糖比葡萄糖更易受热分解，发生褐变着色反应即美拉德反应。美拉德反应产生的有色物质具有特殊风味；在生产面包、烘干食品时，可获得美观的焦黄色表层和焦糖风味。

蔗糖在酸性条件下会发生水解反应，转化成果糖和葡萄糖，工业上称为转化糖。碳酸饮料的酸度在 pH2.5~5.0 之间，加入的蔗糖在 25℃贮藏条件下，2~3 个月会全部转化。

葡萄糖和果糖均有一个最稳定的 pH，葡萄糖在 pH 3.0 时最稳定，果糖在 pH 3.3 时最稳定。所以果葡糖浆在某些食品，如碳酸饮料、酸性水果罐头中有一个稳定的环境。

五、三糖

三糖是指由 3 分子单糖以糖苷键连接而组成的化合物的总称。天然存在的三糖有龙胆属（龙胆）根中的龙胆三糖，分布于甘蔗、豆科植物种子中的棉子糖，松柏类分泌的松三糖等。其他为多糖部分水解产物，如麦芽三糖、甘露三糖等。

（一）棉子糖

棉子糖又称蜜三糖，是自然界最常见的三糖，广泛存在于甘蔗、甜菜、豆科植物种子、马铃薯、粮谷类、蜂蜜及酵母中。棉子糖是人体肠道中双歧杆菌、嗜酸乳酸杆菌等有益菌极好的营养源和有效的增殖因子，有整肠和改善排便的功能；它能改善人体的消化功能，促进人体对钙的吸收，从而增强人体免疫力；对预防疾病和抗衰老有明显效果。

1. 结构 棉子糖是由 α-半乳糖、α-葡萄糖和 β-果糖通过 β-1,6-糖苷键和 α-1,2-糖苷键连接而成的缩醛衍生物，其结构式如图 3-16 所示。

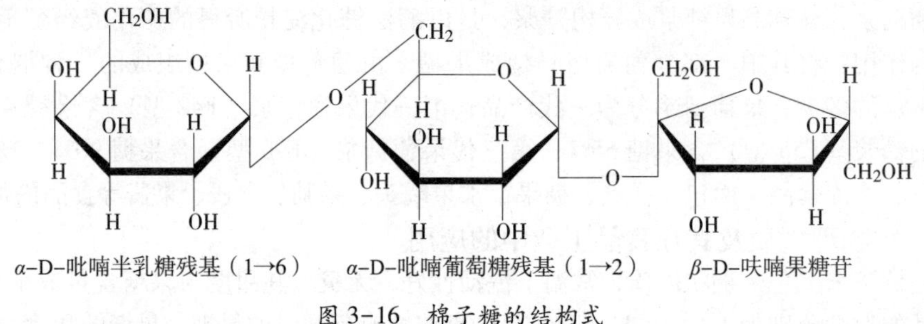

图 3-16 棉子糖的结构式

2. 性质及其在食品工业中的应用 纯净的棉子糖为白色或淡黄色针状结晶或粉末，密度为 1.465，易溶于水，极微溶于乙醇等极性溶剂，不溶于石油醚等非极性溶剂。20℃时棉子糖在水中的溶解度为 14.2%，当温度上升时，其溶解度显著增大，与蔗糖一起共用时能抑制蔗糖结晶析出现象，因此它是制备各种中西式糕点及巧克力等产品的功能性甜味剂。

棉子糖的结晶体一般带有 5 分子结晶水，带结晶水的棉子糖熔点 80℃，缓缓加热至 100℃时失去结晶水，无水物熔点 118~119℃。脱水棉子糖易吸收周围水分恢复到原来带水状态，因此可将它开发成新型可食性食品脱水剂。

棉子糖的甜度为蔗糖的 20%~40%，吸湿性是所有低聚糖中最低的，即使在相对湿度为 90%的环境中也不会吸湿结块，可与其他粉末配料混合制成粉末状、颗粒状、片状及胶囊状的功能性食品，也是忌湿性口香糖、小甜饼干、糖果等产品的理想添加剂。棉子糖属于非还原性糖，发生美拉德反应的程度很低。其对热和酸的稳定性都很强，可用于酸性食品、饮料和焙烤食品如面包中。

（二）麦芽三糖

1. 结构 麦芽三糖是淀粉等多糖经酶或酸性条件下水解得到的产物，由 3 分子 α-D-葡萄糖通过 α-1,4-糖苷键连接而成。其结构式如图 3-17 所示。

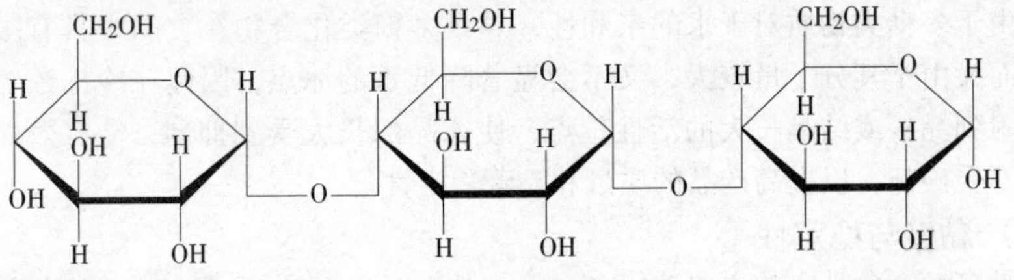

图 3-17 麦芽三糖的结构式

2. 性质及其在食品工业中的应用 麦芽三糖具有柔和的甜味，麦芽三糖的甜度约为蔗糖的 30%，添加在食品中，不增加甜度但增加了有助于食品保存的总糖含量。麦芽三糖黏度低于相同浓度的低聚糖产品黏度，高于相同浓度的葡萄糖液黏度。麦芽三糖耐热性、耐酸性均比蔗糖、葡萄糖好，在酸性及高温下稳定，不易发生美拉德反应，有较好的护色作用。麦芽三糖拥有良好的吸湿性和较高的保湿性，将其用于糕点加工，质地松软，久贮不干，保鲜性能优良，可明显提高产品档次和延长货架保存期。

低葡萄糖值（DE 值）淀粉水解液在低温下放置会出现老化而变浑浊，若向这一溶液中加入麦芽三糖，可有效抑制这种浑浊现象，因而麦芽三糖具有防止淀粉食品老化的作用，在糕点及面包中应用可使这些食品长期保存不变硬。此外，麦芽三糖兼具营养性和抑制肠内腐败菌生长的功能。

第四节 多糖

多糖是指由 10 个以上的单糖分子脱水缩合而成的高聚合碳水化合物及其衍生物的总称。大多数多糖的聚合度（DP）为 200~3000，而纤维素聚合度（DP）最大，可达 7000~15000。由相同的单糖组成的多糖称为均多糖，如淀粉、纤维素和糖原；由不同的单糖组成的多糖称为杂多糖，如阿拉伯胶是由戊糖和半乳糖等组成。按其功能不同，又可分为结构性多糖、贮存性多糖、凝胶性多糖、生物活性多糖等，结构多糖是构成植物骨架的主要成分，如纤维素、半纤维素等；贮存多糖的主要作用是贮存营养物质，如淀粉、菊糖、糖原等；有的多糖具有特殊的生物活性，如香菇多糖、木耳多糖、桑叶多糖等；凝胶性多糖，如果胶、黄原胶、卡拉胶等。

多糖在自然界分布极其广泛，主要有淀粉、糖原、纤维素、半纤维素、果胶、海洋多糖（琼脂、海藻胶、壳聚糖、卡拉胶）、植物多糖（魔芋胶、瓜尔胶、刺槐豆胶、阿拉伯胶）、微生物多糖（黄原胶、黄杆菌胶、茁霉胶、α-葡聚糖）等。

一、多糖的性质

（一）溶解性

多糖类物质由于其分子中含有大量的极性基团，因此对于水分子具有较大的亲和力，但是一般多糖的分子量相当大，其疏水性也随之增大，因此分子量较小、分支程度低的多糖类在水中有一定的溶解度，加热情况下更容易溶解，而分子量大、分支程度高的多糖类在水中溶解度低。水溶性多糖和改性多糖称为胶或亲水胶。

正是由于多糖类物质对于水的亲和性，导致多糖类化合物在食品中具有限制水分流动的能力，而又由于其分子量较大，又不会显著降低水的冰点，因此在冷冻浓缩状态时，水分不能吸附到晶核或结晶长大的活性位点，使冰晶的长大受到抑制，能有效保护食品的结构与质构不受破坏，以提高产品的质量和贮藏稳定性。

（二）黏度与稳定性

增稠是多糖在食品中的主要功能之一，一般浓度0.25%~0.50%的多糖溶液就能产生极大的黏度。多糖溶液黏度的大小受到分子大小、形状、是否带电荷以及带电荷的多少、溶剂温度等因素的影响。

多糖分子量越大，黏度就越大。多糖分子在溶液中以无规线团的形式存在，其紧密程度与单糖的组成和连接形式有关。直链多糖分子在溶液中旋转时需要占有大量的空间，分子间彼此碰撞的概率提高，分子间的摩擦力增大，因而具有很高的黏度，甚至浓度很低时也有很高的黏度；但高度支链的多糖分子比相同分子质量的直链多糖分子占有的空间体积小，因而相互碰撞频率降低，溶液的黏度较低。

带电荷的多糖分子由于同种电荷之间的静电斥力，导致链伸展、链长增加，溶液的黏度大大增加。大多数亲水胶体溶液的黏度随着温度的提高而降低，这是因为温度提高导致水的流动性增加，而黄原胶是一个例外，其在0~100℃内黏度基本保持不变。

多糖形成的胶状溶液其稳定性与分子结构有较大的关系。不带电荷的直链多糖由于形成胶体溶液后分子间可以通过氢键而相互结合，随着时间的延长，缔合程度越来越大，因此在重力的作用下就可以沉淀或形成分子结晶；不带电荷的支链多糖胶体溶液也会因分子凝聚而变得不稳定，但速度较慢。带电荷的多糖由于分子间相同电荷的斥力，其胶状溶液具有相当高的稳定性。食品中常用的海藻酸钠、黄原胶及卡拉胶等即属于这种多糖类化合物。

（三）胶凝性

形成凝胶也是多糖在食品中的主要功能。在食品中，一些多糖能够形成海绵状、具有黏弹性的三维网状凝胶结构。它是多糖分子通过氢键、疏水相互作用、范德华引力、离子桥联、缠结或共价键形成联结区，网孔中充满液相，液相是由相对分子质量低的溶质和部分高聚物组成的水溶液。

凝胶具有两重性，即固体性和液体性，通常凝胶中只含1%多糖，其余99%为水，但具有较高的凝胶强度，可用于果冻、甜食凝胶、仿水果块、肉冻、仿洋葱圈、类肉宠物食品以及糖霜的加工。

（四）多糖的水解

多糖的水解指在一定条件下，糖苷键断裂，多糖转化为低聚糖或单糖的反应过程。多糖水解的条件主要包括酶促水解和酸、碱催化水解，调节或控制多糖水解是食品加工过程中的重要环节。

1. 酶促水解 多糖酶促水解常见的处理对象、酶种类、应用总结见表3-4。

表 3-4 多糖的酶促水解

处理对象	酶	产物	应用条件	应用
淀粉	淀粉酶（来自微生物或大麦）	在食品中的酶中专门讨论	生产糖浆和改善食品感官性质	
纤维素	纤维素酶（包括内切酶、外切酶及葡糖苷酶）	短的纤维素链、纤维二糖及葡萄糖	30~60℃ pH 4.5~6.5	生产膳食纤维、葡聚糖浆及提高果汁榨汁率和澄清度
半纤维素	半纤维素酶（L-阿拉伯聚糖酶、L-半乳聚糖酶、L-甘露聚糖酶、L-木聚糖酶）	半乳糖、木糖、阿拉伯糖、甘露糖及其他单糖		提高食品质量
果胶	果胶酶（有内源和商品之分）	主要为半乳糖醛酸，有少量半乳糖、阿拉伯糖等		植物质地软化及水果榨汁和澄清

2. 酸和碱催化的多糖水解 对于中性多糖而言，其糖苷键在酸性介质中易于裂解，在碱性介质中一般相对稳定，因此，酸水解多糖的技术被广泛用于食品加工和贮藏中，如商品湿果胶要求在 pH 3.5 左右贮藏，果酱、果冻、果脯加工。多糖的水解难易程度受很多因素的影响，如温度、糖苷键的构型、糖苷键的位点、糖环的碳原子数、结晶区和无定形区等。

（1）温度提高，多糖链中糖苷键的水解速度大大增加。

（2）α-D-糖苷键比 β-D-糖苷键更易水解。

（3）不同位点糖苷键水解的难易程度顺序为（1→6）>（1→4）>（1→3）>（1→2）。

（4）呋喃环式糖比吡喃环式糖更易水解。

（5）多糖的无定形区比结晶区更易水解。

对于酸性多糖和碱性多糖而言，糖苷键水解的规律可出现例外，如果胶。果胶在碱性条件以及中性加热条件下也可发生水解，果品加工中水果的碱液去皮正是利用了这个特性。

二、淀粉

淀粉是植物生长期间以颗粒形式贮存于细胞中的多糖，它在植物种子、块茎和块根等器官中含量特别丰富。大米中含淀粉 62%~86%，小麦中含淀粉 57%~75%，玉米中含淀粉 65%~72%，马铃薯中含淀粉约 20%。因此，可以从大米、小麦、玉米、马铃薯等物质中提取淀粉，在食品工业中被广泛用于增稠剂、黏合剂、稳定剂等，还可用于布丁、汤汁、沙司、粉丝、馅饼、蛋黄酱以及婴幼儿食品等的原料。

（一）淀粉颗粒和分子结构

淀粉颗粒由是多个淀粉分子聚合形成的，呈白色固体状。植物种类不同，淀粉颗粒的形状和大小不同（表 3-5）。淀粉颗粒一般呈类圆球形、椭圆形、多角形、不规则形、小扁豆形等形状；直径大小在 1~100μm 之间。马铃薯淀粉颗粒最大，大米淀粉颗粒最小。

表 3-5 淀粉颗粒的形状和大小

淀粉来源	作物	特性	形态	直径（μm）
小麦	谷物	双型	小扁豆形 圆球形	15~35 2~10
大麦	谷物	双型	小扁豆形 圆球形	15~25 2~5
黑麦	谷物	双型	小扁豆形 圆球形	10~40 5~10
燕麦	谷物	单型	多角形	3~16
普通玉米	谷物	单型	多角形	2~30
糯性玉米	谷物	单型	球形	5~25
高直链玉米	谷物	单型	不规则形	2~30
大米	谷物	单型	多角形	3~8
高粱	谷物	单型	球形	5~20
豌豆	种子	单型	椭圆形	5~10
马铃薯	块茎	单型	椭圆形	5~100
木薯	根类	单型	椭圆形	5~35

所有的淀粉颗粒皆会显示出一个裂口，被称为脐点，淀粉围绕着脐点生长，形成独特的层状结构，称为轮纹。在交叉的 Nicol 棱镜所产生的偏振光照射下淀粉颗粒表面上呈现黑色十字，称为偏光十字（图 3-18）。

图 3-18 淀粉的偏光十字

不同来源淀粉颗粒的偏光十字的位置、形状和明显程度均有差别。此外，淀粉颗粒还具有双折射现象，表明淀粉是球形微晶，即结晶区与非结晶区（无定形区）交替而成的结构（图 3-19）。一般淀粉颗粒结晶区大约占 60%，其余部分为非结晶区。

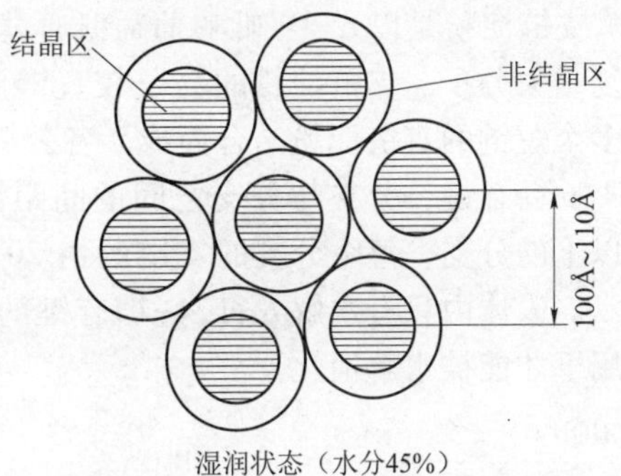

图 3-19　淀粉的球状微晶

淀粉是由多个 α-D-葡萄糖通过糖苷键连接而成的多糖。它是一个混合物，通常由两种成分组成，即直链淀粉和支链淀粉。两者在淀粉中的比例因植物品种不同而不同（表 3-6）。普通种类的淀粉中含 10%~30% 的直链淀粉，其余为支链淀粉；但有的淀粉（如糯米淀粉）中支链淀粉含量为 98%，而有的豆类淀粉中几乎全是直链淀粉。

表 3-6　不同来源的淀粉中直、支链淀粉的比例（%）

淀粉来源	直链淀粉	支链淀粉	淀粉来源	直链淀粉	支链淀粉
大米	17	83	高直链玉米	50~85	15~50
小麦	25	75	马铃薯	21	79
玉米	26	74	糯米	2	98

直链淀粉是 α-D-葡萄糖残基以 α-1,4 糖苷键连接的链状分子，一般由 200~300 个葡萄糖单位组成，相对分子质量为 30000~100000，其结构式如图 3-20 所示。

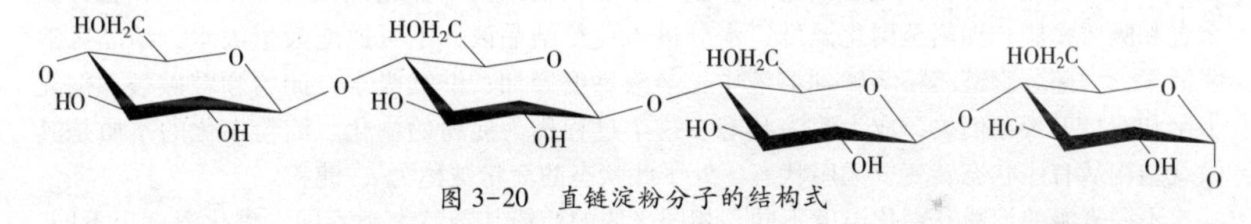

图 3-20　直链淀粉分子的结构式

大量研究表明：直链淀粉并不是完全伸直的线性结构，它借助分子内羟基间的氢键卷曲成螺旋状，每一圈螺旋有六个葡萄糖单位，残基上的游离羟基大都处于螺旋圈内侧（图 3-21）。在稀溶液中，直链淀粉以螺旋结构、间断螺旋结构、不规则的线团结构 3 种形式存在（图 3-22）。直链淀粉可被人体内淀粉酶完全水解，最终转变为葡萄糖，容易被人体吸收。

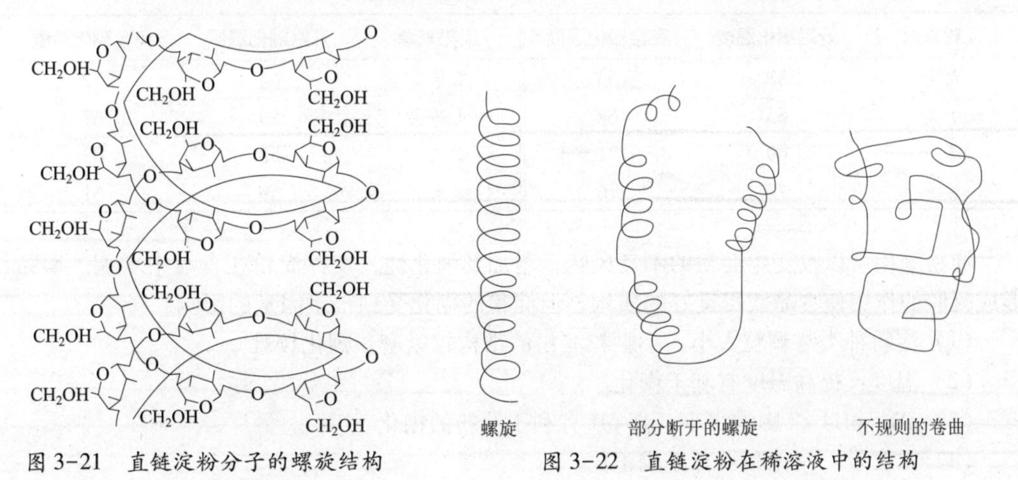

图 3-21　直链淀粉分子的螺旋结构　　图 3-22　直链淀粉在稀溶液中的结构

支链淀粉是以α-D-吡喃葡萄糖通过α-1,4 和α-1,6 两种糖苷键连接起来的带分子的复杂大分子。支链淀粉的分子较直链淀粉大，聚合度为600~6000个葡萄糖残基，是由多个短链的直链淀粉结合而成。各分支都是以α-1,4 糖苷键成链，但在分支点上则为α-1,6 糖苷键，分支与分支之间的间距为11~12个葡萄糖残基。每个支链淀粉约有50个以上的分支，每个分支的支链约由20~30个葡萄糖残基构成，其分子结构如图3-23所示。人体内只有水解α-1,4-糖苷键的淀粉酶，因此，α-1,6-键需要在酸和多种酶的作用下才能被水解消化。

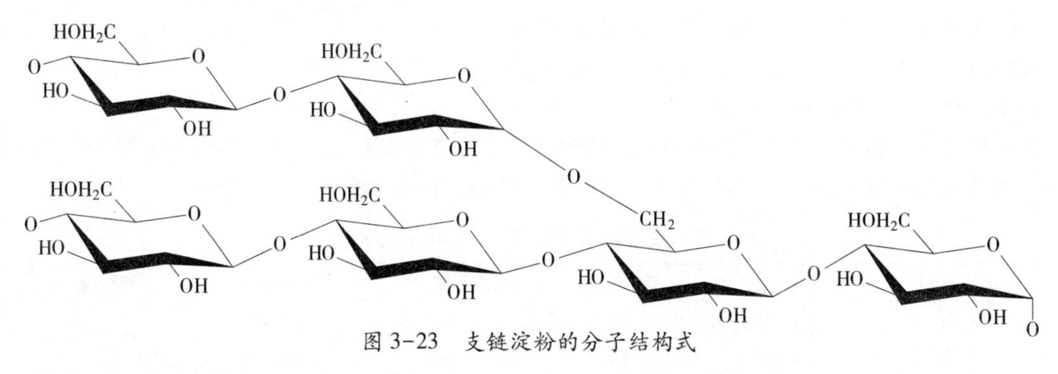

图3-23 支链淀粉的分子结构式

（二）淀粉的化学性质

1. 淀粉的糊化 淀粉颗粒具有结晶区和非结晶区交替排列形成的层状胶束结构，彼此之间间隙很小，即使是水分子也很难渗透进去。这种具有胶束结构的生淀粉被称为β-淀粉。β-淀粉通过加热提供足够的能量，破坏了层状胶束内部非结晶区的氢键后，颗粒开始水合和吸水膨胀；加热至糊化温度，水分进入淀粉结晶区，不可逆地大量吸水，结晶区溶解消失，大部分直链淀粉溶解到溶液中，溶液黏度增加；继续吸水，淀粉颗粒破裂，偏光十字和双折射现象消失，成为溶液状态，这个过程称为淀粉的糊化。淀粉糊化的本质是其微观结构从有序状态转变成无序状态，处于此状态的淀粉被称为α-淀粉。

不同来源的淀粉其糊化温度不同，相同来源的淀粉其颗粒大小不同，糊化温度也不同。淀粉的糊化温度是一个范围，通常用淀粉颗粒的偏光十字和双折射现象开始消失时的温度及其偏光十字和双折射现象完全消失时的温度表示淀粉的糊化温度。表3-7列出了几种常见淀粉的糊化温度。

表3-7 几种常见淀粉的糊化温度（℃）

淀粉来源	开始糊化温度	完全糊化温度	淀粉来源	开始糊化温度	完全糊化温度
大麦	58	63	玉米	64	72
小麦	65	68	马铃薯	59	67
荞麦	69	71	糯米	58	63
甘薯	70	76	粳米	59	61

淀粉糊化可以改变生淀粉的不良风味，增加其消化性，发挥淀粉在食品中增稠、增黏、形成凝胶的作用使食品获得良好的质构，但淀粉的糊化受到很多因素的影响。

（1）淀粉种类与颗粒大小：小颗粒淀粉的结构较紧密，糊化较难。

（2）温度：提高温度有利于糊化。

（3）pH：pH4~7影响很小，高pH有利于淀粉的糊化。

（4）水含量：糊化和水含量成正比。

（5）糖：高浓度的糖可降低糊化速度。

（6）脂肪：油脂可显著降低糊化速度和糊化率，如桃酥由于脂肪含量高、水分含量低，90%的淀粉未糊化而不易消化。

2. 淀粉的老化 经过糊化的α-淀粉在室温或低于室温下放置后，会变得不透明甚至凝结而沉淀，这种现象称为淀粉的老化或回生。原因是糊化的淀粉分子又自动排列成序，相邻分子通过氢键结合形成致密、高度晶化、不溶解性的淀粉分子微束。老化后的淀粉失去与水的亲和能力，影响食品的持水性、保水性、嫩度等感官性质，同时难以被淀粉酶水解，因而不易被人体消化吸收。淀粉老化作用的控制在食品工业上具有重要意义。

淀粉的老化受到水分含量、温度、pH等因素的影响。淀粉含水量在30%～60%之间时最易老化；老化作用最适宜的温度在2～4℃之间；在pH中性条件下最易老化，偏酸和偏碱的条件下不易老化。在食品加工中可以通过控制食品含水量、温度、pH及加工工艺条件等方法防止淀粉老化。例如在制备方便食品，如方便米饭、方便面条、饼干、膨化食品时，先将糊化后的α-淀粉，在80℃以下的高温迅速除去水分（水分含量最好达10%以下）或冷至0℃以下迅速脱水，成为固定的α-淀粉。向α-淀粉中加入热水后，因无胶束结构，水易于浸入将淀粉分子包蔽而使其糊化。

3. 淀粉的水解 淀粉在热和酸的催化作用下，易发生不同程度的随机水解。淀粉分子经轻度酸水解（即少数糖苷键被水解）后会变稀，这个过程也被称为酸改性，此状态下的淀粉被称为酸改性淀粉或变稀淀粉。酸改性淀粉不易老化，其形成的凝胶透明度和强度提高，可制成膜剂和黏合剂用作焙烤果仁和糖果的涂层、风味保护剂、包香剂、胶囊剂和微乳化的保护剂。

淀粉的糖化值即淀粉转化为D-葡萄糖的程度常用葡萄糖值（DE值）表示，它是指还原糖（以葡萄糖计）在淀粉糖浆中所占的质量百分数。根据不同的水解程度可以得到不同DE值的产品，一般DE值60～70的为高转化糖浆，DE值38～42的为中转化糖浆，DE值20以下的为低转化糖浆（也称麦芽糊精）。淀粉水解产品通常会具有很多功能性质，高DE值糖浆会表现出甜味、吸湿性和保湿性、可降低冰点、增强风味、可发酵性以及发生褐变反应；低DE值糖浆表现出黏稠性、泡沫稳定性、抑制糖结晶、阻止冰晶生长等，这些性质在食品工业上起着至关重要的作用。

4. 淀粉的改性 为了适应食品加工的需要，将天然淀粉经物理、化学或生物化学的方法处理，使淀粉分子原有的结构和性质发生改变，增强某些功能或形成新的物化特性，如水溶性、黏度、色泽、味道、流动性等，这个过程称为淀粉的改性，经过处理的淀粉总称为改性淀粉。改性淀粉较原淀粉适用性更强、应用范围更广。常用的淀粉改性方法包括物理改性、化学改性、生物化学改性以及复合改性四大类方法。

（1）物理改性 物理改性是指通过加热、高压等方式破坏淀粉团粒结构，导致团粒润涨，从而使淀粉分子易于水合和溶解。物理改性的方法包括间接加热法、通电加热法、高压糊化法。间接加热法是最基本的淀粉糊化方式，往往需要加入大量的水，并经过蒸煮、烘烤等传统加热处理实现糊化。通电加热法的特点是升温速率快，加热均匀，无传热面，也没有传热面的污染问题，热效率高（90%以上），易于连续操作，能够在较短时间内实现淀粉完全糊化。高压糊化是指淀粉-水悬浮液在较高的压力下发生糊化，它的优点在于节省能源，但由于体积较庞大，不适于在实验室进行淀粉糊化。

通过物理改性的淀粉在低温下具有较强的水溶性、吸水性以及颗粒结构分散的特点，因此溶解速度很快，可用于改良糕点原料的质量，稳定冷冻食品内部的组织结构，制作软布丁、糖果、酱、脱水汤料等。

（2）化学改性 化学改性是指利用酸、碱、氧化剂以及具有某些官能团的化学试剂处理得到的改性淀粉。一般分为两大类：一类是使淀粉分子量下降，如酸解淀粉、氧化淀粉、焙烤糊精等；另一类是使淀粉分子量增加，如交联淀粉、酯化淀粉、醚化淀粉、接枝淀粉等。下面介绍几种常见的化学改性淀粉。

氧化淀粉是指淀粉在酸、碱或中性条件下与氧化剂（如 NaClO、H_2O_2、$KMnO_4$等）反应制得的。该淀粉易于糊化，糊化温度降低，黏度也大大降低，稳定性高，凝沉性弱，流动性高，透明度高，胶黏力强，成膜性好，可用作食品稳定剂、分散剂和乳化剂，是一类重要的变性淀粉。

交联淀粉是由带有两个或两个以上反应基团的交联剂与淀粉的羟基反应，使两个或两个以上淀粉分子交联在一起形成空间网络结构而生成的产物。交联淀粉的糊化液黏度对热、酸、低温和剪切力影响具有高稳定性，因而被广泛用于罐头、肉类制品、方便面制品、调味品、饮料、冷冻食品、糕点、饼干等食品中。

酯化淀粉是指淀粉结构中的羟基被有机酸或无机酸酯化而得到的一类变性淀粉。根据发生酯化反应酸的种类不同，分成两大类：一是淀粉有机酸酯，如淀粉醋酸酯、淀粉烯基琥珀酸酯、淀粉氨基甲酸酯等；二是淀粉无机酸酯，如淀粉磷酸一酯、淀粉磷酸二酯、淀粉磷酸三酯、淀粉硫酸酯等。磷酸酯化淀粉水溶性好，黏度、透明度和稳定性均有明显提高，糊化温度明显降低，不易老化，凝沉性减弱，冷却或长期贮存也不凝结成胶冻，冻融稳定性好，可用作增稠剂、稳定剂、乳化剂、黏合剂以及冻融过程中的保形剂。醋酸酯化淀粉具有糊化温度降低，凝沉性减弱，提高对酸、热的稳定性，透明度增加，冻融稳定性好，黏度增高，贮存更加稳定，并具有良好的成膜性，膜柔软发亮，又较易溶于水。由于其突出的优点，因此在食品工业中有着特殊的应用，其中使用较多的是含有 0.5%~2.5%乙酰基的淀粉醋酸酯，主要用作稳定剂、成膜剂等。

（3）生物改性（酶法改性） 生物改性通常是采用各种酶处理淀粉，因此又被称为酶法改性。如α、β、γ-环状糊精、麦芽糊精、直链淀粉等。

（4）复合改性 采用两种以上处理方法得到的改性淀粉，如氧化交联淀粉、交联酯化淀粉等。采用复合改性得到的改性淀粉具有两种改性淀粉的各自优点。另外，改性淀粉还可按生产工艺不同进行分类，有干法（如磷酸酯化淀粉、酸解淀粉、羧甲基淀粉等）、湿法、有机溶剂法（如羧基淀粉制备一般采用乙醇作溶剂）、挤压法和滚筒干燥法（如以天然淀粉或改性淀粉为原料生产预糊化淀粉）等。

三、糖原

糖原主要由α-D-葡萄糖以α-1,4-糖苷键相连形成直链，其中部分以α-1,6-糖苷键相连构成支链。与植物中的支链淀粉相比，其分子量大、支链多。在哺乳动物体内，糖原主要存在于骨骼肌（约占整个身体的糖原的 2/3）和肝脏（约占 1/3）中，其他大部分组织中，如心肌、肾脏、脑等，也含有少量糖原。低等动物和某些微生物（如真菌）中，也含有糖原或糖原类似物。但糖原与植物淀粉相比，在食品中的应用很少。

四、纤维素和半纤维素

（一）纤维素

纤维素是自然界中分布最广、含量最多的一种多糖，是植物细胞壁的主要成分，通常与半纤维素、果胶和木质素结合在一起，其结合方式和程度对植物性食品的质地影响很大。人体消化道内不存在纤维素酶，纤维素是一种重要的膳食纤维。纤维素由β-D-吡喃葡萄糖通过β-1,4 糖苷键连接而成的高分子直链不溶性均一多糖（图 3-24）。它由无定型区和结晶区构成，结晶区由氢键连接而成，结晶区之间由无定形区隔开。纯化的纤维素粉末既不溶于水，也不溶于一般的有机溶剂和稀碱溶液，在常温下比较稳定，常作为食品配料，添加到面包中可增加持水力，延长面包保鲜时间。

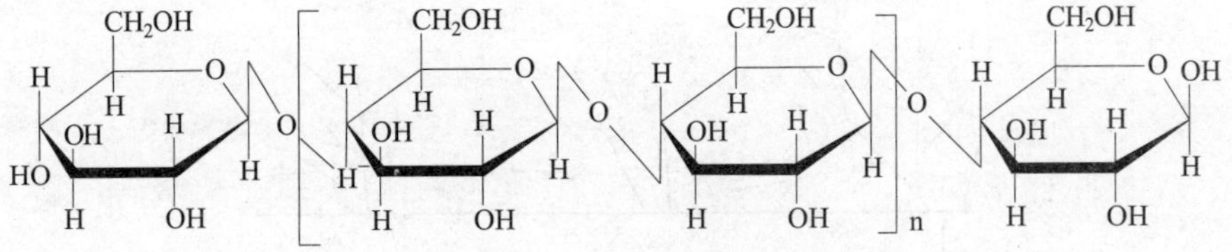

图 3-24　纤维素的结构式

纤维素经酸、碱或有机溶剂等处理后，生成纤维素的衍生物。常用的有羧甲基纤维素（CMC）、甲基纤维素（MC）、微晶纤维。经改性的纤维素其稳定性、乳化性、成膜性、表面活性、凝胶形成性均优于原纤维素，因而在食品工业中得到广泛应用。

（二）半纤维素

半纤维素是由木糖、阿拉伯糖、半乳糖等单糖构成的一类杂多糖，常存在于植物木质化部分。食品中最重要的半纤维素是以（1→4）-β-D-吡喃木糖基单位组成的木聚糖为骨架。半纤维素具有亲水性能，这将造成细胞壁的润胀，可赋予纤维弹性，将其添加到面粉中能提高其结合水的能力，对焙烤食品品质影响较大；在面包面团中添加半纤维素可以降低混合物能量，有助于蛋白质进入，增加面包体积，同时起延缓面包老化的作用。

五、果胶

果胶物质是植物细胞壁成分之一，存在于相邻细胞壁间的胞间层中，将细胞黏在一起。不同的蔬菜、水果口感有区别，主要是由它们所含果胶量以及果胶分子的差异决定的。柑橘、柠檬、柚子等果皮中约含 30% 果胶，是果胶的最丰富来源。果胶主要由 D-半乳糖醛酸通过 α-1,4-糖苷键组成骨架链，以少量鼠李糖、半乳糖、阿拉伯糖、木糖构成侧链（图 3-25），因此果胶分子结构由均匀区和毛发区组成（图 3-26）。果胶可分为三种类型：原果胶、果胶酯酸和果胶酸。原果胶主要存在于未成熟的水果和蔬菜中，赋予其坚实度，水果和蔬菜的软腐通常与原果胶的降解有关。果胶酯酸按甲基化程度不同，可分为高甲氧基果胶和低甲氧基果胶两种类型。高甲氧基果胶是指果胶分子中超过 50% 的羧基被甲酯化；而果胶分了中羧基甲酯化程度低于 50% 的称为低甲氧基果胶。羧基酯化的百分数称为酯化度，用 DE 表示。

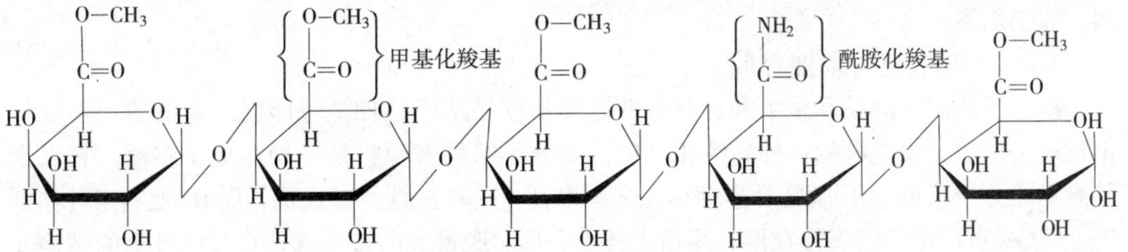

图 3-25　果胶的一般结构式

果胶的主要作用是作为果冻和果酱的胶凝剂。果胶的酯化度不同，其形成凝胶的条件也有差异。当果胶 DE>50% 时，形成凝胶要求可溶性固形物含量超过 55%，pH 2.0~3.5；当果胶 DE<50% 时，形成凝胶要求可溶性固形物含量为 10%~20%，pH 2.5~6.5，且需加入 Ca^{2+}。低甲氧基果胶适于制造凝胶软糖，作为酸奶中的水果基质、稳定剂和增稠剂；高

甲氧基果胶可用于乳制品，在 pH 3.5~4.2 范围内可以阻止加热时酪蛋白聚集。

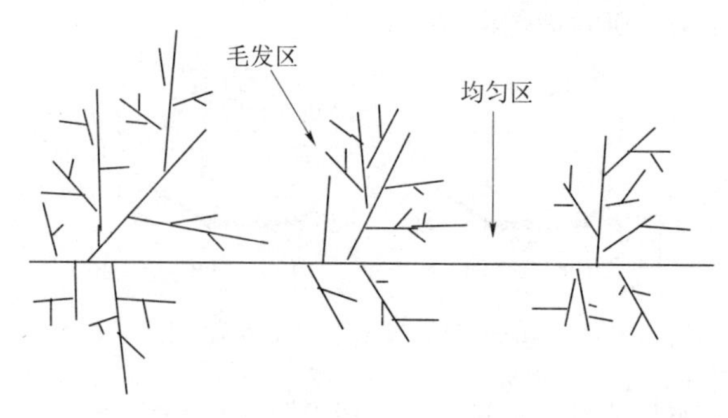

图 3-26　果胶分子结构示意图

六、其他多糖

除上述多糖类物质外，还有一些多糖常用于食品工业，根据其来源不同，大致分为三类：海洋多糖，如琼脂、海藻胶、壳聚糖、卡拉胶；植物多糖，如魔芋胶、瓜尔胶、刺槐豆胶、阿拉伯胶；微生物多糖，如黄原胶、黄杆菌胶、茁霉胶、α-葡聚糖等。

（一）卡拉胶

卡拉胶存在于多种红藻类，如角叉菜、麒麟菜、杉藻、沙菜和银杏藻等的细胞壁中。它是红藻通过热碱分离提取制得的非均一多糖，由硫酸基化的或非硫酸基化的半乳糖和3,6-脱水半乳糖通过α-1,3 糖苷键和β-1,4 键交替连接而成，在1,3 连接的D-半乳糖单位 C_4 上带有 1 个硫酸基。由于含有硫酸盐阴离子，因此易溶于水，用于食品起持水、持油、增稠、稳定并促进凝胶形成的作用。

（二）阿拉伯胶

阿拉伯胶是非洲豆科类植物因创伤或逆境引起的树干分泌物，由于多产于阿拉伯国家而得名。阿拉伯胶中 70% 是由不含 N 或含少量 N 的多糖组成，另一成分是具有高相对分子量的蛋白质结构；多糖是以共价键与蛋白质肽链中的羟脯氨酸和丝氨酸相结合。天然阿拉伯胶块大多为泪珠状，略透明，呈琥珀色，无味，可食；精制阿拉伯胶粉则为白色，约由 98% 的多糖和 2% 的蛋白质组成，易溶于水，溶解度高，溶液黏度低，是一种好的乳化剂和乳状液稳定剂，且与高聚糖具有相容性。阿拉伯胶是目前国际上最为廉价而又广泛应用的亲水胶体之一，是工业上用途最广的水溶性胶，广泛用作乳化剂、稳定剂、悬浮剂、黏合剂、成膜剂等。

（三）瓜尔胶与刺槐豆胶

瓜尔胶和刺槐豆胶都是半乳甘露聚糖。瓜尔胶是从广泛种植于印巴次大陆的一种豆科植物——瓜尔豆中提取的一种高纯化多糖，就分子结构来说它是一种非离子多糖。它以聚甘露糖为分子主链，D-吡喃甘露糖单元之间以β-(1→4）糖苷键连接，而 D-吡喃半乳糖则以 α-（1→6）糖苷键连接在聚甘露糖主链上。瓜尔胶最大的特点就是它与纤维素的结构非常相似，这种相似性使它对纤维素有很强的亲和性，在应用时瓜尔胶比刺槐豆胶更容易水化。因此，瓜尔胶是商品胶中黏度最高的一种胶。

刺槐豆胶也称槐豆胶，是由产于地中海一带的刺槐树种子加工而成的植物子胶。它的结构也是以半乳糖和甘露糖残基为结构单元的多糖化合物，但其半乳甘露聚糖的支链比瓜尔胶少，故刺槐豆胶分子具有长的光滑区，能与其他多糖如黄原胶和卡拉胶的双螺旋相互作用，形成三维网状结构的黏弹性凝胶。在食品工业上，槐豆胶常与其他食用胶复配用作增稠剂、持水剂、黏合剂及胶凝剂等。它与卡拉胶复配可形成弹性果冻，而单独使用卡拉胶则只能获得脆性果冻；它与琼脂复配可显著提高凝胶的破裂强度；与海藻胶与氯化钾复配广泛用作罐头食品的复合胶凝剂；与卡拉胶、CMC复配是良好的冰淇淋稳定剂；用于乳制品及冷冻乳制品甜食中作持水剂，以增进口感及防止冰晶形成。

（四）琼脂

琼脂是从红藻类的某些海藻中提取的亲水性胶体，由琼脂糖和琼脂胶组成，琼脂糖由β-D-吡喃半乳糖（1→4）连接3,6-脱水-α-L-吡喃半乳糖基单位构成，琼脂胶重复单位与琼脂糖相似，但含5%~10%的硫酸酯、D-葡萄糖醛酸残基和丙酮酸酯。琼脂不溶于冷水而只在冷水中溶胀成胶块或胶条，但能溶于沸水或接近沸腾的热水，其溶液浓度达到1.5%时仍保持清澈透明，而当冷却至32~39℃时，则能发生凝冻而形成结实而有弹性的凝胶，这种凝胶在低于85℃时仍然保持了凝胶化状态，具有较好的凝固性和热稳定性。

琼脂可作为悬浮剂用于果粒橙饮料，其使用浓度为0.01%~0.05%，可使颗粒悬浮均匀；用于果汁软糖，其使用量为2.5%左右，与葡萄糖液、白砂糖等制得软糖，其透明度及口感远胜于其他软糖；用于肉类罐头、肉制品，用量0.2%~0.5%能形成有效黏合碎肉的凝胶；用于八宝粥、银耳燕窝、羹类食品作为增稠剂、稳定剂，用量0.3%~0.5%；用于冻胶布丁、酸角糕，以0.1%~0.3%的琼脂和精炼的半乳甘露聚糖，可制得透明的强弹性凝胶；果冻以琼脂作悬浮剂，参考用量为0.15%~0.3%，可使颗粒悬浮均匀、不沉淀、不分层；啤酒澄清剂以琼脂作为辅助澄清剂，可加速和改善澄清。

（五）黄原胶

黄原胶又称黄胶、汉生胶，是一种由黄单胞杆菌发酵产生的细胞外酸性杂多糖。由α-D-葡萄糖残基经β-1,4-糖苷键连接形成的主链，2个甘露糖和1个葡萄糖醛酸形成的三糖侧链构成。黄原胶具有良好的增稠性，1%溶液黏度相当于100倍1%明胶溶液；在pH 1~11范围内稳定，黏度不变，与高盐具有相容性；在0~100℃内黏度基本不变；能稳定悬浮液和乳状液，具有良好的冷冻与解冻稳定性；具有高度假塑性，剪切变稀和黏度瞬时恢复的特性；与瓜尔豆胶、刺槐豆胶有协同作用。因具有多种功能，可作为乳化剂、稳定剂、凝胶增稠剂、浸润剂、膜成型剂等用于食品工业。

（六）壳聚糖

甲壳素广泛存在于蟹壳、虾壳和节肢动物的外壳以及低等植物如菌、藻类的细胞壁中。自然界每年生物合成的甲壳素超过10亿吨，甲壳素是一种十分丰富的自然资源。虾壳中含量为20%~25%，蟹壳中含量为15%~18%，因此，提取壳聚糖通常以虾壳、蟹壳为原料。壳聚糖是甲壳素经脱乙酰化处理后的产物，即脱乙酰基甲壳素，又名可溶性甲壳质，化学名称为（1,4）聚-2-氨基-2-脱氧-β-D-葡聚糖，是由*N*-乙酰-D-氨基葡萄糖单体通过β-1,4-糖苷键连接起来的直链状高分子化合物。壳聚糖在食品工业中可用作絮凝剂和食品添加剂。

利用壳聚糖的絮凝作用，可作为许多液体产品或半成品的除杂剂。例如壳聚糖作为絮凝剂用于糖汁澄清取得了极好的效果；用单宁酸与壳聚糖处理糖蜜，能有效地澄清糖蜜，即使糖蜜的固形物含量高达50%~60%，胶体杂质也能迅速凝集沉降。在酒类、果汁除浊方面也取得了良好的效果。

大量研究表明，甲壳素和壳聚糖是无毒的，FDA已批准其作为食品添加剂。利用壳聚糖与酸性多糖反应生成壳聚糖的酸性多糖络盐，用作组织填充剂，可以制成有保健功能的仿生肉；壳聚糖和壳聚糖的脂肪酸络盐可作为脂肪清除剂添加到食品中，成为紧俏的减肥食品；壳聚糖加入牛奶后有利于肠道双岐杆菌的生长繁殖，能间接促进乳糖酶的生成，有利于人体对乳糖的吸收；食品中加入壳聚糖还可以预防便秘。

拓展阅读

植物多糖的生理功能

微生物多糖安全无毒，具有独特的生理作用，被用作稳定剂、胶凝剂、增稠剂、乳化剂等广泛应用于食品、制药等行业。

1. 抗肿瘤作用 大量研究表明黄芪多糖、党参多糖、人参多糖、茯苓多糖、香菇多糖及甘草多糖等，具有明显的抗肿瘤作用。

2. 降血糖作用 如灵芝多糖对四氧嘧啶致高血糖小鼠及去甲肾上腺素致高血糖小鼠具有明显降血糖作用，而对正常小鼠血糖水平影响较小。

3. 降血脂作用 如南瓜多糖使糖尿病小鼠的 TC、TG、LDL-C 显著降低，HDL-C 极显著升高。

4. 抗衰老作用 如山茱萸多糖可通过提高机体抗氧化能力、抑制脂质过氧化、提高老化相关酶活性发挥抗脑老化作用，提高大鼠学习记忆能力。

5. 抗凝血活性 如大蒜粗多糖及其分离组分 GPI 能显著延长人体血浆的 APTT 值，通过影响内源性凝血系统发挥抗凝血作用。

6. 抗炎作用 如金耳多糖对大鼠过敏性气通炎症具有抑制作用。

7. 抗疲劳作用 五味子粗多糖能显著提高小鼠游泳和缺氧存活时间，具有一定的抗疲劳作用。

8. 其他作用 多糖还具有抗溃疡、抗病毒、抗辐射、抗突变、免疫调节等作用。

重点小结

碳水化合物是多羟基醛、多羟基酮类化合物及其衍生物和缩合物的总称，可根据其水解程度不同分为单糖、低聚糖和多糖。

单糖具有甜度、溶解性、旋光活性、结晶性、吸湿性以及保湿性，同时能够在一定条件下发生美拉德反应和焦糖化反应，因而在食品加工中具有重要意义。

低聚糖分为普通低聚糖（如蔗糖、乳糖、麦芽糖等）和功能性低聚糖。功能性低聚糖对人体具有显著的生理功能，如可作为双歧杆菌增殖因子、低热量甜味剂、水溶性纤维素、促进胃肠功能和抗龋齿等，因而受到业内专家的重视和开发。

多糖在自然界分布极其广泛，特别是淀粉。淀粉是植物生长期间以颗粒形式贮存于细胞中的多糖，所有的淀粉颗粒皆会显示出一个裂口，被称为脐点，在交叉的 Nicol 棱镜所产生的偏振光照射下淀粉颗粒表面上呈现黑色偏光十字和双折射现象。淀粉具有糊化的性质，因而被用于粉丝、方便面、方便米饭等食品的生产，但同时具有老化的性质，在食品加工过程中应注意避免。

此外，纤维素、果胶、卡拉胶、黄原胶等也广泛用于食品工业。

目标检测

1. 简述单糖的结构特点和主要的理化性质。
2. 简述美拉德反应的机理及影响美拉德反应的因素。
3. 什么是老化？影响淀粉老化的因素有哪些？如何在食品加工中防止淀粉老化？
4. 什么叫淀粉的糊化？影响淀粉糊化的因素有哪些？试指出食品中利用糊化的例子。
5. 为什方便面用热水一泡就软，立即可食，而生的挂面不可以？
6. 冰糖葫芦的做法是将山楂或其他水果放入融化的蔗糖中包糖衣，通常糖衣上可见淡黄色，它来源于何种反应？

第四章

脂　质

学习目标

1. 掌握　脂质自动氧化机理、影响因素及其控制措施；水解反应、油脂高温下的化学反应基本原理及其对食品感观、安全和保藏稳定性等的影响；油脂品质的评价方法、指标及在实际生产中的应用。

2. 熟悉　脂肪酸的种类、特点和命名；脂质的结构、主要的物理性质及其在生产中的应用；油脂氧化的类型，理解油脂加工的化学原理和方法。

3. 了解　脂质的定义、分类及作用；三酰基甘油酯的命名；脂类的结晶特性及熔融特性；脂质的光敏氧化，酶促氧化反应机理。

案例导入

案例：油炸是食品行业中广泛采用的加工技术，可以赋予食品期望的色泽、质构、风味与口感，油炸食品受到广大消费者的欢迎。此外，在我国家庭中也经常以高温加工方式进行烹调，如油煎、油炸、高温爆炒等。随着人们食品安全意识的提高，油脂在加工中的安全性也备受关注。

讨论：1. 油脂长时间加热究竟会产生什么危害？

2. 通过何种方式判断油脂的状态？

3. 可以采取哪些方法避免或减少食品安全危害？

第一节　概述

一、脂质的定义和作用

（一）脂质的定义

脂质是一类含有醇酸酯化结构，溶于大部分有机溶剂而不溶于水的天然有机化合物。在植物中脂类主要存在于种子或果仁中，动物中主要存在于皮下组织、腹腔、肝以及肌肉内的结缔组织中，许多微生物也能积累脂肪。目前，食用和工业用的脂类主要来源于植物和动物。从化学结构上讲，95%左右的动物和植物脂质是脂肪酸甘油三酯，习惯上将室温下呈固态的脂肪称为脂，呈液态的称为油，两者在化学本质上没有区别，统称为油脂。

（二）脂质的作用

1. 食品中的功能　是食品中重要的组成成分，提供滑润的口感、光润的外观，塑性脂肪具有造型功能，在烹饪中可作为传热介质，赋予油炸食品香酥的风味。

2. 生物体中的功能 是人类及生物体的重要营养物质，是一种高能营养素，每克油脂可提供 39. 3kJ 的热量；膳食中的脂质是必需脂肪酸的来源，是脂溶性维生素的载体，是组成生物细胞不可缺少的物质，是能量贮存最适宜的形式，有润滑、保护、保温等功能。

二、脂质的分类

（一）按化学结构

脂质按照其结构可分为简单脂质、复合脂质及衍生脂质三大类，见表 4-1。

表 4-1 脂质的分类

主类	亚类	组成
简单脂质	酰基甘油	甘油+脂肪酸（占天然脂质的 95% 左右）
	蜡	长链脂肪醇+长链脂肪酸
复合脂质	磷酸酰基甘油	甘油+脂肪酸+磷酸盐+含氮基团
	鞘磷脂类	鞘氨醇+脂肪酸+磷酸盐+胆碱
	神经节苷脂类	鞘氨醇+脂肪酸+糖
	脑苷脂类	鞘氨醇+脂肪酸+糖
衍生脂质		类胡萝卜素、类固醇、脂溶性维生素等

（二）按来源

脂质按来源可分为乳脂类、植物脂、动物脂、海产品动物油、微生物油脂等。

（三）按不饱和程度

脂质按不饱和程度分为干性油、半干性油及不干性油，主要根据碘值大小来进行区分，干性油的碘值大于 140，平均每个分子中双键数≥6 个，如桐油、亚麻籽油、红花油等；半干性油的碘值介于 100~140，平均每个分子中双键数 4~6 个，如棉籽油、大豆油等；不干性油的碘值小于 100，平均每个分子中双键数<4 个，如花生油、菜籽油、蓖麻油等。

三、脂质的结构和组成

（一）脂质的结构

天然脂肪是甘油与脂肪酸生成的一酯、二酯和三酯，分别称为一酰基甘油、二酰基甘油、三酰基甘油，也可称为甘油一酯、甘油二酯、甘油三酯。天然的脂肪主要以三酰基甘油的形式存在。

$$
\begin{matrix} H_2C-OH \\ | \\ HC-OH \\ | \\ H_2C-OH \end{matrix} + 3RiCOOH \longrightarrow R_2-O-\overset{O}{\overset{\|}{C}}-\begin{matrix} H_2C-O-\overset{O}{\overset{\|}{C}}-R_1 \\ | \\ CH \\ | \\ H_2C-O-\overset{O}{\overset{\|}{C}}-R_3 \end{matrix} + 3H_2O
$$

甘油　　脂肪酸　　三酰基甘油

式中，R_1、R_2、R_3代表不同的脂肪酸的烷基（烃基）。它们可以是相同的，也可以是不同的。若 $R_1=R_2=R_3$，这样的油脂称为单纯甘油酯，如三油酸甘油酯、三硬脂酸甘油酯；若

R_1、R_2、R_3不完全相同时，称为混合甘油酯或甘油三杂酯，如一软脂酸二硬脂酸甘油酯，天然油脂大部分为混合甘油酯。甘油酯碳原子的编号自上而下分别为1、2、3，若$R_1 \neq R_3$，则C_2原子有手性；三酰基甘油的碳原子数多为偶数，且多为直链脂肪酸。

（二）脂肪酸的命名

1. 系统命名法

（1）饱和脂肪酸的命名　以母体饱和烃来命名，从羧基端开始编号，选择含羧基的最长碳链为主链，按照与其相同碳原子数的烃定名为某酸（将烃中的甲基以—COOH代替），如己酸、硬脂酸等。

$CH_3(CH_2)_4COOH$　　己酸

$CH_3(CH_2)_{16}COOH$　　硬脂酸

（2）不饱和脂肪酸的命名　不饱和脂肪酸也是以不饱和烃来命名，但必须标明双键的位置，即选择含羧基和双键最长的碳链为主链，从羧基端开始编号，并标出不饱和键的位置，数双键的数量，定名为某烯酸，并把双键位置写在某烯酸前面。如：

$$\overset{18}{C}H_3(CH_2)_7\overset{10}{C}H{=}\overset{9}{C}H(CH_2)_7\overset{1}{C}OOH$$　　9-十八烯酸

$$\overset{18}{C}H_3(CH_2)_4\overset{12}{C}H{=}CHCH_2CH{=}\overset{9}{C}H(CH_2)_7\overset{1}{C}OOH$$　　9，12-十八碳二烯酸

2. 数字命名法　由两项组成，这两项通过冒号隔开，$n:m$（n-碳原子数；m-双键数）例如：4∶0、18∶1、18∶2、20∶5各表示酪酸、油酸、亚油酸以及EPA等。为了区别碳原子及双键数相同的不饱和脂肪酸，从分子甲基端（离羧基最远的碳）开始编号，确定第一个双键位置以区别不饱和脂肪酸，甲基碳也叫ω碳。脂肪酸的碳原子编号依次为$\omega1$、$\omega2$、$\omega3$，不饱和键的位置用ω来表示。如亚油酸数字命名法可以表示为18∶2ω6，表示含18个碳原子，2个不饱和键，第一个双键从甲基端数起，在第6~7位碳之间。亚麻酸可以表示为18∶3ω3，表示含18个碳原子，3个不饱和键，第一个双键从甲基端数起，在第3~4位碳之间。国际上还有用n-法来代替ω法的表示方法，ω6就是n-6。亚油酸和亚麻酸也可以分别表示为18∶2（n-6）和18∶3（n-3）。但此法只适用于五碳双烯结构，即具有非共轭双键结构，其他结构的脂肪酸命名不能用ω法或n-法表示。因此，第一个双键定位后，其余双键的位置也随之确定，故只需要标出第一个双键的位置即可。

$$\overset{18}{C}H_3(CH_2)_4\overset{12}{C}H{=}CHCH_2CH{=}\overset{9}{C}H(CH_2)_7\overset{1}{C}OOH$$　（亚油酸）　18:2ω6/18:2(n-6)

$$\overset{1}{C}H_3CH_2\overset{3}{C}H{=}CHCH_2CH{=}CHCH_2CH{=}CH(CH_2)_7COOH$$

（α-亚麻酸）　18:3ω3/18:3(n-3)

3. 俗名或普通名　许多脂肪酸最初是从某种天然产物中得到的，因此常常根据其来源命名，如棕榈酸、花生酸等。天然脂肪中一些常见的脂肪酸见表4-2。

表4-2　一些常见脂肪酸的命名

数字命名	系统命名	俗名或普通名	英文缩写
4∶0	丁酸	酪酸	B
6∶0	己酸	己酸	H

续表

数字命名	系统命名	俗名或普通名	英文缩写
8 : 0	辛酸	辛酸	Oc
10 : 0	癸酸	癸酸	D
12 : 0	十二酸	月桂酸	La
14 : 0	十四酸	肉豆蔻酸	M
16 : 0	十六酸	棕榈酸	P
16 : 1（*n*-7）	9-十六烯酸	棕榈油酸	Po
18 : 0	十八酸	硬脂酸	St
18 : 1（*n*-9）	9-十八烯酸	油酸	O
18 : 2（*n*-6）	9,12-十八碳二烯酸	亚油酸	L
18 : 3（*n*-3）	9,12,15-十八碳三烯酸	α-亚麻酸	α-Ln
18 : 3（*n*-6）	6,9,12-十八碳三烯酸	γ-亚麻酸	γ-Ln
20 : 0	二十酸	花生酸	Ad
20 : 4（*n*-6）	5,8,11,14-二十碳四烯酸	花生四烯酸	An
20 : 5（*n*-3）	5,8,11,14,17-二十碳五烯酸	EPA	—
22 : 0	二十二酸	山嵛酸	—
22 : 1（*n*-9）	13-二十二烯酸	芥酸	E
22 : 5（*n*-3）	7,10,13,16,19-二十二碳五烯酸	—	—
22 : 6（*n*-6）	4,7,10,13,16,19-二十二碳六烯酸	DHA	—

食用油脂所含不饱和脂肪酸若有两个以上的双键，则这些双键不可以共轭，若含有共轭双键，则一般不适合食用。例如我国著名的特产桐油（含9,11,13-十八碳三烯酸），为含有共轭双键的脂肪酸，不可食用。

（三） 三酰基甘油命名（Sn命名法）

三酰基甘油由组成该三酰基甘油的脂肪酸来进行命名，首先给碳原子编号，自上而下为1-3。命名的方式包括三种，数字命名、英文缩写命名，中文命名。例如：

```
                                                   O
                                                   ‖
                                    O    H2C—O—C—(CH2)14CH3
                                    ‖     |
CH3(CH2)7CH═CH(CH2)7CH2  —O—C —CH
                                          |        O
                                          |        ‖
                                         H2C—O—C—(CH2)16CH3
```

采用数字命名为：Sn－16 : 0－18 : 1－18 : 0；采用英文缩写命名为：Sn－POSt（见表4-2）；采用中文命名为：δ_n-甘油-1-棕榈酸-2-油酸-3-硬脂酸甘油酯。

（四）油脂中脂肪酸的种类

在油脂中脂肪酸的烃基占有很大的比例，所以脂肪酸的种类、结构、性质决定着各种油脂的性能和营养价值。组成油脂的脂肪酸绝大多数是含碳原子数较多，且为偶数碳原子的直链一元羧酸，目前发现的约有七八十种。组成油脂的脂肪酸不同，其黏度、熔点、稳定性和营养价值等均不同。

1. 饱和脂肪酸 饱和脂肪酸是指分子中碳原子之间以单键相连的一元羧酸。一般较常见的有辛酸、癸酸、月桂酸、肉豆蔻酸、软脂酸（棕榈酸）、硬脂酸、花生酸等。牛、羊、猪等动物的脂肪饱和脂肪酸含量较高，少数植物如椰子油、可可油、棕榈油中也有一定含量的饱和脂肪酸。天然食用油脂中存在的饱和脂肪酸大多数为长链（碳数>14）、偶数碳原子的直链脂肪酸，最常见的是十六碳酸和十八碳酸。其次为十二、十四和二十碳酸，碳数少于十二的饱和脂肪酸主要存在于牛脂和少数植物油中，如辛酸、癸酸等。奇数碳和支链饱和脂肪酸很少见。天然油脂中的常见饱和脂肪酸见表4-3。

表4-3 天然油脂中重要的饱和脂肪酸

脂肪酸结构式	数字命名	俗名	系统命名	主要来源
$CH_3(CH_2)_2COOH$	4 : 0	酪酸	丁酸	乳脂
$CH_3(CH_2)_4COOH$	6 : 0	低羊脂酸	己酸	乳脂、椰子
$CH_3(CH_2)_6COOH$	8 : 0	亚低羊脂酸	辛酸	乳脂、椰子
$CH_3(CH_2)_8COOH$	10 : 0	羊脂酸	癸酸	椰子、榆树子
$CH_3(CH_2)_{10}COOH$	12 : 0	月桂酸	十二酸	椰子、月桂
$CH_3(CH_2)_{12}COOH$	14 : 0	肉豆蔻酸	十四酸	花生、椰子
$CH_3(CH_2)_{14}COOH$	16 : 0	棕榈酸	十六酸	多种油脂
$CH_3(CH_2)_{16}COOH$	18 : 0	硬脂酸	十八酸	多种油脂
$CH_3(CH_2)_{18}COOH$	20 : 0	花生酸	二十酸	花生油
$CH_3(CH_2)_{20}COOH$	22 : 0	山嵛酸	二十二酸	花生、菜籽

食品中常见的饱和脂肪酸按其碳链的长度可以分为低级饱和脂肪酸和中、高级饱和脂肪酸。

（1）低级饱和脂肪酸 分子中的碳原子数少于10个。油脂中含有的主要酸有丁酸、己酸、辛酸、癸酸等。它们在常温下是液体，并都具有令人不愉快的气味，沸点较低，易挥发。在牛、羊奶及羊脂中含量比较多，使牛奶特别是羊奶、羊脂具有膻味。有研究利用气相色谱仪对山羊肉进行检测分析，表明起关键作用的致膻化合物是短链的游离脂肪酸，主要有已酸，辛酸和癸酸，其中癸酸是影响膻味的主要物质。

（2）中、高级饱和脂肪酸 碳原子数在10个以上的脂肪酸叫作中、高级脂肪酸。油脂中的中、高级饱和脂肪酸一般含12~26个偶数碳原子。主要有肉豆蔻酸［十四酸$CH_3(CH_2)_{12}COOH$］、棕榈酸［十六酸 $CH_3(CH_2)_{14}COOH$］、硬脂酸［十八酸 $CH_3(CH_2)_{16}COOH$］等，它们在常温下都是无臭的白色固体，其中棕榈酸和硬脂酸是存在于动植物油脂中最多的两种饱和脂肪酸，这些脂肪酸主要存在于动物脂中。

2. 不饱和脂肪酸 碳链中含有碳碳双键或叁键的脂肪酸称为不饱和脂肪酸。不饱和脂肪酸有烯酸和炔酸，油脂中常见的不饱和脂肪酸大部分为烯酸，极个别为炔酸。分子中含有的双键数一般为1~6个，其中以含十六、十八、二十个碳原子数的不饱和脂肪酸分布较广。

不饱和脂肪酸分为单不饱和脂肪酸和多不饱和脂肪酸。单不饱和脂肪酸碳链中只含一个不饱和双键；多不饱和脂肪酸，其碳链中含有两个或两个以上双键。食物脂肪中，单不饱和脂肪酸最常见的是油酸；多不饱和脂肪酸种类很多，有亚油酸、亚麻酸、花生四烯酸等。根据双键的位置及功能又将多不饱和脂肪酸分为 ω-3、ω-6 和 ω-9 系列。亚油酸和花生四烯酸属 ω-6 系列，亚麻酸、DHA、EPA 属 ω-3 系列，而油酸属于 ω-9 系列。现已发现一些 ω-3 系列的多不饱和脂肪酸对人体有特殊的功能。来自南美洲亚马逊流域天然无污染的肥沃土壤中的印加果堪称世界植物营养“果王”。印加果油是目前世界上发现唯一含 ω-3、ω-6、ω-9 三种系列不饱和脂肪酸高达 92% 的纯天然植物。

不同于饱和脂肪酸，多不饱和脂肪酸在室温下呈液态，即使冷藏或冷冻仍呈液态。单不饱和脂肪，在常温下为液态，但冷藏时也会硬化。不饱和脂肪酸的化学性质活泼，容易发生加成、氧化、聚合等反应。因此，不饱和脂肪酸对油脂性质的影响比饱和脂肪酸要大得多。

植物油脂中含不饱和脂肪酸相对较多，一般在 80% 以上。而动物油脂中含饱和脂肪酸相对较多，一般在 40% 以上。常用食用油脂中主要脂肪酸的组成见表 4-4。

表 4-4　常用食用油脂中主要脂肪酸的组成（%）

食用油脂	饱和脂肪酸	不饱和脂肪酸			其他脂肪酸
		油酸	亚油酸	亚麻酸	
牛油	62	29	2	1	7
羊油	57	33	3	2	3
猪油	43	44	9	—	3
黄油	56	32	4	1.3	4
可可油	93	6	1	—	—
椰子油	92	0	6	2	—
橄榄油	10	83	7	—	—
菜籽油	13	20	16	9	42 *
花生油	19	41	38	0.4	1
茶油	10	79	10	1	1
葵花籽油	14	19	63	5	—
豆油	16	22	52	7	3
棉籽油	24	25	44	0.4	3
大麻油	15	39	45	0.5	1
芝麻油	15	38	46	0.3	1
玉米油	15	27	56	0.6	1
棕榈油	42	44	12	—	—
米糠油	20	43	33	3	—
文冠果油	8	31	48	—	14

注：* 主要为芥酸

不饱和脂肪酸由于双键两侧碳原子上相连的原子或原子团在空间排列方式不同，有顺式脂肪酸和反式脂肪酸之分。通常用顺式（cis）和反式（trans）表明双键的几何构型，它们分别表示烃基在分子的同侧或异侧。烷基处于分子的同一侧称为顺式，处于分子两侧称为反式。有两个顺式双键的亚油酸称为顺-9，顺-12-十八碳二烯酸。

$$\begin{array}{ccc} R_1 & & R_2 \\ & C=C & \\ H & & H \end{array} \qquad \begin{array}{ccc} H & & R_2 \\ & C=C & \\ R_1 & & H \end{array}$$

顺式　　　　反式

脂肪酸的顺、反异构体物理与化学特性都有差别，如顺油酸的熔点为13.4℃，而反油酸的熔点为46.5℃。天然脂肪酸除极少数为反式外，大部分都是顺式结构。在油脂加工和贮藏过程中，部分顺式脂肪酸会转变为反式脂肪酸。脂肪酸的顺式构型是天然存在的形式，而反式构型在热力学上是有利的，反式结构通常比顺式结构具有较高的熔点和较低的反应活性。有两个顺式双键的亚油酸称为顺-9，顺-12-十八碳二烯酸。

3. 必需脂肪酸　目前已发现的天然油脂脂肪酸有70~80种之多，人体能够合成大部分的脂肪酸，但是有小部分脂肪酸是人体维持机体正常代谢不可缺少的，而自身又不能合成，必须由食物供给的脂肪酸称为必需脂肪酸。常见的必需脂肪酸有亚油酸、亚麻酸、花生四烯酸，其中亚油酸是最主要的必需脂肪酸，必须由食物供给，亚麻酸和花生四烯酸可以由亚油酸转变而来，但体内的转变速度较慢。

必需脂肪酸具有重要的生理意义，可以参与磷脂合成，必需脂肪酸缺乏会导致细胞膜结构、功能改变，膜透性、脆性增加，导致鳞屑样皮炎、湿疹等皮肤疾病发生；与胆固醇代谢关系密切，胆固醇要与脂肪酸结合才能在体内转运进行代谢。必需脂肪酸缺乏，胆固醇转运受阻，不能进行正常代谢，在体内沉积而引发疾病；与生殖细胞的形成及妊娠、授乳、婴儿生长发育有关，体内必需脂肪酸缺乏，动物精子形成数量减少，泌乳困难，婴幼儿生长缓慢，并可能出现皮肤湿疹、干燥等；必需脂肪酸还可以保护皮肤免受射线损伤、维持正常的视觉功能。在临床上常使用血浆和组织中二十碳三烯酸与二十碳四烯酸（花生四烯酸）的比值作为衡量必需脂肪酸是否缺乏的指标，20∶3（n-9）/20∶4（n-6）标准为0.1，比值越小说明必需脂肪酸供给越充足。另外，当单烯脂肪酸/二烯脂肪酸比值超过1.5时也被认为是必需脂肪酸缺乏的标志。

（五）三酰基甘油的分类

根据三酰基甘油的来源和脂肪酸组成，将常见油脂分为以下7类。

1. 油酸-亚油酸类　主要来自于植物，含有大量的油酸和亚油酸，如棉籽油、玉米油、花生油、红花油、橄榄油及棕榈油等。

2. 亚麻酸类　这类油脂亚麻酸含量相对较高，如豆油、麦胚油、大麻籽油和紫苏子油等。

3. 月桂酸类　月桂酸含量高，六碳、八碳及十碳脂肪酸含量中等，不饱和脂肪酸含量较低。熔点较低，很少食用，如椰子油和巴巴苏棕榈油。

4. 植物脂类　一般为热带植物种子油，其饱和脂肪酸和不饱和脂肪酸的含量比约为2∶1。该类脂熔点较高，但熔点范围较窄，是制取巧克力的良好原料。

5. 动物脂肪类　多为家畜的贮存脂肪，含有大量的C_{16}和C_{18}脂肪酸，不饱和脂肪酸中主要为油酸和亚油酸，以及少数的奇数酸，熔点较高。

6. 海产品动物油类　含有大量的长链多不饱和脂肪酸，含有丰富的脂溶性维生素（维生素A、D）。由于其脂肪酸的高度不饱和性，所以比其他动、植物油更易发生氧化。

7. 乳脂类 含有大量的棕榈酸、油酸和硬脂酸，一定数量的 C_4 ~ C_{12} 短链脂肪酸，少量的支链脂肪酸，具有较重的气味。

常见食用油脂中脂肪酸的组成见表 4-5。

表 4-5 常见食用油脂中脂肪酸的组成（%）

脂肪酸	乳脂	猪脂	椰子油	棕榈油	棉籽油	花生油	芝麻油	豆油	鳕鱼肝油
6 : 0	1.4~3.0								
8 : 0	0.5~1.7								
10 : 0	1.7~3.2								
12 : 0	2.2~4.5	0.1	48						
12 : 1									
14 : 0	5.4~14.6	1	17	0.5~6	0.5~1.5	0~1			2.4
14 : 1	0.6~1.6	0.3							
15 : 0		0.5							0.2
16 : 0	26~41	26~32	9	32~45	20~23	6~9	7~9	8	11.9
16 : 1	2.8~5.7	2~5				0~1.7			7.8
17 : 0									0.5
18 : 0	6.1~11.2	12~16	2	2~7	1~3	3~6	4~55	4	2.8
18 : 1	18.7~33.4	41~51	7	38~52	23~35	53~71	37~49	28	26.3
18 : 2	0.9~3.7	3~14	1	5~11	42~54	13~27	35~47	53	1.5
18 : 3		0~1						6	0.6
18 : 4									1.3
20 : 0					0.2~1.5	2~4			
20 : 1									10.9
20 : 2									
20 : 4		0~1							1.5
20 : 5									6.2
22 : 0						1~3			
22 : 1									6.9
22 : 4									
22 : 5									1.4
22 : 6									12.4

第二节　脂质的物理性质

油脂的物理性质在油脂分析、制取及加工中都具有重要的参考价值，尤其是随着科学技术的进步，近年来在生产和科学研究工作中，越来越多地采用测定油脂物理性质的方法来代替某些费时、准确度较差的化学分析法，取得了良好的效果。

一、色泽和气味

（一）油脂的颜色

纯净的食用脂类及脂肪酸几乎是无色无味的，油脂的色泽来自脂溶性色素。例如有些天然油脂中含有叶绿素会使油脂呈现出黄绿色，若含有类胡萝卜素则会呈现出黄色或红色。一般动物油脂中的色素物质较少，所以动物油脂的色泽较浅，例如猪油、羊油等为乳白色，鸡油为浅黄色。植物油中的色素物质含量较动物油脂高，故颜色较动物油颜色深。如芝麻油的颜色为深黄或橙红色，菜籽油的颜色为金黄或棕黄色，花生油的颜色淡黄色，橄榄油的颜色金黄或金黄带绿色等。由于油脂在精炼过程中会脱去大部分颜色，所以用精炼过的油脂加工食品时，油脂本身对菜肴的颜色影响不大，能体现出原料本身的色泽。而油炸加工时食物上色的原因主要还是因为在高温条件下烹饪原料发生了呈色的化学反应，这些反应往往与糖类物质有关。

（二）油脂的味——滋味

纯净的油脂是无味的，油脂的气味主要来自两方面，一是天然油脂中由于含有各种非脂微量成分，导致出现各种味道；二是经过贮存的油脂酸败后产生低分子的物质使油脂出现苦味、涩味。

（三）油脂的香——气味

烹饪用油脂都有其特有的气味，这些油脂的香气来源主要有两个方面。

1. 天然油脂的气味　天然油脂本身的气味主要是由油脂中的挥发性低的脂肪酸及非酯成分引起的。例如芝麻油的香气是由乙酰吡嗪引起的，菜籽油的香气是由含硫化合物（甲硫醇）引起的，乳制品的香气是由酪酸（丁酸）引起的。

2. 贮藏中或使用后产生的气味　油脂在贮藏中或高温加热时，会氧化、分解出许多小分子物质，而发出各种臭味，可能会影响烹饪菜肴的质量。油脂经过精制加工后，往往无味，这是因为精炼加工除去了毛油中的挥发性小分子的缘故。

二、熔点、凝固点和沸点

（一）熔点

1. 定义　固体脂变成液体油时的温度。由于天然油脂是甘油酯的混合物，且存在同质多晶现象，所以没有确切的熔点，只是一个大致的范围。

2. 影响油脂熔点范围的主要因素　油脂的熔点一般最高在40~55℃。熔点高低主要是由油脂中的脂肪酸组成、分布决定。

（1）碳原子数　构成脂肪酸的碳原子数目越多，油脂的熔点也就越高。

（2）饱和程度　油脂中脂肪酸的饱和程度越高，油脂的熔点也就越高。

（3）双键的位置　双键的位置越向碳链中部移动，熔点降低越多。

几种常见脂肪酸的熔点见表4-6。

表 4-6 常见的烹饪用油脂的熔点

油 脂	熔点/℃	油 脂	熔点/℃
大豆油	-18~-8	椰子油	20~28
芝麻油	-7~-3	人造黄油	28~42
菜籽油	-5~-1	猪油	36~50
花生油	0~3	牛油	42~50
棉籽油	3~4	羊油	44~55

影响油脂熔点的因素同时也是影响脂肪酸熔点的因素，碳原子数越多，脂肪酸的熔点也越高。如硬脂酸（18：0）的熔点为69℃，而花生酸（20：0）的熔点为75.4℃。组成碳链碳原子数相同，则脂肪酸的饱和程度越高，其熔点也越高。如硬脂酸（18：0）的熔点为69℃，反油酸［18：1（*tr*9）］的熔点为46℃，而α-亚麻酸［18：3（9,12,15）］的熔点为-11℃。键的位置越向碳链中部移动，脂肪酸的熔点越低，如*cis*-2-十八碳烯酸［18：1（2）］的熔点为51℃，油酸［18：1（9）］的熔点为13.4℃。脂肪酸的熔点与脂肪酸中双键的数目、构型和位置有关。几种常见脂肪酸的熔点见表4-7。

表 4-7 双键数目、构型和位置对脂肪酸熔点的影响

脂肪酸	油 脂	熔点/℃
18：0	硬脂酸	69
18：1（*tr*9）	反油酸	46
18：1（2）	*cis*-2-十八碳烯酸	51
18：1（9）	油酸	13.4
18：2（9,12）	亚油酸	-5
18：2（*tr*9, *tr*12）	反式亚油酸	28
18：3（9,12,15）	α-亚麻酸	-11
20：0	花生酸	75.4
20：4（5,8,11,14）	花生四烯酸	-49.5

3. 油脂的熔点与人体消化吸收率之间的关系 油脂的熔点影响着人体内的消化吸收率。熔点低于37℃，在消化器官中易乳化而被吸收，消化率高，可达97~98%。油脂熔点在37~50℃，消化吸收率有所下降，为90%左右。当熔点高于50℃时，很难消化吸收。由于熔点较高的油脂特别是熔点高于体温的油脂较难消化吸收，如果不趁热食用，就会降低其营养价值。常见的几种食用油脂熔点范围与消化率见表4-8。

（二）凝固点

1. 定义 液体油变成固体脂时的温度。

2. 过冷现象 油脂由液体油变成固体脂时，出现凝固点低于熔点的现象称为过冷现象。如牛油的熔点为42~50℃，而凝固点是30~42℃。在使用油脂时应注意油脂的凝固点范围，要将温度控制在凝固点范围以上，以保证食品的外观质量。

表 4-8 几种常用食用油脂的熔点与消化率的关系

脂肪	熔点/℃	消化率/%
大豆油	-18~-8	97.5
花生油	0~3	98.3
向日葵油	-16~19	96.5
棉籽油	3~4	98
奶油	28~36	98
猪油	36~50	94
牛油	42~50	89
羊油	44~55	81
人造黄油	28~42	87

（三）沸点

油脂的沸点一般为180~220℃，也与脂肪酸的组成有关。沸点随脂肪酸碳链长度的增加而增高。若碳链长度相同，饱和度对沸点影响不大。一般油脂的烟点大于沸点，但油脂在贮藏和加工过程会随着游离脂肪酸的增加而变得易于发烟，烟点降至低于沸点。

三、烟点、闪点和着火点

（一）烟点

烟点是指在不通风且有特殊照明的实验装置中观察到油脂冒烟时的最低加热温度。一般为240℃。油脂大量冒烟的温度通常略高于油脂的烟点。食用油脂发烟是由于油脂中小分子物质的挥发引起的。小分子物质的来源主要有两个方面，一是原先油脂中混有的，如未精制的毛油中存在着的小分子物质，主要是毛油在贮藏过程中酸败的分解物；二是由于油脂的热不稳定性，导致出现热分解产生的。所以，油炸用油应该尽量选择精炼油，避免使用没有经过精炼的毛油，同时还应该尽量选择热稳定性高的油脂。

影响油脂烟点的因素主要有以下几个方面。

1. 油脂的纯净度 纯净程度越高，烟点越高。食用油脂中常常含有游离的脂肪酸、非皂化物质、一酰基甘油等小分子物质，这些物质的存在都可使油脂的烟点下降。如当油脂中游离脂肪酸含量不超过0.05%时，烟点在220℃左右；当游离脂肪酸含量达到0.6%时，油脂的烟点则下降到160℃。

2. 脂肪酸组成 一般而言，以含饱和脂肪酸为主的动物性油脂的烟点较低，而含不饱和脂肪酸为主的植物性油脂的烟点较高。

3. 加热时间 随着加热时间延长，烟点会越来越低。

4. 加热次数 同一种油脂随着加热次数的增多，烟点逐渐下降。

5. 油脂用量 油脂用量越少，则油温上升速度越快，烟点也容易下降。

6. 精炼程度 油脂精炼程度越高，烟点越高。

7. 储存时间 长时间储存会降低油脂的烟点。

（二）闪点

闪点是油脂中的挥发性物质能被点燃但不能维持燃烧的温度，即油的挥发物与明火接触，瞬时发生火花，但又熄灭时的最低温度，一般为340℃。

（三）着火点

油脂的着火点是指油脂的挥发物可以被点燃，并且能维持连续燃烧5秒以上的温度，一般为370℃。

不同油脂的烟点、闪点、着火点是不同的。在烹饪加工时，油脂的加热温度是有限制的，一般在使用中温度最高加热到其烟点，若加工温度再高，轻则无法操作，重则导致油脂燃烧甚至爆炸。在烹饪加工中，特别是油炸烹饪时，了解油炸用油的烟点、闪点及着火点是非常重要的。常见油脂的烟点、闪点、燃点见表4-9。

表4-9 油脂的烟点、闪点、燃点

油脂名称	烟点/℃	闪点/℃	燃点/℃
玉米胚芽油（粗制）	178	294	346
玉米胚芽油（精制）	227	326	389
豆油（压榨油粗制）	181	296	351
豆油（萃取油粗制）	210	317	351
豆油（精制）	256	326	356
菜籽油（粗制）	—	265	—
菜籽油（精制）	—	305	—
椰子油	—	216	—
橄榄油	199	321	361
牛脂	—	265	—

四、结晶特性

目前我们所了解的大部分有关脂肪的晶体结构都是通过X-射线衍射得到的。三硬脂酸甘油酯三种主要结晶类型为α、β'、β，其中α型最不稳定，β型有序程度最高，因此最稳定。我们把这种具有相同的化学组成，但具有不同的晶体结构的现象称为同质多晶。同质多晶是化学组成相同而晶体结构不同的一类化合物，但融化时可生成相同的液相。

由一种脂肪酸构成的三酰基甘油，例如StStSt，当其熔融物冷却时，可结晶成密度最小、熔点最低的α型。若进一步使α型冷却，则脂肪链更紧密地堆积，并逐渐转变为β型。如果α型加热至熔点，可迅速转变成最稳定的β型。α型熔融物冷却并保持温度高于熔点几度，可直接得到β'型。加热β'型至熔点温度，则发生熔融，并转变成稳定的β型。

天然油脂中倾向于结晶成β型的脂类有豆油、花生油、玉米油、橄榄油、椰子油、红花油、可可脂和猪油。棉籽油、棕榈油、菜籽油、牛乳脂肪、牛脂以及改性猪油倾向于形成β'晶型，该晶体可以持续很长时间。在制备起酥油、人造奶油以及焙烤产品时，更希望能够得到β'型晶体，因为它能使固化的油脂软硬适宜，有助于大量的空气以小的空气泡形式被搅入，从而形成具有良好塑性和奶油化性质的产品。

五、熔融特性

（一）熔化

天然的油脂没有确定的熔点，仅有一定的熔点范围。这是因为：第一，天然油脂是混合三酰基甘油，不同三酰基甘油的熔点不同；第二，三酰基甘油是同质多晶型物质，从α晶型开始熔化到β晶型熔化终了需要一个温度阶段。固态油脂吸收适当的热量后转变为液态油脂，固体熔化时吸收热量。在熔点时吸收热量，但温度保持不变，直到固体全部转变成液体为止。

（二）油脂的塑性

如图 4-1 所示，在一定温度范围内（XY 区段）液体油和固体脂同时存在，这种固液共存的油脂经一定加工可制得塑性脂肪。油脂的塑性是指在一定压力下，脂肪具有抗变形的能力。油脂之所以具有塑性的原因是由于许多细小的脂肪固体被液体油包围，而固体微粒的间隙小到液体油无法从固体脂肪中分离出来，使固液两相均匀交织在一起，从而使油脂具有塑性，这种脂肪称为塑性脂肪。

塑性脂肪在食品加工中应用很广泛，其具有良好的涂抹性（涂抹黄油等）和可塑性（蛋糕的裱花）。在面团揉制过程加入塑性脂肪，可形成较大面积的薄膜和细条，使面团的延展性增强，油膜的隔离作用使面筋粒彼此不能黏合成大块面筋，降低了面团的吸水率，使制品起酥；除此之外，在面团揉制时加入塑性脂肪可以包裹和保持一定数量的气泡，使面团体积增加。在饼干、糕点、面包生产中专用的塑性脂肪称为起酥油。

油脂的塑性取决于一定温度下固液两相之比、脂肪的晶型、熔化温度范围和油脂的组成等因素。如图 4-1 所示，当温度为 t 时，ab/ac 代表固体部分，bc/ac 代表液体部分，固液比称为固体脂肪指数（SFI）。当油脂中固液比适当时，塑性好；而当固体脂过多时，则过硬；液体油过多时，则过软，易变形，塑性均不好。

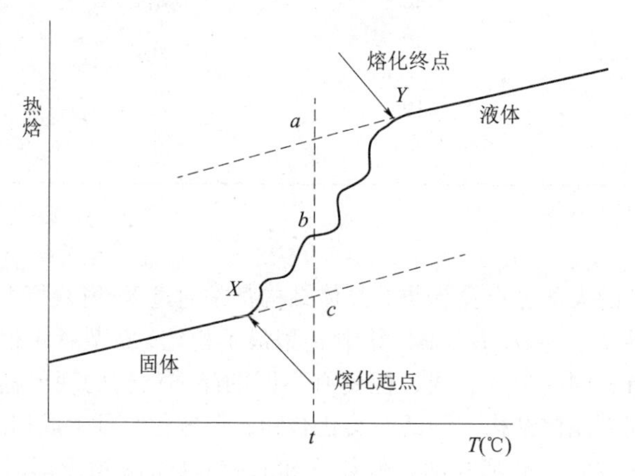

图 4-1　甘油脂肪酸酯混合物的热焓熔化曲线

六、油脂的乳化和乳化剂

（一）乳浊液

1. 乳浊液的定义　一般情况下，油脂和水互不相溶，但是在一定条件下油脂和水可以形成一种均匀分散的介稳状态——乳浊液。乳浊液是互不相溶的两种液相组成的体系，其中一相以液滴形式分散在另一相中，液滴的直径在 0.1~50μm 之间。乳浊液中以液滴形式存在的相通常称为“内相”或“分散相”，液滴以外的另一相就称为“外相”或“连续相”，如图 4-2 所示。食品中油水乳化体系最常见的是乳浊液，常用 W/O（油包水）型表示水分散在油中，如图 4-2（a），奶油是典型的 W/O 型乳浊液；O/W（水包油）型表示油分散在水中，如图 4-2（b），牛奶是典型的 O/W 型乳浊液。

2. 乳浊液不稳定的原因　乳浊液是一种不稳定的状态，在一定条件下会出现分层，絮凝甚至聚结等现象，主要原因如下。

（1）两相界面自由能抵制界面积增加，导致内相（分散相）为减少分散相界面积而聚

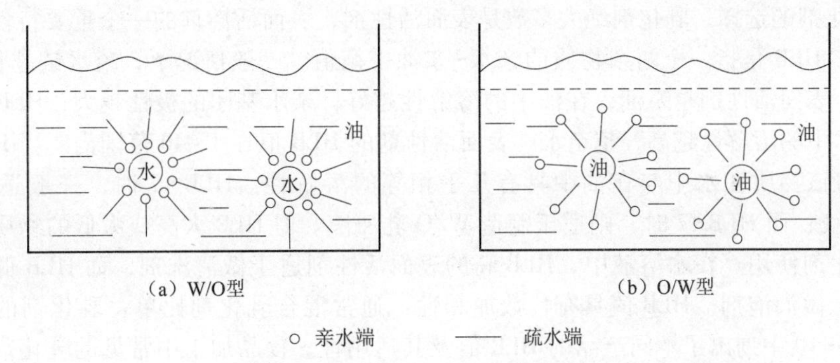

图 4-2 乳化剂的乳化作用示意图

结，最终导致两相分层（破乳）。需要外界施加能量才能产生新的表面（或界面），如均质。

（2）重力作用导致分层。重力作用可导致密度不同的两相上浮或沉降而产生分层，例如油与水的密度不同引起的分层。

（3）分散相液滴表面静电荷不足导致聚集。液滴表面静电荷不足导致液滴之间的排斥力不足，液滴间相互接近而聚集，但界面膜尚未破裂。

（4）两相间界面膜破裂导致聚结。两相间界面膜破裂，液滴与液滴结合，小液滴变为大液滴，严重时会完全分相。

（二）乳化剂与乳化作用

1. 乳化剂的定义 GB 2760—2014《食品安全国家标准 食品添加剂使用标准》中，乳化剂的定义是能改善乳化体中各种构成相之间的表面张力，形成均匀分散体或乳化体的物质。

通过加入乳化剂可以稳定乳浊液。乳化剂绝大多数是表面活性剂，在结构特点上具有两亲性，即分子中既有亲油（疏水）的基团，又有亲水的基团。它们中的绝大多数既不全溶于水，也不全溶于油，其部分结构处于亲水的环境中，而另一部分结构则处于疏水环境中，分子位于两相的界面，因此降低了两相间的界面张力，从而提高了乳浊液的稳定性。

2. 乳化剂的乳化作用

（1）减小两相间的界面张力 降低界面张力是使乳状液保持稳定的重要方法之一。乳化剂在水-油界面上，亲水基与水作用，疏水基与油作用，明显地降低界面张力和减少形成乳状液所需要的能量，提高乳状液的稳定性。

（2）增大内相（分散相）之间的静电斥力 通过加入可在含油的水相（O/W）中建立起双电层的离子表面活性剂来增加小液滴之间的斥力，使乳状液保持稳定，一般适用于O/W 型体系。

（3）形成液晶相 乳化剂分子易形成液晶态，可导致油滴周围形成液晶多分子层，这种作用使液滴间的范德华引力减弱，为分散相的聚结增加了一种物理阻力，从而抑制液滴的聚集和聚结。

（4）增大连续相的黏度或生成弹性的厚膜 明胶和许多树胶能使乳浊液连续相的黏度增大，蛋白质能在分散相周围形成有弹性的厚膜，可抑制分散相聚集和聚结，适用于泡沫和 O/W 型体系，如牛乳中脂肪球外有一层酪蛋白膜起乳化作用。

（5）细微固体粉末的稳定作用 加入的细微固体粉末比分散的油滴小很多，可以引起油/水界面增大，稳定乳状液，包括粉末状硅胶、各种黏土、碱金属盐和植物细胞碎片。

3. 乳化剂的选择 乳化剂绝大多数是表面活性剂，表面活性剂的一个重要特性是它们的 HLB 值。HLB 是指一个两亲物质的亲水-亲油平衡值。一般情况下，疏水链越长，HLB 值就越低，表面活性剂越亲油，在油中的溶解性越好；亲水基团的极性越大，HLB 值就越高，则在水中的溶解性越高，越亲水。表面活性剂的 HLB 值在 1~40 范围内。当 HLB 为 7 时，意味着该物质在水中与在油中具有几乎相等的溶解性。HLB>7 时，一般适于制备 O/W 乳浊液；而 HLB<7 时，则适于制造 W/O 乳浊液。但 HLB 太高或太低的物质都不适合作为乳化剂使用。在水溶液中，HLB 高的表面活性剂适于做清洗剂，而 HLB 低的表面活性剂适于做消泡剂。HLB 值具有代数加和性，通常混合乳化剂比单一乳化剂的乳化效果好。表 4-10 中列出了不同产品的 HLB 值及其适用性。食品加工中常见的乳化剂及其应用特性见第十章。

表 4-10 HLB 值及其适用性

HLB 值	适用性	HLB 值	适用性
1.5~3	消泡剂	8~18	O/W 型乳化剂
3.5~6	W/O 型乳化剂	13~15	洗涤剂
7~9	湿润剂	15~18	溶化剂

第三节 油脂在食品加工和贮藏中的氧化反应

脂质氧化是食品变质的主要原因之一。食用油脂，含脂肪食品在加工和贮藏期间，由于空气中的氧、光照、微生物、酶和金属离子等的作用，产生不良风味和气味、降低食品营养价值，甚至产生一些有毒性的化合物，使食品不能被消费者接受。因此在食品加工和贮藏过程中发生脂质氧化对产品的质量影响很大。脂质的氧化包括酶促氧化与非酶氧化。非酶氧化是一种自发性的氧化反应，往往受光、金属离子等环境因素的影响，包括自动氧化和光敏氧化。

一、自动氧化

（一）脂质自动氧化的机理

1. 自动氧化反应的特征 脂质的自动氧化作用是脂类与分子氧的反应，是脂类氧化变质的主要原因，自动氧化是典型的自由基反应。特征如下：①光和产生自由基的物质能催化脂质自动氧化；②干扰自由基反应的物质一般都抑制自动氧化反应的速度；③纯脂肪物质的自动氧化需要一个相当长的诱导期；④自动氧化初期产生大量的氢过氧化物。

2. 自动氧化反应的主要过程 一般油脂自动氧化主要包括：引发（诱导）期、链传递期和终止期 3 个阶段。

（1）引发期 油脂中的不饱和脂肪酸，受到光、热、金属离子和其他因素的作用，产生自由基（R·），如用 RH 表示酰基甘油，其中的 H 为亚甲基上的氢，R·为烷基自由基，该反应过程一般表示如下：

$$RH \xrightarrow{\text{光、热、金属离子}} R\cdot + H\cdot$$

自由基的引发需要较高的活化能，故引发期的反应相对较慢。有人认为光照、金属离子或氢过氧化物分解引发氧化的开始，但近来有人认为，组织中的色素（如叶绿素、血红素等）作为光敏化剂，单重态氧作为其中的催化活性物质从而引发氧化的开始。

（2）链传递期　由于链传递过程所需活化能较低，所以这一步进行很快，并产生大量的氢过氧化物。R·自由基与空气中的氧相结合，形成过氧化自由基（ROO·），而过氧化自由基又与其他脂肪酸分子反应，形成氢过氧化物（ROOH），同时形成新的R·自由基，如此循环下去，使大量的不饱和脂肪酸氧化。

$$R\cdot + O_2 \longrightarrow ROO\cdot$$

$$RH + ROO\cdot \longrightarrow R\cdot + ROOH$$

（3）终止期　各种自由基和过氧化自由基互相聚合，形成非自由基产物，这些物质非常稳定，至此反应终止。

$$ROO\cdot + ROO\cdot \longrightarrow ROOR + O_2$$

$$ROO\cdot + R\cdot \longrightarrow ROOR$$

$$R\cdot + R\cdot \longrightarrow R—R$$

（二）氢过氧化物的形成

氢过氧化物是由于脂质在引发剂作用下产生自由基（R·），之后氧加到R·位置上产生过氧化自由基（ROO·），ROO·又与其他RH分子与双键相邻的亚甲基夺取氢产生氢过氧化物（ROOH），由于自由基受到双键的影响，具有不定位性，因而同一种脂肪酸在氧化过程中产生不同的氢过氧化物。下面以油酸酯的模拟体系说明简单体系中的自氧化反应氢过氧化物生成机制。

图4-3为油酸氧化产生氢过氧化物的示意图，只画出了油酸中包括双键在内的四个碳原子，油酸中碳8或碳11位先脱氢，生成8位或11位两种烯丙基自由基中间物。由于双键和自由基的相互作用，可导致产生9位或10位自由基的生成。氧对每个自由基的末端碳进攻，生成8-、9-、10-、11-烯丙基氢过氧化物的异构混合物。

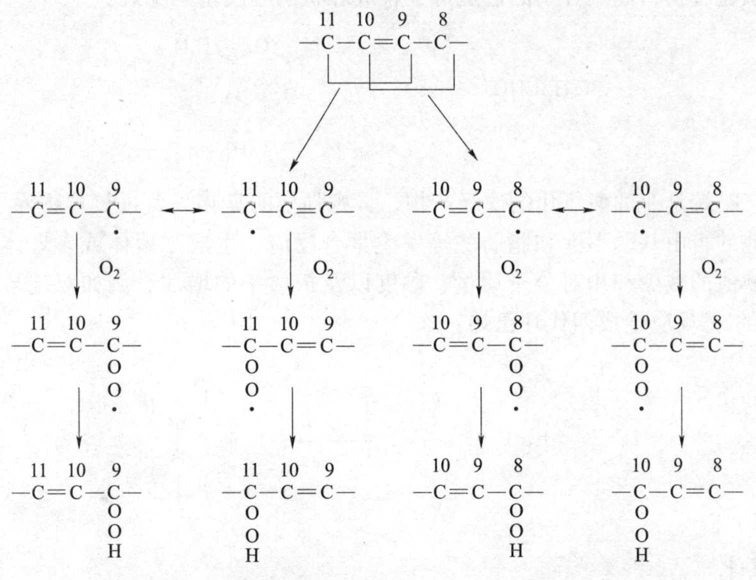

图4-3　油酸酯产生的氢过氧化物

（三）氢过氧化物分解及聚合

氢过氧化物只是油脂氧化的主要初始产物，本身并没有异味，所以当油脂在氧化的初级阶段时，不易通过感官被发现，但此时油脂的过氧化值比较高，这说明油脂已经开始发生酸败。氢过氧化物是不稳定的，一旦形成就立即分解，其在油脂氧化过程中只是一种反应中间体，可分解产生许多分解产物，其中产生的小分子醛、酮、酸等具有令人不愉快的气味即哈喇味，导致油脂酸败。

氢过氧化物分解的第一步是氧-氧键处均裂，生成烷氧自由基和羟基自由基。

$$R_1—\underset{\underset{\underset{OH}{\wr}}{O}}{CH}—R_2COOH \longrightarrow R_1—\underset{\underset{\text{烷氧自由基}}{O^\bullet}}{CH}—R_2COOH + \underset{\text{羟基自由基}}{\dot{O}H}$$

氢过氧化物分解的第二步是烷氧自由基在与氧相连的碳原子两侧发生碳-碳键断裂，生成醛、酸、烃和含氧酸等化合物。一般在烃（或甲基）的一侧裂解产生烃与氧代酸。在酸的一侧（即羧基或酯的一侧）裂解生成醛和酸（或酯）。

$$R_1\text{-}\wr\text{-}\underset{\underset{\bullet}{O}}{CH}\text{-}\wr\text{-}R_2COOH \longrightarrow R_1^\bullet + \underset{\underset{O}{|}}{CH}—R_2COOH \quad \text{或} \quad R_1—\overset{\overset{O}{\|}}{C}—H + R_2COOH^\bullet$$

此外，烷氧自由基还可以生成酮、醇化合物。在氢过氧化物的分解产物中，生成的醛类物质的反应活性很高，可再分解为分子量更小的醛，典型的产物是丙二醛，小分子醛还可缩合为环状化合物，如三分子的已醛可聚合成环状的三戊基三噁烷：

$$3C_5H_{11}CHO \longrightarrow \text{（环状三噁烷，取代基：}C_5C_{11}\text{、}C_5H_{11}\text{、}C_5H_{11}\text{）}$$

三戊基三噁烷是亚油酸氧化的次级产物，具有强烈的臭味。氢过氧化物除了分解以外，又可以和其他的自由基、不饱和脂肪酸等发生聚合反应，生成二聚体或多聚体，这种变化一般伴随着碘值的减少和相对分子质量、黏度以及折射率的增加。例如双键与共轭二烯发生狄尔斯-阿尔德反应生成四代环已烯：

$$R_1\text{-共轭二烯-}R_2 + R_3\text{-CH=CH-}R_4 \longrightarrow \text{环己烯}(R_1, R_2, R_3, R_4)$$

二、光敏氧化

光敏氧化是在光的作用下，不饱和脂肪酸中的双键与氧（单线态）直接发生氧化反应。光的直接作用是提供能量使三线态氧（$^3O_2$）变为活性较高的单线态氧（$^1O_2$）。在这个过程中需要更容易接受光能的物质先接受光能，然后将能量转移给氧，这类物质称为光敏剂。

含脂肪的食品中，一些天然色素例如叶绿素和血红素，都可以作为光敏剂，产生$^1O_2$，此外人工合成色素赤鲜红也是活性光敏化剂。β-胡萝卜素是最有效的$^1O_2$猝灭剂，生育酚、原花青素、儿茶素也具有这种作用。在食品工业中，可以通过加入$^1O_2$猝灭剂或避免光敏剂的存在来抑制光敏氧化的进行。

光敏氧化与自动氧化的机理不同，有以下特点：不产生自由基；双键的顺式构型变成反式构型；与氧的浓度无关；反应受到单线态氧猝灭剂如β-胡萝卜素与生育酚等的抑制；受自由基抑制剂的影响，但不受抗氧化剂影响。

三、酶促氧化

脂肪在酶参与下所发生的氧化反应，称为酶促氧化。脂肪酶促氧化需要在脂肪氧合酶的作用下进行，该酶专一性地作用于具有1,4-顺，顺-戊二烯结构的多不饱和脂肪酸（如18∶2,20∶4,20∶5等）。以亚油酸（18∶2）为例，在1,4-戊二烯的中心亚甲基处（即$\omega8$位）脱氢形成自由基，然后异构化使双键位置转移，同时转变成反式构型，形成具有共轭双键的$\omega6$和$\omega10$氢过氧化物。

我们通常所称的酮型酸败，也属酶促氧化，是由某些微生物繁殖时所产生的酶（如脱氢酶、脱羧酶、水合酶）的作用引起的。其氧化产生的最终产物酮酸和甲基酮具有令人不愉快的气味，故称为酮型酸败。

四、影响油脂氧化速率的因素

（一）脂肪酸的组成及含量

油脂中的饱和脂肪酸和不饱和脂肪酸都能发生氧化反应。但在室温下，饱和脂肪酸的自动氧化极慢，当不饱和脂肪酸发生明显氧化反应时，饱和脂肪酸实际上仍保持不变。饱和脂肪酸的氧化速率往往只有不饱和脂肪酸的1/10。饱和脂肪酸氧化必须在特殊条件下才能发生，即有霉菌的繁殖，或有酶存在，或有氢过氧化物存在的情况下，才能使饱和脂肪酸发生β-氧化作用而形成酮酸和甲基酮。不饱和脂肪酸的氧化速率与其双键的数量、位置与几何形状有关。花生四烯酸、亚麻酸、亚油酸相对油酸的氧化速度约为40∶20∶10∶1。顺式脂肪酸比相应的反式酸更易于氧化，共轭双键比非共轭双键的活性强，如桐酸比亚麻酸更易发生氧化。游离脂肪酸比酯化脂肪酸的氧化速度更快，但如果油脂中只存在少量的游离脂肪酸则对氧化的速度影响不大，当游离脂肪酸含量大于0.5%时，自动氧化速率明显加快。

（二）氧气

在大量氧存在的情况下，氧化速率与氧压力无关。在氧气压力非常低的条件下，氧化速率与氧气的分压近似成正比。然而，氧浓度对氧化速率的影响还受其他因素的影响。例如氧化速度与油脂暴露于空气中的表面积成正比，如膨松食品（方便面）中的油比纯净的油易氧化。因而可采取排除氧气，采用真空或充氮包装和使用透气性低的包装材料来防止含油脂食品的氧化变质。

（三）温度

一般来说，脂质氧化速率随温度的上升而加快，因为高温不仅能促进自由基的产生，还能促进氢过氧化物的分解与聚合，同时高温还能促进自由基的消失。除此之外，温度上升，氧在油脂或水中的溶解度会有所下降，因此，在高温和高氧的条件下氧化速度和温度之间的关系呈钟形曲线。温度不仅影响自动氧化速度，也影响反应的机理。在常温下，氧化大多发生在与双键相邻的亚甲基上，生成氢过氧化物。但当温度超过50℃时，氧化发生在不饱和脂肪酸的双键上，生成环状过氧化物。

（四）水分

纯净的油脂中要求含水量很低，以确保微生物不能在其中生长，否则会导致氧化。对各种含油食品来说，控制适当的水分活度能有效抑制自动氧化反应，因为研究表明油脂氧化速度主要取决于水分活度。但是水分对油脂氧化的影响并不像其他食品成分那么简单，在低水分含量，水分活度小于0.33，尤其小于0.1的干燥食品中，油脂的氧化速度很快；当水分活度逐渐增加到0.33时，由于水的保护作用，降低了金属催化剂的催化活性、猝灭自由基或阻止氧进入食品而使脂类氧化减慢，且水与脂类氧化生成的氢过氧化物以氢键结合，保护氢过氧化物的分解，阻止了氧化进行，油脂的氧化速率逐渐降低，并达到一个最低速度；当水分活度在此基础上再增高时，可能是由于增加了氧的溶解度，因而提高了存在于体系中的催化剂的流动性和脂类分子的溶胀度而暴露出更多的反应位点，所以氧化速度加快。当水分活度大于0.73后由于催化剂和反应物被稀释，阻滞氧化，故氧化速度几乎不再增加，如图4-4所示。

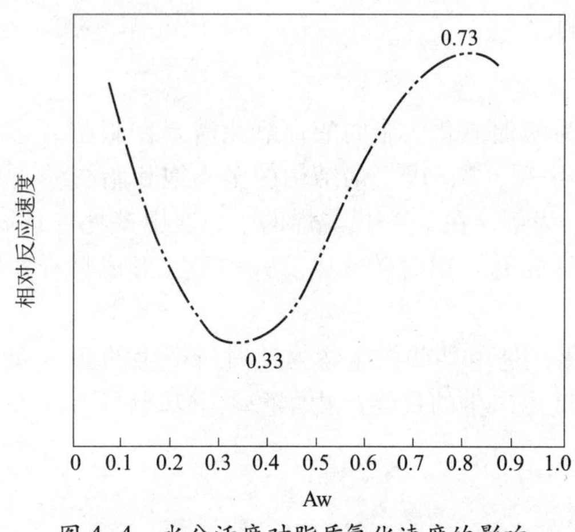

图4-4 水分活度对脂质氧化速度的影响

（五）助氧化剂

凡具有合适氧化还原电位的二价或多价过渡金属（如铝、铜、铁等）都可促进氧化反应，是有效的助氧化剂。这些助氧化剂即使浓度低至0.1mg/kg，它们仍能缩短诱导期和提高氧化速度。不同金属对油脂氧化反应的催化能力强弱排序是：铜>铁>铬、钴、锌、铅>钙、镁>铝、锡>不锈钢>银。

食品中的金属离子可能来源于种植油料作物的土壤，加工、贮藏过程中所用的设备以及食品中天然存在的成分，因而在油的制取、精制与贮藏中，最好选用不锈钢材料或高品质塑料，应尽可能减少与金属离子接触。

（六）抗氧化剂

GB 2760—2014《食品安全国家标准 食品添加剂使用标准》中给出抗氧化剂的定义，是指能防止或延缓油脂或食品成分氧化分解、变质，提高食品稳定性的物质。抗氧化剂种类繁多，其作用机理也不尽相同，据此可分为自由基清除剂（酶与非酶类）、单重态氧淬灭剂、金属螯合剂、氧清除剂、酶抑制剂、过氧化物分解剂、紫外线吸收剂等。食品工业中脂类抗氧化剂极其重要，无论在油脂的加工过程中添加或是在成品油中添加抗氧化剂，对油脂都会起到抗氧化的效果。

常见的抗氧化剂有丁基羟基茴香醚（BHA）、二丁基羟基甲苯（BHT）、没食子酸丙酯（PG）、乳酸钙、抗坏血酸（又名维生素C）、抗坏血酸钠、维生素E、茶多酚等。抗氧化剂之间存在增效作用，即几种抗氧化剂之间产生协同效应，其效果好于单独使用一种抗氧化剂。抗氧化剂在脂类中应用非常普遍，其详细介绍见后续第十章食品添加剂部分内容。

（七）光和射线

可见光线、不可见光线（紫外光线）和γ射线都能够促进脂肪的氧化，这主要是由于光和射线不仅能够促进氢过氧化物分解，而且还能引发自由基的产生，其中以紫外光线和γ射线辐照能最强，因此，油脂和含油脂的食品宜用有色或遮光容器包装。另外在食品工业中，有时利用辐射消灭微生物从而延长食品的货架寿命。辐射能使肉及肉制品杀菌；能延长冷藏新鲜鱼、鸡、水果及蔬菜的货架期；可以防止马铃薯和洋葱发芽。一般很少对单纯的脂质进行辐射，大部分是作为食品中的一种营养成分参与辐射作用。有研究表明，由于辐射破坏了抗氧化因子，所以降低了食品的稳定性，故建议辐射可以在没有空气的条件下进行，并在辐射后加入抗氧化剂。

（八）表面积

脂质的氧化速率与它和空气接触的表面积成正比。所以，当表面积与体积比例增大时，降低氧分压虽可以适当降低氧化速率，但效果不大。在水包油乳状液中，氧化速率与氧向油相中的扩散速率有关。

（九）光敏化剂

光敏化剂大多数为有色物质，如叶绿素与血红素，是一类能够接受光能并把该能量转给分子氧的物质。与油脂共存的光敏化剂可使其周围产生过量的$^1O_2$而导致氧化加快。动物脂肪中含有较多的血红素，可以促进氧化；植物油中因为含有叶绿素，同样也促进氧化。

五、过氧化脂质的危害

油脂氧化可导致机体损伤、细胞破坏、加快人体衰老等。而食品中的油脂氧化过程中产生的过氧化脂质几乎能与食品中的任何成分发生反应，导致食品的外观、质地和营养质量的劣变，甚至会产生致突变的物质。

（一）与蛋白质反应

油脂自动氧化过程中产生的氢过氧化物及其降解产物可与蛋白质反应，导致蛋白质溶解度降低，颜色变化（褐变），营养价值降低（必需氨基酸损失）。油脂自动氧化过程中产生的醛可与蛋白质中的氨基缩合，生成席夫碱后继续进行醇醛缩合反应，生成褐色的聚合物和有强烈气味的醛，导致食品变色，并且改变食品风味。例如，脂质过氧化物的分解产物丙二醛能与蛋白质中赖氨酸的ε-NH_2反应生席夫碱，使大分子交联，这也是导致鱼蛋白在冷冻贮藏后溶解度降低、鱼肉质变老的原因之一。

（二）与人体内分子或细胞反应

脂质自动氧化过程中产生的氢过氧化物可与人体内几乎所有分子或细胞反应，破坏DNA和细胞结构。例如，脂质过氧化分解产物丙二醛与酶分子中的—NH_2发生交联反应使其失去活性，被破坏了的细胞成分在体内积累产生老年色素（脂褐素）。

（三）产生有害物质

脂质在常温及高温下氧化均会产生有害物质。经动物试验证明，喂食高度氧化的脂肪，将引起大鼠食欲下降，生长抑制，肝肾肿大等。

第四节 油脂在加工和贮藏中的其他化学变化

一、脂解反应

（一）脂解的定义

脂解，也称油脂的水解，是油脂在有水存在的条件下，在加热、酸或脂酶的作用下发生水解反应，产生游离脂肪酸并使油脂酸化。水解过程如下：

$$\begin{array}{l} H_2C\text{—}OOCR_1 \\ \quad | \\ HC\text{—}OOCR_2 \\ \quad | \\ H_2C\text{—}OOCR_3 \end{array} + H_2O \longrightarrow \begin{array}{l} H_2C\text{—}OH \\ \quad | \\ HC\text{—}OH \\ \quad | \\ H_2C\text{—}OH \end{array} + \begin{array}{l} R_1COOH \\ R_2COOH \\ R_3COOH \end{array}$$

在碱性条件下水解出的游离脂肪酸与碱结合生成脂肪酸盐，高级脂肪酸盐通常称为肥皂，所以工业上用此反应生产肥皂。

$$\begin{array}{l} H_2C-OOCR_1 \\ \quad | \\ HC-OOCR_2 \\ \quad | \\ H_2C-OOCR_3 \end{array} + H_2O \xrightarrow{NaOH} \begin{array}{l} H_2C-OH \\ \quad | \\ HC-OH \\ \quad | \\ H_2C-OH \end{array} + \begin{array}{l} R_1COONa \\ R_2COONa \\ R_3COONa \end{array}$$

（二）脂解在食品加工中的应用及影响

油脂脂解反应导致油脂中游离脂肪酸含量增加，氧化速度提高，加速食品变质，降低油脂的烟点，使油脂的风味变差。在活体动物脂肪中，不存在游离脂肪酸，动物宰后，通过酶的作用使脂肪水解生成游离脂肪酸。由于动物脂肪在加工过程中很少进行精炼，所以在动物宰后应尽快炼油（高温熬炼），使水解脂肪的酶失活。与动物脂肪不同的是，成熟油料种子中本身含有脂水解酶，故油料种子中的油在收获时已有相当数量被脂酶水解，产生了游离脂肪酸。因此，植物油在提取后需要用碱中和游离脂肪酸，“碱炼（中和）”是植物油精炼过程中必要的工序。鲜奶中的脂肪经脂解产生的短链脂肪酸是导致哈喇味产生的主要原因（水解哈喇味）。此外，各种油中若含水量偏高，有利于微生物的生长繁殖，微生物产生的脂酶同样会加快脂解过程。

在油炸食品加工过程中，食品中的水进入油中，导致油脂在湿热情况下发生酯解而产生大量的游离脂肪酸。一旦游离脂肪酸含量超过0.5%~1.0%时，水解速度更快，因此油脂水解速度往往与游离脂肪酸的含量成正比。如果游离脂肪酸的含量过高，油脂的烟点降低（表4-11），表面张力降低，从而影响油炸食品的风味。

表4-11　油脂中游离脂肪酸含量与烟点的关系

游离脂肪酸/%	0.05	0.10	0.50	0.60
烟点/℃	226.6	218.6	176.6	148.8~160.4

由于水解会释放游离脂肪酸，乳化于水中具有苦味。因此，当无味的不饱和三酰基甘油在水乳化液中酶解时会呈现不良口味，对食品的风味产生影响。乳化于水不饱和脂肪酸的口感见表4-12。

表4-12　乳化于水不饱和脂肪酸的口感

化合物	阈值/（$mmol \cdot L^{-1}$）	口感
油酸	9~12	苦、灼热、辛辣
反油酸	22	稍有灼热感
亚油酸	4~6	苦、灼热、辛辣
反亚油酸	11~15	苦、灼热、刺痛发痒
α-亚麻酸	0.6~1.2	苦、灼热、辛辣、鲜核桃味
γ-亚麻酸	3~6	苦、灼热、辛辣
花生四烯酸	6~8	苦、令人不愉快的不良口味

在大多数情况下，油脂的水解对食品工业生产是不利的，应采取工艺措施降低油脂的水解。然而，在有些食品加工中，出于特殊工艺的需求，也会有意地增加酯解，如为了产

生某种典型的“干酪风味”特地加入微生物和乳脂酶，在制作面包和酸奶时也采用有控制和选择性的脂解反应以产生这些食品特有的风味。

二、油脂在高温下的化学变化

油脂在高温下的反应十分复杂，在不同的条件下会发生聚合、缩合、氧化和分解等反应，使其黏度及酸价增高、碘值下降、烟点降低、泡沫量增多、折光率改变，还会产生刺激性气味，同时营养价值也有所下降。表4-13列出了棉籽油在225℃加热时的质量参数的变化。

表4-13　棉籽油在225℃加热时的质量变化

质量参数	加热时间（小时）		
	0	72	194
平均分子量	850	1080	1510
黏度	0.6	2.1	18.1
碘值	110	91	73
过氧化值	2.5	1.5	0

（一）热分解

在高温条件下，油脂中的饱和脂肪酸与不饱和脂肪酸反应情况不一样，二者在有氧和无氧的条件下，反应也有所不同。饱和脂肪酸必须在高温下，才会有显著的非氧化热分解反应。例如在无氧条件下，饱和三酰基甘油和脂肪酸甲酯加热到200~700℃才会发生分解反应，分解产物大多是烃类、酸类及酮类。不饱和脂肪酸在无氧条件下加热（280℃）主要生成无环和环状二聚物，还会生成其他分子量低的物质，但需要的反应温度也较高。

在有氧情况下，饱和脂肪酸及其酯比相应的不饱和脂肪酸及其酯稳定，但是加热到150℃以上时，饱和酯也会发生氧化热分解反应。不饱和脂肪酸对氧化的敏感性最高，在高温下，他们的氧化分解进行得非常快，并且中间产物氢过氧化物分解速率也非常快。

（二）热聚合

油脂在高温下，可发生非氧化热聚合和氧化热聚合，聚合反应对油脂影响很大，会导致油脂黏度增大，泡沫增多。非氧化热聚合是多烯化合物之间的狄尔斯-阿尔德反应，产物为多烯烃。反应既可以发生在不同的酰基甘油酯之间，也可以发生在同一分子内部。油脂的热氧化聚合反应是在200~300℃的条件下进行的，产物是高温下产生的游离基之间聚合形成的二聚体，而有些二聚体是有毒的，这些物质在人体内被吸收后，会与酶结合，引起生理异常。

（三）缩合

油脂在高温条件下，当温度在300℃以上或长时间加热时，除了会发生热分解反应外，还会发生缩合反应。其结果是使油脂的颜色变深，黏度增大，泡沫增多，严重时冷却后会发生凝固现象。

高温下尤其是油炸条件下，特别容易发生这类反应。在油炸时食品中的水分进入油中，相当于水蒸气蒸馏，将油中的挥发性氧化物赶走，同时油脂发生部分水解，水解产物再缩合成分子量较大的环状化合物。

食品加工中，一般情况下高温对于食品中的油脂是不利的，油脂在高温下的过度反应会导致油脂及含油产品品质、营养价值的降低，所以需要控制温度以减少油脂在高温下的化学变化。食品加工过程中的油温一般控制在200℃以下，最好在150℃以下。但是，油脂在高温下发生的化学反应，并非全是负面的，例如油炸食品的香味就和油脂在高温下的反应产物有关。有研究表明，油炸食品香气的主要成分是羰基化合物（烯醛类）。如将三亚油酸甘油酯加热到185℃，每30分钟通2分钟水蒸气，加热72小时，测定其挥发性物质发现，含有5种直链二烯醛和内酯，这些物质使得三亚油酸甘油酯呈现油炸食品特有的香气。

三、辐照油脂的化学变化

食品辐照作为一种灭菌手段，其目的是消灭微生物，延长食品的货价寿命。食品辐照具有处理时间短、食品不发生明显变化、杀菌完全、无残留等特点。但是辐照也有其负面影响，例如辐照会引起脂溶性维生素的破坏，其中生育酚特别敏感。此外，食品辐照也会导致化学变化，辐照剂量越大，影响越严重。在辐照食物的过程中，油脂分子吸收辐照能，形成自由基和高能态分子，高能态分子可进一步降解，生成烃、醛、酸、酯等物质，这些物质称为辐解产物。辐解时可产生自由基，自由基之间可结合生成非自由基化合物。自动氧化部分我们已提到，在有氧时辐照还可加速油脂的自动氧化，同时使抗氧化剂遭到破坏。辐照和加热造成油脂降解，这两种途径生成的降解产物有些相似，只是后者生成更多的分解产物。但已有的研究表明，辐照食品在合适的辐照条件下是安全和卫生的，不会有毒性危害。

四、油炸用油的化学变化

油炸是食品快餐业、方便食品及零食工业喜爱并广为采用的加工技术，油炸往往赋予食品诱人的金黄色泽、酥脆质构、特有的风味与口感，使得油炸食品成为国内外消费者广泛喜爱的一大类食品。例如油炸方便面、油条等油炸产品的销售半径和覆盖人群都十分巨大。油炸与其他食品加工或处理方法相比，引起脂肪的化学变化是最大的，在油炸过程中，食品吸收了可达产品质量5%~40%的脂肪（如油炸马铃薯片的含油量为35%）。

（一）油炸用油的性质

在油炸过程中，会产生很多化合物，如挥发性物质，中等挥发性非聚合的极性化合物、二聚和多聚酯以及二聚和多聚甘油酯以及游离脂肪酸等。油在180℃并有空气存在情况下加热30分钟，气相色谱可检测到挥发性氧化产物，如产生饱和与不饱和醛、酮、内酯、醇、酸以及酯类等化合物。中等挥发性的非聚合的极性化合物是由各种自由基的氧化途径产生的，例如羟基酸和环氧酸。二聚和多聚酯以及二聚和多聚甘油酯是由自由基的热氧化和聚合产生的，这些化合物造成了油炸用油黏度的显著提高。除此之外，油脂在高温加热且有水存在条件下会生成游离脂肪酸。这些反应是在油炸过程中观察到的各种物理化学变化的原因。这些变化包括了黏度和游离脂肪酸的增加、颜色变暗、碘值降低、表面张力减小、折光率改变以及易形成泡沫。

（二）油炸过程中食品的性质

如前所述，油炸过程中水连续地从食品中释放到热油中，这个过程相当于蒸汽蒸馏，会将油中挥发性氧化产物带走，释放的水分也起到搅拌油和加速水解的作用，水分蒸发时蒸汽会在油的表面形成蒸汽层而减少氧化作用所需的氧气量。食品自身也能释放一些内在的脂类（例如鸡、鸭的脂肪）进入到油炸用油中，新的混合物的氧化稳定性与原有的油炸用油大不相同，食品的存在加速了油变暗的速度。在油炸过程中，食品自身或食品与油之间相互作用会在油炸过程中产生一些物质，其中油炸食品在加工过程中产生的丙烯酰胺是目前最受关注的内容之一，丙烯酰胺早在1994年就被国际癌症研究机构列为2A类致癌物（人类可能致癌物）。比较公认的说法认为丙烯酰胺是油炸、焙烤类食品中由于高温下食品发生天冬酰胺和还原糖的美拉德反应产物。2002年瑞典科学家首次在油炸、高温焙烤食品中检测出丙烯酰胺，且其含量超过世界卫生组织规定饮水中允许最大限量的500倍以上，此后油炸及焙烤食品中的丙烯酰胺成为各国学者关注的焦点。

（三）油炸过程中的物理化学变化及安全性

油炸过程中会发生很多物理化学变化，这些变化有些是期望的，它可以赋予油炸食品期望的感官质量。但另一方面，由于对油炸条件未进行合理的控制，过度的分解将会破坏油炸食品的感官质量与营养价值，并产生一些有害物质。油炸过程中油脂的物理化学变化受各种油炸参数的影响，生成的化合物和油脂与被油炸的食品有关。高温、长时间的油炸会导致油的过度分解，有金属离子存在会加速这一过程。油炸锅的类型也会影响油炸过程的物理化学变化，另外抗氧化剂存在与否也会对油炸过程产生影响。

摄食经加热和氧化的脂肪而产生有害的影响是一个极受关注的问题。有研究表明，给动物喂食因加热而高度氧化的脂肪，会在动物体内产生许多有害作用。用长时间加热的油炸油喂养大白鼠，会导致大白鼠食欲降低、生长缓慢和肝脏肿大。经检验，长时间高温油炸薯条和鱼片的油及反复使用的油炸用油，可产生显著的致癌作用。

（四）油炸食品质量控制

从食品安全角度考虑，希望尽可能地降低过度的氧化分解，以避免油炸时产生令人厌恶的味道以及不期望产生的物质，如环状物和聚合物等。所以，希望通过一些控制措施来降低油炸过程中的不利影响。通常可以通过以下方法减少油炸对产品品质的影响：选择设计合理的油炸设备；选择稳定性好的较高品质的油炸用油；低温油炸并经常过滤油以除去食品颗粒；经常更换新油并定期清洗设备从而使油保持较高的质量；在国家标准允许的范围内可以考虑使用抗氧化剂；在油炸过程中要经常测试油的品质。只要方式方法正确，遵循推荐的加工方法，适度地食用油炸食品不会对健康造成明显的危害。

第五节　油脂品质的表示方法

一、油脂品质重要的特征常数

油脂的特征值包括油脂的酸值、皂化值、碘值、过氧化值等，通过油脂的特征值可以鉴定油脂的种类及品质。

（一）酸价（酸值 AV）

酸价是指中和 1 克油脂中游离脂肪酸所需的氢氧化钾的毫克数。新鲜油脂的酸价很小，但随着贮藏期的延长和油脂的酸败，酸价增大。酸价的大小可直接说明油脂的新鲜度和质量好坏，所以酸价是检验油脂质量的重要指标。我国《食用植物油卫生标准》（GB 2716—2005）规定，食用植物油的酸价不得超过 3mg/g，植物原油酸价不得超过 4mg/g。《食用植物油煎炸过程中的卫生标准》（GB 7102. 1—2003）中规定，煎炸用油酸价不得超过 5mg/g，《食品安全国家标准 食用动物油脂》（GB 10146—2015）规定，食用动物油酸价不得超过 2. 5mg/g。有关食用油脂的酸价标准见表 4-14。

油脂脂解反应的程度一般用“酸价”来表示，油脂的酸价越大，说明脂解程度越大，如某油酸价为 4 时，其游离脂肪酸（以油酸计）为 2%；油的酸价为 6 时，其游离脂肪酸为 3%。油脂脂解严重时可产生不正常的嗅味，这种嗅味主要来自于游离的短链脂肪酸，如丁酸、己酸、辛酸，具有特殊的汗嗅气味和苦涩味。脂解反应游离出的长链脂肪酸虽无气味，但易造成油脂加工中不必要的乳化现象。

（二）皂化值（SV）

完全皂化 1 克油脂所需氢氧化钾的毫克数称为皂化值。皂化值的大小与油脂的平均分子量成反比，即组成油脂的脂肪酸平均分子量越小，油脂皂化值越大。皂化值高的油脂熔点较低，易消化，一般油脂的皂化值在200左右。制皂业根据油脂的皂化值的大小，可以确定合理的用碱量和配方。

表4-14 我国食用油脂的酸价标准

油脂种类或级别		酸价 KOH/（mg/g）	来源
葵花籽油	一级	≤0.2	GB 10464—2003
	二级	≤0.3	
	三级	≤1.0	
	四级	≤3.0	
花生油（压榨）	一级	≤1.0	GB 1534—2003
	二级	≤2.5	
花生油（浸出）	一级	≤0.2	GB 1534—2003
	二级	≤0.3	
	三级	≤1.0	
	四级	≤3.0	
橄榄油	特级初榨	≤1.6	GB 23347—2009
	精炼橄榄油	≤0.6	
	混合橄榄油	≤2.0	
食用猪油	一级	≤1.0	GB/T 8937—2006
	二级	≤1.3	
成品芝麻油	一级	≤0.6	GB 8233—2008
	二级	≤3.0	
亚麻籽油（压榨）	一级	≤1.0	GB/T 8235—2008
	二级	≤3.0	
大豆油	一级	≤0.2	GB 1535—2003
	二级	≤0.3	
	三级	≤1.0	
	四级	≤3.0	
食用氢化油、人造奶油、起酥油、代可可脂、植脂奶油、粉末油脂等食用油脂制品		≤1	GB 15196—2015
精炼椰子油		≤0.3	NY/T 230—2006

（三）碘值（IV）

100g 油脂吸收碘的克数叫作碘值。通过碘值大小可以判断油脂中脂肪酸的不饱和程度，碘值越大，说明油脂中双键越多，油脂不饱和程度越高。单纯的碘值并不能表示不饱和脂肪酸的氧化程度，但是对于同一种油脂而言，若贮藏过程中碘值下降，则说明双键减少，油脂发生了氧化。各种油脂有特定的碘值，如猪油的碘值为55~70。一般动物脂的碘值较小，植物油碘值较大。另外，根据碘值的大小可把油脂分为：干性油（IV>140）、半干性油（IV=100~140）、不干性油（IV <100）。表 4-15 是我国几种食用油脂皂化值和碘值的国家及行业标准。

表 4-15　几种食用油脂皂化值和碘值的国家及行业标准

油脂	皂化值 KOH/（mg/g）	碘值（g/100g）
亚麻籽油	188~195	164~202
葵花籽油	188~194	118~141
大豆油	189~195	124~139
芝麻油	186~195	104~120
花生油	187~196	86~107
猪油	190~202	45~70
椰子油	250~264	7.0~12.5

（四）过氧化值（POV）

过氧化值是指 1 千克油脂中所含氢过氧化物的毫摩尔数（或毫克当量）。氢过氧化物是油脂氧化的主要初级产物，在油脂氧化初期，过氧化值随氧化程度加深而增高。当油脂深度氧化时，氢过氧化物的分解速度超过了氢过氧化物的生成速度，这时过氧化值会降低，所以过氧化值宜用于衡量油脂氧化初期的氧化程度。我国《食用植物油卫生标准》（GB 2716—2005）规定，食用植物油及植物原油的过氧化值不得超过 0.25g/100g。《食品安全国家标准 食用动物油脂》（GB 10146—2015）规定，食用动物油的过氧化值不得超过 0.20g/100g。

二、油脂的氧化程度及氧化稳定性检验

（一）油脂的氧化程度检验

1. 过氧化值（POV）　一般新鲜的精制油的过氧化值都低于1，过氧化值升高即表示油脂开始氧化。但是氢过氧化物只是油脂氧化的初级产物，可以作为油脂被氧化的指标，但并不能作为唯一指标。我们在前面已经学习了油脂自动氧化的三个阶段，在引发期和传递期这两个阶段，产生大量氢过氧化物，油脂过氧化值不断增加。但到了终止期进一步形成短链脂肪酸及小分子挥发物，而此时过氧化值变化无规律，可能出现降低情况，表明植物油氧化劣变严重。油脂的酸败并不像食物腐败霉变那样容易引起人们的注意，当人们闻到不正常的气味而意识到油脂变质时，油脂的过氧化物含量已经远远超过了国家规定的标准。表 4-16 为我国目前部分食用油脂过氧化值的标准。

表 4-16　我国食用油脂过氧化值的标准

油脂级别或种类		过氧化值/（mmol/kg）	来源
葵花籽油	一级	≤5.0	GB 10464—2003
	二级	≤5.0	
	三级	≤7.5	
	四级	≤7.5	

续表

油脂级别或种类		过氧化值/（mmol/kg）	来源
花生油（压榨）	一级	≤6.0	GB 1534—2003
	二级	≤7.5	
花生油（浸出）	一级	≤5.0	GB 1534—2003
	二级	≤5.0	
	三级	≤7.5	
	四级	≤7.5	
橄榄油	特级初榨橄榄油	≤10	GB 23347—2009
	精炼橄榄油	≤2.5	
	混合橄榄油	≤7.5	
食用猪油	一级	≤0.1	GB/T 8937—2006
成品芝麻油	一级	≤6.0	GB 8233—2008
亚麻籽油（压榨）	一级	≤6.0	GB/T 8235—2008
	二级	≤7.5	
大豆油	一级	≤5.0	GB 1535—2003
	二级	≤5.0	
	三级	≤6.0	
	四级	≤6.0	
食用氢化油		≤0.1	GB 15196—2015
人造奶油、起酥油、代可可脂、植脂奶油、粉末油脂等食用油脂制品		≤0.13	GB 15196—2015
精炼椰子油		≤5.0	NY/T 230—2006

过氧化值常用碘量法测定（GB/T 5009.37—2003 或 GB/T 5538—2005）。第一步即将被测油脂与碘化钾反用生成游离碘：

$$ROOH+2KI \longrightarrow ROH+I_2+K_2O$$

接下来生成的碘再用硫代硫酸钠（$Na_2S_2O_3$）标准溶液滴定，以消耗硫代硫酸钠的毫摩尔数来确定氢过氧化物的毫摩尔数。

$$I_2+2Na_2S_2O_3 \longrightarrow 2NaI+Na_2S_4O_6$$

2. 硫代巴比妥酸值（TBA） 氢过氧化物是油脂氧化的主要初始产物，很不稳定，一旦形成就立即分解，产生许多分解产物，如小分子醛、酮、酸等。油脂的氧化产物（丙二醛及其他较低分子量的醛等）与硫代巴比妥酸反应可以生成红色和黄色物质，其中与丙二醛反应产生的红色物质在 530nm 处有最大吸收；而饱和醛、单烯醛和甘油醛等反应产物为黄色，在450nm处有最大的吸收。可同时在这两个最高吸收波长处测定油脂的氧化产物含量，以此来衡量油脂的氧化程度。

硫代巴比妥酸值广泛用于评价油脂的氧化程度，但由于单糖、蛋白质中的成分可以干扰该反应，因此该法只针对比较单一的物质（如纯油脂）在不同氧化阶段氧化程度的评价。

3. 色谱法 目前主要采用色谱技术包括薄层色谱、高效液相色谱以及气相色谱测定含油脂食品的氧化。这种方法是基于分离和定量测定特殊组分，例如挥发性的、极性的多聚物或者单个多组分如戊烷或已醛，这些都是自动氧化过程中产生的典型产物。

4. 感官评定 感官评定是最终评定食品中氧化风味的方法。评价任何一种客观的化学或物理方法的价值很大程度上取决于它与感官评定相符合的程度。风味评定一般是受过训练的或经过培训的品尝小组采用非常特殊的方法进行的。

（二）油脂的氧化稳定性检验

氧化酸败会破坏油中的不饱和脂肪酸和维生素等营养成分，改变色泽及黏度，降低油脂的稳定性，因而影响油脂类食品的感官质量和贮藏期限。所以研究油脂的氧化稳定性是衡量油脂质量的一个重要指标。

油脂自动氧化的限速步骤在引发期。引发期时间的长短，能够表明油脂抵抗自动氧化的能力，也就是引发期越长表明油脂的氧化稳定性越大；反之，油脂氧化稳定性越小。但是，在正常状态下，油脂自动氧化由引发期到传递期的时间比较长，测定引发时间费时费力，且是不现实的。所以实际测定是在人工加速氧化的条件下，测定油脂的引发时间来表示其氧化稳定性。目前油脂的氧化稳定性的测定方法有活性氧法、史卡尔温箱实验以及氧化酸败仪法等，这些方法均是在加速氧化的基础上，根据诱导期的长短来分析油脂的氧化稳定性或评价抗氧化剂的抗氧化活性。

1. 活性氧法（AOM） 是国际上通用的油脂抗氧化剂抗氧化效果的检验方法，也是检验油脂是否耐氧化的重要方法。基本做法是把被测样品置于97.8℃的恒温条件下，连续向其中通入2.33ml/s的空气，定期测定在该条件下油脂的过氧化值，记录油脂过氧化值达到70（植物油脂）或20（动物油脂）（此值单位为meq/kg，为每千克油脂中活性氧的毫克当量，是前所述过氧化值的2倍）所需要的时间（以小时为单位），AOM值越大，说明油脂的抗氧化稳定性越好。一般油的AOM值仅10小时左右，但抗氧化性强的油脂可达到100多个小时。

2. 史卡尔温箱实验 把油脂置于63±0.5℃温箱中，定期测定POV值达到20的时间，或感官检查出现酸败气味的时间，以天为单位。温箱实验的天数与AOM值有一定的相关性，如在棉籽油的实验中有如下关系：

AOM(小时数)= 2×(史卡尔温箱实验天数)-5

3. 氧化酸败仪法 在高温、高空气流量的极端条件诱导下油脂氧化稳定性的测定方法，具体测定方法参考GB/T 21121—2007，该方法适用于未精炼和精炼的动植物油，但不适用于常温下油脂稳定性的测定，可以用于比较添加到油脂中的抗氧化剂的抗氧化效率。

第六节 油脂加工化学

一、油脂的制取和精炼

（一）油脂的制取

油脂的制取有压榨法、溶剂浸出法、熬炼法和机械分离法等，但目前最常用的为压榨法和溶剂浸出法。用上述方法制取的油称为毛油或粗油。

1. 压榨法 压榨法制油是传统的油脂制取方法，是将处理好的熟料胚置于较高的压力条件下，使所含有的油脂被不断地挤压出来，而榨料粒则被压榨成饼块的方法。

2. 浸出法（萃取法） 浸出法制油是利用溶剂提取油料中的油脂，再将溶剂蒸馏除去，这种方法提取的油脂较纯，出油率高，分解少，油粕质量好，但成本、设备相对要求高。

3. 熬炼法 熬炼法一般在动物油脂加工中应用。这种制取方法要经过高温熬炼，高温灭活了油脂中的酶，在一定程度上减少了油脂的酸败，但过高温度下油脂会发生热分解、热聚合等反应，所以熬炼温度不宜过高，时间不宜过长。

4. 机械分离（离心法） 机械分离法制取油脂是利用离心机将油脂分离出来，主要用于油从液态原料中的提取，如奶中分离奶油。还可与压榨法等结合使用，以减少残渣。

一般植物油脂采用热榨结合机械分离的方法；动物油脂一般采用熬炼法（除奶油外），经上述各种提取方法提出的油脂称为毛油。

（二）油脂的精炼

毛油的主要成分是三酰基甘油，俗称中性油。此外，毛油中还存在多种非三酰基甘油的成分，这些成分统称为杂质，包括磷脂、色素、蛋白质、游离脂肪酸以及其他有异味的杂质等，还有少量的水。油脂精炼研究的是油脂及其伴随物的物理、化学性质，并根据该混合物中各种物质性质上的差异，采取一定的工艺措施，将油脂与杂质分离开来，提高油脂的品质，改善风味，延长油脂的货架期，从而提高油脂食用和贮藏的稳定性与安全性。但精炼过程也损失了一些脂溶性维生素，如维生素 A、维生素 E 和类胡萝卜素等。油脂精炼的基本流程如下：毛油→脱胶→静置分层→脱酸→水洗→干燥→脱色→过滤→脱臭→冷却→精制油。

以上流程中脱胶、脱酸、脱色、脱臭是油脂精炼的核心工序，一般称为四脱，四脱的化学原理如下。

1. 脱胶 将毛油中的胶溶性杂质脱除的工艺过程称为脱胶。此过程主要脱除的是磷脂。磷脂在油脂加工中是不期望存在的物质，如果油脂中磷脂含量高，加热时易起泡沫、冒烟且多有臭味，同时磷脂氧化可使油脂呈焦褐色，影响煎炸食品的风味。

脱胶的基本方法有水化脱胶、酸炼脱胶、吸附脱胶、热聚脱胶及化学试剂脱胶等，油脂工业上应用最为普遍的是水化脱胶和酸炼脱胶，而食用油脂的精制多采用水化脱胶。油脂脱胶一般是在一定的温度下用水去除毛油中磷脂和蛋白质的过程，脱胶的基本原理是磷脂及部分蛋白质在无水状态下可以溶于油，但与水形成水合物后则不溶于油。所以脱胶时向油脂中加入 2%~3% 的热水，在 50℃ 左右搅拌，或通入水蒸气，由于磷脂有亲水性，吸水后比重增大，可以通过沉降或离心分离除去水相即可除去磷脂和部分蛋白质。

2. 脱酸（中和） 脱酸的主要目的是除去毛油中的游离脂肪酸。毛油中含有 0.5% 以上的游离脂肪酸，米糠油毛油中甚至高达 10%。游离脂肪酸对食用油的风味和稳定性具有很大的影响，可以采用加碱中和的方法除去，加碱的量可以通过测定酸价决定，这一过程称为脱酸、中和或碱炼。

将适量的氢氧化钠与加热的脂肪（30~60℃）混合，并维持一段时间直到析出水相，可使游离脂肪酸皂化，生成水溶性的脂肪酸盐（称为油脚或皂脚），它分离出来后可用于制皂。此后，用热水洗涤中性油，再静置或离心以除去中性油中残留的皂脚。此过程还能使磷脂和有色物质明显减少，其副产物皂脚也可以作为生产脂肪酸的材料。

3. 脱色 毛油中含有类胡萝卜素、叶绿素等色素，通常使油脂呈黄赤色，影响到油脂的外观甚至稳定性（叶绿素是光敏化剂），因此需要除去。脱色的方法很多，工业生产中应用最广泛的是吸附脱色法。此外还有加热脱色、氧化脱色、化学试剂脱色等。事实上，在油脂精炼过程中，油中色素的脱除并不全靠脱色工段，在碱炼、酸炼、氢化、脱臭等工段都有辅助脱色的作用。

油脂的吸附脱色一般是将油加热到一定温度，并用吸附剂（活性白土、活性炭等）处理。除了色素之外，其他物质如磷脂、皂化物和一些氧化产物可与色素一起被吸附，最后过滤除去吸附剂。

4. 脱臭 通常将油脂中所带的各种气味统称为臭味，这些气味有些是天然的，有些是在制油和加工中产生的，如油脂氧化时产生，纯净的三酰基甘油是没有气味的。引起油脂臭味的主要组分有低分子的醛、酮、游离脂肪酸、不饱和碳氢化合物等，需要进行脱臭以除去异味物质。

油脂脱臭利用油脂中臭味物质与三酰基甘油酯挥发度的差异，可采用减压蒸馏法，通入一定压力的水蒸气，并添加柠檬酸以螯合除去油中的金属离子，在一定真空度、油温下保持几十分钟左右，即可将这些有气味的物质除去。通过油脂精炼可提高油的氧化稳定性，并且明显改善油脂的色泽和风味，还能有效去除油脂中的一些有毒成分（例如花生油中的黄曲霉毒素和棉籽油中的棉酚），但同时也会有一些负面影响，如损失了一些油脂中存在的天然抗氧化剂——生育酚。

二、油脂的改性

绝大部分的天然油脂，因其特有的化学组成和性质，使得它们的应用受到限制，要想拓展天然油脂的用途，就要对这些油脂进行改性，常用的方法是氢化、脂交换和分提。

（一）油脂的氢化

由于天然来源的固体脂很有限，可采用改性的方法将液体油转变为固体或半固体脂。油脂中不饱和脂肪酸在催化剂（镍、铂、铜等）的作用下，在不饱和链上加氢，使碳原子达到饱和或比较饱和，从而把在室温下呈液态的油变成固态的脂，这种过程称为油脂的氢化。氢化可以使油脂的色泽变浅，熔点提高，增强其可塑性（起酥油和人造奶油），提高抗氧化性，并在一定程度上改变油脂的风味。

油脂氢化是在油中加入适量催化剂，并向其中通入氢气，在140~225℃条件下反应3~4个小时，当油脂的碘值下降到一定值后反应终止（一般碘值控制在18）。油脂氢化中可以选择的催化剂有镍、铂及铜，但最常用的为镍，铂的催化速率比镍高，但是由于价格比较高，并不适用。铜作为催化剂对豆油中亚麻酸有很高的选择性，但缺点是铜易中毒，反应完毕后，残存的铜不易除去，从而降低了油脂的稳定性。

在氢化过程中，一些双键不仅被饱和，而且也可重新定位和（或）从通常的顺式转变成反式构型，所产生的异构物通常称为异酸。部分氢化可能产生一个较为复杂的反应产物混合物，这取决于哪一个双键被氢化、异构化的类型和程度以及这些不同反应的相对速率。油脂氢化的程度不一样，其产物不一样，如亚麻酸（18：3）的氢化产物按不断加氢的顺序有：

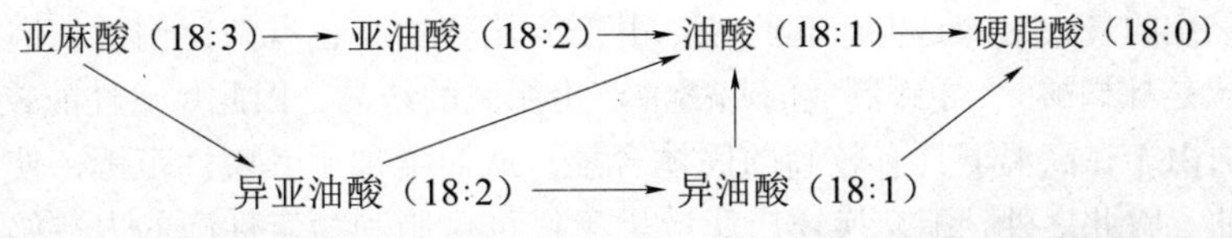

在氢化过程中不饱和程度较高的脂肪酸的氢化速率与不饱和程度较低的脂肪酸的氢化

速率不同。例如在豆油氢化反应中，亚油酸氢化成油酸的速率与油酸氢化成硬脂酸的速率之比为12.2，这意味着亚油酸氢化比油酸氢化快12.2倍。

氢化反应相对易于控制，油脂氢化的程度取决于食品行业的具体需求。如少量氢化，则油脂仍保持液态；随着氢化程度的不断加大，油脂转变为软的固态脂，这些部分氢化产品可用于食品工业中制造起酥油、人造奶油等。当油脂中所有的双键都被氢化后，得到全部氢化的脂肪被称为硬化油，可以用于制皂工业。

氢化油价格便宜，性质稳定，便于运输和贮藏，可以在较高的温度下进行食品煎炸、烘烤和烹饪，而且加工时间短，食品的外观和口感都能得到显著改善，还能进行较长时间的保存。因此氢化物一度成为受欢迎的“健康”产品。随着氢化油的大量使用，相关研究也越来越多，研究发现油脂氢化后，多不饱和脂肪酸含量下降，维生素A及类胡萝卜素等也因氢化而被破坏，还伴随着双键的位移，生成位置异构体和几何异构体。在一些人造奶油和起酥油中，反式脂肪酸占总酸的20%~40%。反式酸无必需脂肪酸的活性，与冠心病、糖尿病及乳腺癌的发病有关。我国食品安全国家标准《预包装食品营养标签通则》（GB 28050—2011）建议每天摄入反式脂肪酸不应超过2.2g，过多摄入有害健康。

（二）酯交换

天然油脂中脂肪酸的分布模式，赋予了油脂特定的物理性质如结晶特性、熔点等，但是这些性质在某种程度上限制了它们在食品工业上的应用，可以采用化学改性的方法，如酯交换改变脂肪酸的分布模式，从而改变油脂的性质，以适应特定的需要。例如猪油的三酰基甘油酯结晶颗粒大，口感粗糙，不利于增加产品的稠度，也不利于用在糕点制品上，但经过酯交换后，改性猪油可结晶成细小颗粒，稠度改善，熔点和黏度降低，适合于作为人造奶油和糖果用油。酯交换可以在分子内进行，也可以在不同分子间进行，如图4-5所示。

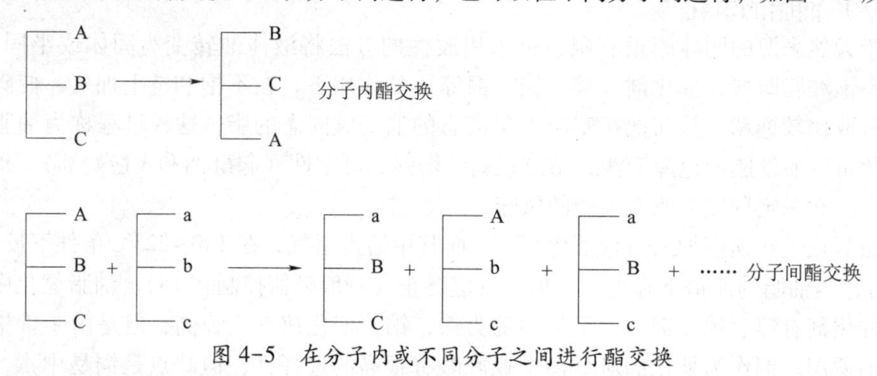

图4-5 在分子内或不同分子之间进行酯交换

酯交换就是指三酰基甘油上的酯基交换或分子重排的过程。通过酯交换，可以改变油脂的脂肪酸组成、结构和性质，生产出天然没有的、具有全新结构的油脂，或人们希望得到的某种天然油脂，以适应某种需要。目前酯交换已被广泛应用于表面活性剂、乳化剂、植物燃料油以及各种食用油脂等生产领域。酯交换可在高温下发生，也可在催化剂甲醇钠或碱金属及其合金等的作用下，在较温和的条件下进行。酯交换一般采用甲醇钠作催化剂，通常只需在50~70℃下，很短的时间内就能完成。

目前酯交换的最大用途是生产起酥油，由于天然猪油中含有高比例的二饱和三酰基甘油（其中二位是棕榈酸），导致制成的起酥油产生粗大的结晶，因此烘焙性能较差。而经酯交换后的猪油由于在高温下具有较高的固体含量，从而增加了其塑性范围，使它成为一种较好的起酥油。除此之外，酯交换还广泛应用于代可可脂和稳定性高的人造奶油以及具有理想熔化质量的硬奶油生产中。

（三）油脂的分提

天然油脂主要是多种三酰基甘油所组成的混合物。由于组成三酰基甘油的脂肪酸的碳链长短、不饱和程度、双链的构型和位置及脂肪酸的分布不同，构成了各种三酰基甘油在物理及化学性质上的差异。油脂的分提是指在一定温度下利用构成油脂的各种三酰基甘油的熔点差异及溶解度的不同，而将不同三酯基甘油组分分离的过程。分提方法分为干法分提、表面活性剂分提及溶剂分提。

干法分提是指在无溶剂存在的状态下，将处于溶解状态的油脂慢慢冷却到一定程度，过滤分离结晶，析出固体脂的方法。溶剂分提法是利用丙酮、己烷、2-硝基丙酮等作为分提溶剂，后冷却结晶、分提的一种方法。油脂分提是油脂改性的重要手段之一，其目的主要有两个，一是充分开发、利用固体脂肪，生产起酥油、人造奶油、代可可脂等；二是提高液态油的品质，改善其低温贮藏的性能，生产色拉油等。

拓展阅读

1. 脂肪替代品在食品中的应用 脂肪是食品中重要的组成成分，是一种高能营养素，也是人体必需脂肪酸来源。但有研究表明，高脂肪膳食能够引起肥胖以及心脑血管疾病的发生。USDA（美国农业部）建议尽量降低日常饮食中的脂肪摄入量，但若直接降低食品中的脂肪含量会使产品口感粗糙、风味降低，影响产品的可接受性。

脂肪替代品是脂肪酸的酯化衍生物，由于其本身是油脂，因此具有与日常食用油脂类似的物理性质。但由于脂肪替代品的酯键能抵抗人体内脂肪酶的酶解，故不参与能量代谢。可以在保持食品原有口感、风味和品质的基础上，降低食品中脂肪的含量，使人们在不吸收脂肪热量的前提下选择喜爱的多种食品，享受到与脂肪食品相似的风味和质感。随着科技的发展，脂肪替代品的研究将更广泛和深入，安全、价廉、适合各种烹调要求的脂肪替代品将是研究的重点。

2. 焙烤食品中油脂的种类及其作用

（1）植物油　焙烤食品中的植物油品种较多，有花生油、豆油、棕榈油、菜籽油等。均含有较多的不饱和脂肪酸，常温下呈液态，可塑性较动物性油脂差，使用量较高时易发生走油现象。

（2）动物油　焙烤食品中常用的动物油是奶油和猪油，熔点高，可塑性强，起酥性、色泽风味均好。奶油由牛乳经离心分离制得，猪油的起酥性较好，但融合性稍差，稳定性也欠佳，因此常用酯交换处理来提高猪油的品质。

（3）氢化油　氢化油是将油脂置于高温在催化剂作用下通入氢气，使油脂中不饱和脂肪酸适当饱和的一类油脂。经氢化的液体油转变为固体或半固体脂，可塑性、乳化性和起酥性均较佳，稳定性好，不易氧化酸败，是烘焙食品较好的原料。

（4）起酥油　起酥油是指精炼的动、植物油脂，氢化油或这些油脂的混合物，经混合、冷却塑化而加工出来的具有可塑性、乳化性等加工性能的固态或流动性油脂产品。

重点小结

脂质是一类含有醇酸酯化结构，溶于大部分有机溶剂而不溶于水的天然有机化合物。天然脂肪是甘油与脂肪酸生成的一酯，二酯和三酯，天然的脂肪主要以三酰基甘油的形式存在。

由于油脂的来源、加工过程、所含脂肪酸的种类及比例不同，脂质表现出不同的气味、色泽、熔点、烟点、闪点、结晶特性等物理性质。食用油脂，含脂肪食品在加工和贮藏期间，由于空气中的氧、光照、微生物、酶和金属离子等的作用，会发生氧化，产生不良风味和气味、降低食品营养价值。脂质的氧化包括酶促氧化、自动氧化和光敏氧化。脂质氧化是食品变质的主要原因之一。氢过氧化物是油脂氧化的主要初始产物，是不稳定的，一旦形成就立即分解，其产生的小分子物质具有令人不愉快的气味，导致油脂酸败。脂肪酸的组成及含量、氧气、水分等很多因素均会影响脂质的氧化速率。

除了氧化，在加工和贮藏中油脂还会由于高温、辐照、油炸等发生其他化学变化。油脂的特征值包括油脂的酸值、皂化值、碘值、过氧化值等。可以通过油脂的特征值可以鉴定油脂的种类及品质。

在油脂加工中，为了达到某种目的，需要对油脂进行精炼及改性，以提高油脂品质或其应用范围。

目标检测

一、单项选择题

1. 天然脂肪中主要是以（　　）甘油形式存在。

   A. 一酰基　　B. 二酰基　　C. 三酰基　　D. 一羧基

2. 脂肪酸的系统命名法，是从脂肪酸的（　　）端开始对碳链的碳原子编号，然后按照有机化学中的系统命名方法进行命名。

   A. 羧基　　B. 碳链甲基　　C. 双键　　D. 共轭双键

3. 氢化会使油脂（　　）。

   A. 熔点降低　　B. 抗氧化性降低　　C. 色泽变浅　　D. 固体变液体

二、简答题

1. 油脂的精制有哪几个步骤，每步作用是什么？
2. 过氧化值能否作为油脂被氧化的唯一指标，为什么？

第五章

蛋白质

学习目标

1. **掌握**　氨基酸、肽的结构、命名及分类方法和原则；蛋白质的结构，熟悉蛋白质中维持空间结构的作用力；蛋白质的变性，蛋白质变性的物理因素和化学因素。
2. **熟悉**　蛋白质的功能性质；食品加工对蛋白质的影响。

案例导入

案例：蛋白质是生命的物质基础，机体中的每一个细胞和所有重要组成部分都有蛋白质参与。蛋白质占人体质量的16%～20%，即一个60kg的成年人其体内有蛋白质9.6～12kg。哪些食物属于高蛋白质的食物，氨基酸、多肽以及蛋白质有哪些适合加工的性质，将在本章中解答。

讨论：1. 试阐述组成蛋白质的氨基酸都有哪些，它们是如何分类的。
2. 试说明蛋白质适合加工的性质有哪些。

第一节　概述

蛋白质在生物体系中起着核心的作用。虽然有关细胞的进化和生物组织的信息存在于DNA中，然而，维持细胞和生物体生命的化学和生物化学过程主要是由酶执行的。蛋白质是由20种氨基酸构成的非常复杂的聚合物，这些构成单元是通过取代酰胺键联结的。数以千计的蛋白质在结构和功能上的差别是由于以酰胺键联结的氨基酸排列顺序不同而造成的。通过改变氨基酸顺序、氨基酸的种类和比例以及多肽的链长，可能合成品种多到无法计数的具有独特性质的蛋白质。所有由生物产生的蛋白质在理论上都可以作为食品蛋白质而加以利用。然而，实际上的食品蛋白质是那些易于消化、无毒、富有营养、在食品产品中显示出功能性质和来源丰富的蛋白质。乳、肉（包括鱼和家禽）、蛋、谷物、豆类和油料种子是食品蛋白质的主要来源。然而，随着世界人口的不断增长，为了满足人类营养的需要，有必要开发非传统的蛋白质资源。新的蛋白质资源是否适用于食品取决于它们的成本和它们能否满足作为加工食品和家庭烧煮食品的蛋白质配料所应具备的条件。蛋白质在食品中的功能性质与它们的结构和其他物理化学性质有关。如果希望改进蛋白质在食品中的性能，那么对蛋白质的物理、化学、营养和功能性质以及在加工中的变化必须有一个基本的了解，这样也有助于开发能与传统食品蛋白质相竞争的新的或成本较低的蛋白质资源。

一、蛋白质的概念和化学组成

蛋白质是生物体细胞的重要组成成分，在生物体系中起着核心作用；蛋白质也是一种重要的产能营养素，并提供人体所需的必需氨基酸；蛋白质还对食品的质构、风味和加工产生重大影响。蛋白质是由多种不同的α-氨基酸通过肽链相互连接而成的，并具有多种多样的二级和三级结构。不同的蛋白质由不同的氨基酸组成，因此也具有不同的理化特性。一般蛋白质的相对分子量在1万至几百万之间。根据元素分析，蛋白质主要含有C、H、O、N等元素，有些蛋白质还含有P、S等，少数蛋白质含有Fe、Zn、Mg、Mn、Co、Cu等，是典型的大分子物质。蛋白质是生命细胞的主要成分（占细胞干重的50%以上），是生命生长或维持所必需的营养物质，在食品加工中，蛋白质对食品的质构、色、香、味等方面还起着重要的作用。

蛋白质的基本结构单元是氨基酸，有20种氨基酸（或18种氨基酸）。这些氨基酸以不同的连接顺序和酰胺键（肽键）连接成数目多达几百个氨基酸残基的多肽链，进而构成不同的蛋白质分子。根据蛋白质分子的化学组成特点，一般可以将其分为3大类：①单纯蛋白，仅由氨基酸组成的蛋白质；②结合蛋白，由氨基酸和非蛋白部分所组成的蛋白质；③衍生蛋白，用酶或化学方法处理蛋白质后得到的相应产物。也有人因蛋白质具有不同的功能，而将其分为3类：结构蛋白质、生物活性蛋白质和食品蛋白质。但是，食品蛋白质并不是一类特殊的蛋白质，前两类蛋白质中的大部分也是食品蛋白质。因此，目前在大多数的教科书中，蛋白质的分类一般采用其化学组成的分类方法，并且还根据蛋白质的溶解性进一步进行细分。

为了满足人类对蛋白质的需要，不仅要寻找新的蛋白质资源和开发蛋白质利用的新技术，更要充分利用现有的蛋白质资源。因此，了解和掌握蛋白质的物理、化学和生物学性质以及加工与贮藏处理对这些蛋白质的影响等是十分重要的。

二、蛋白质的分类

在细胞中未经酶催化改性的蛋白质被称为简单蛋白质，而经酶催化改性或与非蛋白质组分结合的蛋白质则被称为结合蛋白质或杂蛋白质，非蛋白质组分常被称为辅基。结合蛋白质包括核蛋白（核蛋白体）、糖蛋白（卵清蛋白、κ-酪蛋白）、磷蛋白（α-和β-酪蛋白、激酶、磷酸化酶）、脂蛋白（蛋黄蛋白质、几种肌浆蛋白质）和金属蛋白（血红蛋白、肌红蛋白和几种酶）。糖蛋白和磷蛋白分别含有共价连接的碳水化合物和磷酸基，而其他结合蛋白质是含有核酸、脂或金属离子的非共价复合物，这些复合物在适当条件下能解离。

也可以根据大体上的结构形式将蛋白质分类。以球状或椭圆状存在的蛋白质是球蛋白，这些形状是由多肽链自身折叠而造成的；纤维状蛋白是棒状分子，它们含有相互缠绕的多肽链（例如原肌球蛋白、胶原蛋白、角蛋白和弹性蛋白）。纤维状蛋白也能由小球状蛋白线性聚集而成，例如肌动蛋白和血纤维蛋白。大多数酶是球状蛋白，而纤维状蛋白总是起着结构蛋白的作用。

蛋白质的不同生物功能可归类如下：酶催化、结构蛋白、收缩蛋白（肌球蛋白、肌动蛋白、微管蛋白）、激素（胰岛素、生长激素）、传递蛋白（血清蛋白、铁传递蛋白、血红蛋白）、抗体（免疫球蛋白）、贮藏蛋白（蛋清蛋白、种子蛋白）和保护蛋白（毒素和过敏素）。贮藏蛋白主要存在于蛋和植物种子中，这些蛋白质是发芽的种子和胚的氮和氨基酸源。保护蛋白是某些微生物和动物为生存而建立的防御机制的一部分。

第二节 氨基酸

一、构成蛋白质的氨基酸

（一）组成蛋白质的基本单位

蛋白质在酸、碱或酶的作用下，完全水解的最终产物是性质各不相同的一类特殊的氨基酸，即L-α-氨基酸。L-α-氨基酸是组成蛋白质的基本单位，其通式如图5-1所示。

$$R-\underset{H_2N}{\overset{H}{C}}-\overset{O}{\overset{\|}{C}}-OH$$

图5-1 L-α-氨基酸

（二）氨基酸的分类和结构

自然界的氨基酸一般以L-构型存在（某些微生物中有D-型氨基酸存在），这是我们人类可以利用的氨基酸形式。

根据氨基酸侧链R基团的极性不同，可以将20种氨基酸分为4类。

（1）非极性氨基酸 共有8种，即丙氨酸、亮氨酸、异亮氨酸、缬氨酸、脯氨酸、色氨酸、苯丙氨酸和甲硫氨酸（蛋氨酸），它们都有一个疏水性（非极性）的侧链R，其疏水性随碳链长度的增加而增加，在水中溶解度较低。这里应注意，脯氨酸实际上是一个α-亚氨基酸。

（2）侧链不带电荷的极性氨基酸 共有7种，即丝氨酸、苏氨酸、酪氨酸、半胱氨酸、天冬酰胺、谷氨酰胺及甘氨酸，特点是侧链含极性基团（但通常不能离解），可以同其他的极性基团形成氢键，在水中的溶解度比非极性氨基酸大。酪氨酸、半胱氨酸在强碱性条件下也可离解，因此它们的极性较其他的极性氨基酸大。蛋白质中半胱氨酸通常以胱氨酸的形式存在，而天冬酰胺、谷氨酰胺在酸、碱存在时发生水解，脱去酰胺基分别转化为天冬氨酸和谷氨酸。

（3）碱性氨基酸 共有3种，即赖氨酸、精氨酸和组氨酸。侧链含有氨基或亚氨基，使得它们可以结合质子（H^+）而带正电荷（显碱性）。

（4）酸性氨基酸 共有2种，即谷氨酸和天冬氨酸。侧链均含有1个羧基（显酸性），羧基因离解而带负电荷。

除上述20种氨基酸外，还有一些其他结构的氨基酸，如羟脯氨酸和5-羟基赖氨酸，存在于胶原蛋白中；甲基组氨酸和α-N-甲基赖氨酸存在于动物肌肉蛋白中；这些氨基酸从化学结构上看均属于上述的常见氨基酸的衍生物。另外还有一些氨基酸存在，但是很少，这里就不加以介绍。

常见氨基酸的结构如图5-2所示，它们的一些物理化学常数见表5-1、表5-2以及表5-3。

表5-1 常见氨基酸的名称、符号、相对分子质量、溶解度以及熔点

名称	简写符号	单字母符号	相对分子量	溶解度（25℃/(g/L)）	熔点/℃
丙氨酸（Alanine）	Ala	A	89.1	167.2	279
精氨酸（Arginine）	Arg	R	174.2	855.6	238
天冬酰胺（Asparagine）	Asn	N	132.2	28.5	236
天冬氨酸（aspartic acid）	Asp	D	133.1	5.0	269~271

续表

名称	简写符号	单字母符号	相对分子量	溶解度（25℃/(g/L)）	熔点/℃
半胱氨酸（Cysteine）	Cys	C	121. 1	0. 05	175~178
谷氨酰胺（glutamine）	Gln	Q	146. 1	7. 2	185~186
谷氨酸（glutamic acid）	Glu	E	147. 1	8. 5	247
甘氨酸（Glycine）	Gly	G	75. 1	249. 9	290
组氨酸（Histidine）	His	H	155. 2	41. 9	277
异亮氨酸（isoleucine）	Ile	I	132. 2	34. 5	283~284
亮氨酸（Leucine）	Leu	L	131. 2	21	337
赖氨酸（Lysine）	Lys	K	146. 2	739. 0	224
甲硫氨酸（Methionine）	Met	M	149. 2	56. 2	283
苯丙氨酸（Phenylalanine）	Phe	F	165. 2	27. 6	283
脯氨酸（Proline）	Pro	P	115. 1	1620. 0	220~222
丝氨酸（Serine）	Ser	S	105. 1	422. 0	228
苏氨酸（Threonine）	Thr	T	119. 1	13. 2	253
色氨酸（Tryptophan）	Trp	W	204. 2	13. 6	282
酪氨酸（Tyrosine）	Tyr	Y	181. 2	0. 4	344
缬氨酸（Valine）	Val	V	117. 1	58. 1	293

表 5-2 氨基酸的比旋光度（介质、温度略）

氨基酸	比旋光度（℃）	氨基酸	比旋光度（℃）
丙氨酸	+14. 7	赖氨酸	+25. 9
精氨酸	+26. 9	甲硫氨酸	+21. 2
天冬氨酸	+34. 3	苯丙氨酸	-35. 1
胱氨酸	-214. 4	脯氨酸	-52. 6
谷氨酸	+31. 2	丝氨酸	+14. 5
甘氨酸	0	苏氨酸	-28. 4
组氨酸	-39. 0	色氨酸	-31. 5
异亮氨酸	+40. 6	酪氨酸	-8. 6
亮氨酸	+15. 1	缬氨酸	+28. 8

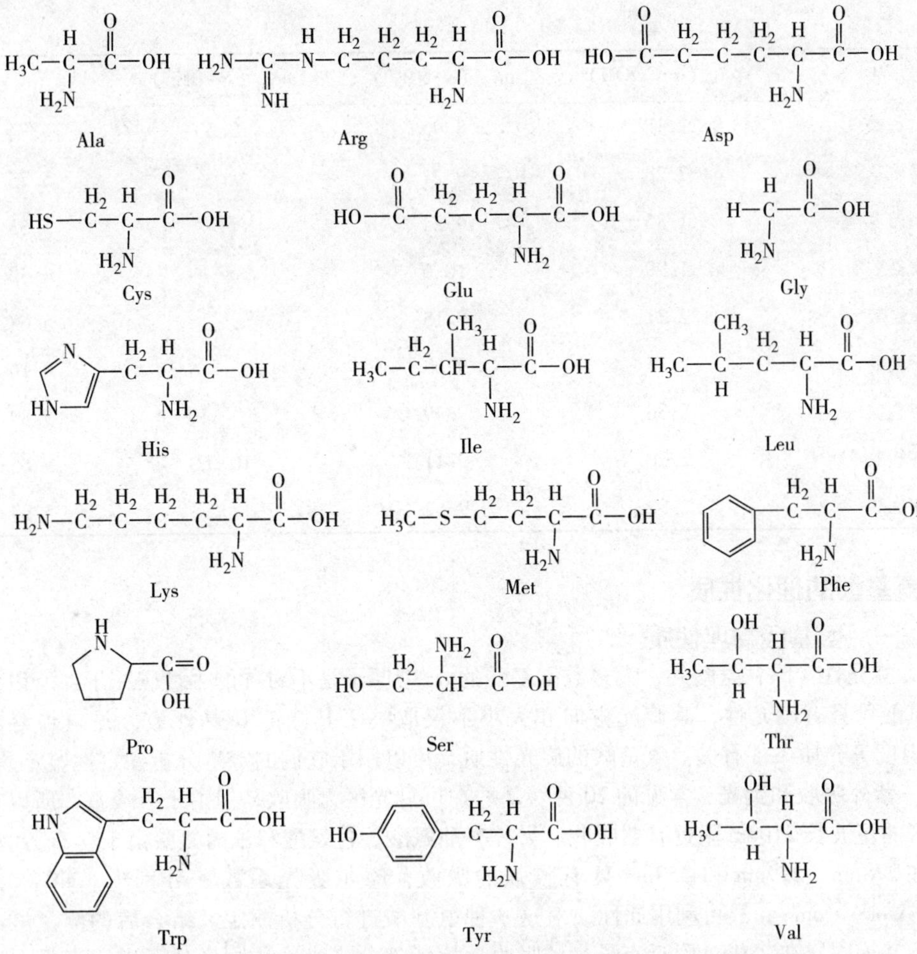

Ala Arg Asp

Cys Glu Gly

His Ile Leu

Lys Met Phe

Pro Ser Thr

Trp Tyr Val

图 5-2 氨基酸的化学结构

表 5-3 常见氨基酸的 pK_a 和 pI（25℃）

氨基酸	pK_{a_1}（α-COOH）	pK_{a_2}（α-NH_3^+）	pK_{a_R}（R=侧链）	pI
丙氨酸	2.35	9.69		6.02
精氨酸	2.17	9.04	12.48	10.76
天冬酰胺	2.02	8.08		5.41
天冬氨酸	2.09	9.82	3.86	2.97
半胱氨酸	1.96	10.28	8.18	5.07
谷氨酰胺	2.17	9.13		5.65
谷氨酸	2.19	9.67	4.25	3.22
甘氨酸	2.34	9.78		6.06
组氨酸	1.82	9.17	6.00	7.85
异亮氨酸	2.36	9.68		6.02
亮氨酸	2.36	9.64		5.98

续表

氨基酸	pK_{a_1}（α-COOH）	pK_{a_2}（$α-NH_3^+$）	pK_{a_R}（R=侧链）	pI
赖氨酸	2.18	8.95	10.53	9.74
甲硫氨酸	2.28	9.21		5.75
苯丙氨酸	1.83	9.24		5.53
脯氨酸	1.99	10.6		6.30
丝氨酸	2.21	9.15		5.68
苏氨酸	2.71	9.62		6.16
色氨酸	2.38	9.39		5.89
酪氨酸	2.20	9.11	10.07	5.65
缬氨酸	2.32	9.62		5.97

二、氨基酸的理化性质

（一）氨基酸物理性质

1. 旋光性 除甘氨酸外，大多数氨基酸的α-碳原子是不对称的手性碳原子，所以大多数氨基酸均具有旋光性，其旋光方向和大小不仅取决于其侧链R基性质，并与水溶液的pH、温度等介质条件有关。氨基酸的旋光性质，可以用于它们的定量分析和定性鉴定。

2. 紫外吸收和荧光 常见的20种氨基酸在可见光区无吸收，但由于有羧基，所以在紫外光区的短波长210nm附近有弱吸收。另外，酪氨酸、色氨酸和苯丙氨酸由于含有芳香环，分别在278nm、279nm和259nm处有较强的吸收，摩尔吸光系数ε分别为1340、5590、190L·mol^{-1}·cm^{-1}，故可利用此性质对这3种氨基酸进行分析测定。结合后的酪氨酸、色氨酸残基等同样在280nm附近有最大的吸收，故紫外分光光度法同样也可以用于蛋白质的定量分析。

酪氨酸、色氨酸和苯丙氨酸也能受激发而产生荧光，激发后它们可在304nm、348nm（激发波长280nm）和282nm（激发波长260nm）测定其荧光强度，而其他的氨基酸则不产生荧光。

H
R—C—COOH
NH₂
非解离形式

H
R—C—COO⁻
NH_3^+
解离形式

图5-3 氨基酸的解离

3. 离解 所有的氨基酸至少含有一个氨基和一个羧基，在中性水溶液中主要以偶极离子或两性离子的形式存在。也就是说，氨基酸既可作为碱接受一个质子，又可作为酸而离解出一个质子，如图5-3所示。

这样，一个单氨基、单羧基氨基酸全部质子化以后，可以将它看作为一个二元酸，因而有2个离解常数，分别对应于羧基（pK_{a_1}）、氨基的离解常数（pK_{a_2}）。当氨基酸的侧链也具有可离解基团时，例如碱性氨基酸或酸性氨基酸所具有的ε-氨基、ε-羧基，它就有第三个离解常数（pK_{a_R}）。常见氨基酸的pK_{a_1}、pK_{a_2}见表5-3。

当氨基酸分子在溶液中呈电中性时（即净电荷为零，氨基酸分子在电场中不运动），所处环境的pH即为该氨基酸的等电点（pI），此时氨基酸的溶解性能最差。对于一个单氨基单羧基的氨基酸，其pI与pK_{a_1}、pK_{a_2}的数学关系为$2pI=pK_{a_1}+pK_{a_2}$，对于碱性氨基酸有$2pI=pK_{a_2}+pK_{a_3}$，而对于酸性氨基酸有$2pI=pK_{a_1}+pK_{a_3}$。

利用氨基酸的等电点性质，可以从氨基酸混合物中选择性的分离某种氨基酸。此外氨基酸结合形成蛋白质后，氨基酸的离解还影响到蛋白质的等电点性质。

4. 氨基酸的疏水性 氨基酸的疏水性可以定义为将 1mol 的氨基酸从水溶液中转移到乙醇溶液中时所产生的自由能变化。在忽略活度系数变化的情况下，此时体系的自由能变化为：

$$\Delta G^{\circ}=-RT\ln\left(\frac{S_{乙醇}}{S_{水}}\right)$$

式中，$S_{乙醇}$、$S_{水}$分别为氨基酸在乙醇和水中的溶解度，mol/L。氨基酸分子中有多个基团，则 ΔG°应该是氨基酸中多个基团的加和函数，即有：$\Delta G^{\circ}=\sum\Delta G^{i}$。

将氨基酸分子分为两个部分，一部分是甘氨酸基，另一部分是侧链（R），则有：

HO—⟨苯环⟩—CH_2 ⫶ —CH(NH_3^+)—C(=O)—O^-

对羟基苄基 甘氨酸基

$$\Delta G^{\circ}=\Delta G^{\circ}_{(侧链)}+\Delta G^{\circ}_{(甘氨酸)}$$

这样，就可以得到任何一种氨基酸侧链残基的疏水性 ΔG°（侧链）= ΔG°−ΔG°（甘氨酸）。

通过测定各个氨基酸在两种介质中的溶解度，就可以确定各氨基酸侧链疏水性的大小（Tanford 法）见表 5-4。疏水性数值具有较大的正值，意味着氨基酸的侧链是疏水的，在蛋白质结构中该残基倾向分布于分子的内部；具有较大的负值，意味着氨基酸的侧链是亲水的，在蛋白质结构中倾向分布于分子的表面。对于赖氨酸则是一个例外，它是一个亲水性的氨基酸，但具有正的疏水性数值，这是由于它含有 4 个易溶于有机相的亚甲基。这些数据也可以用来预测氨基酸在疏水性载体上的吸附行为，因吸附系数与疏水性程度成正比。

表 5-4 氨基酸侧链的疏水性（25℃，乙醇-水，Tanford 法）

氨基酸	$\Delta G^{\circ}_{(侧链)}$（kJ/mol）	氨基酸	$\Delta G^{\circ}_{(侧链)}$（kJ/mol）
Ala	2.09	Leu	9.61
Arg	3.1	Lys	6.25
Asn	0	Met	5.43
Asp	2.09	Phe	10.45
Cys	4.18	Pro	10.87
Gin	−0.42	Ser	−1.25
Glu	2.09	Thr	1.67
Gly	0	Trp	14.21
His	2.09	Tyr	9.61
Ile	12.54	Val	6.27

（二）氨基酸的化学性质

氨基酸上的官能团均可进行相应的化学反应，如既有氨基所能够发生的反应，又有羧基所能够发生的反应，同时还有侧链基团所能发生的反应。

1. 氨基的反应

（1）与亚硝酸的反应 α-氨基酸的 α-NH_2能定量与亚硝酸作用，产生氮气和羟基酸。

$$R-CH(NH_2)-COOH + HNO_2 \longrightarrow R-CH(OH)-COOH + H_2O + N_2$$

测定氮气的体积就可以测定氨基酸的含量。

与α-NH_2不同，ε-NH_2与HNO_2反应较慢，脯氨酸的α-亚氨基不与HNO_2作用，精氨酸、组氨酸、色氨酸中被环结合的氮也不与HNO_2作用。

（2）与醛类的反应　α-氨基与醛类化合物反应生成Schiff碱类化合物，Schiff碱是非酶褐变反应的中间产物。

$$R-CH(NH_2)-COOH + R'-CHO \longrightarrow R-CH(N{=}CH_2-R')-COOH$$

（3）酰基化反应　α-氨基与苄氧基甲酰氯在弱碱性条件下反应，生成氨基衍生物，可用于肽的合成。

$$C_6H_5CH_2-O-COCl + R-CH(NH_2)-COOH \longrightarrow C_6H_5CH_2-O-CO-NH-CH(R)-COOH$$

（4）烃基化反应　如α-氨基可以与二硝基氟苯反应生成稳定的黄色化合物，可用于氨基酸、蛋白质中末端氨基酸的分析。

$$F-C_6H_3(NO_2)_2 + R-CH(NH_2)-COOH \longrightarrow R-CH(NH-C_6H_3(NO_2)_2)-COOH$$

2. 羧基的反应

（1）酯化反应　氨基酸在干燥HCl存在下，与无水甲醇或乙醇作用生成甲酯或乙酯。

$$R-CH(NH_2)-COOH + R'-OH \longrightarrow R-CH(NH_2)-COOR'$$

（2）脱羧反应　大肠杆菌中含有谷氨酸脱羧酶，可使谷氨酸发生脱羧反应。该反应可用于味精中谷氨酸钠含量的分析。

3. 由氨基与羧基共同参加的反应

（1）形成肽键　一个氨基酸的羧基和另一个氨基酸的氨基之间发生缩合反应，形成肽分子，这是形成蛋白质的基础。

$$R-\underset{NH_2}{\underset{|}{\overset{H}{C}}}-\overset{O}{\overset{\|}{C}}-OH \longrightarrow R-\underset{NH_2}{\underset{|}{CH_2}} + CO_2$$

$$R_1-\underset{NH_2}{\underset{|}{\overset{H}{C}}}-\overset{O}{\overset{\|}{C}}-OH + R_2-\underset{NH_2}{\underset{|}{\overset{H}{C}}}-\overset{O}{\overset{\|}{C}}-OH \longrightarrow R_1-\underset{NH_2}{\underset{|}{\overset{H}{C}}}-\overset{O}{\overset{\|}{C}}-NH-\underset{R_2}{\overset{H}{C}}-\overset{O}{\overset{\|}{C}}-OH$$

（2）与茚三酮的反应　在微碱性条件下，水合茚三酮与氨基酸共热可发生反应，最终产物为蓝紫色化合物，在570nm处有最大吸收值。该反应可用于氨基酸和蛋白质的定性、定量分析，由于脯氨酸无 α-氨基，只能够生成黄色的化合物，而在440nm处有最大吸收值。

$$\text{水合茚三酮} + R-\underset{NH_2}{\underset{|}{\overset{H}{C}}}-\overset{O}{\overset{\|}{C}}-OH \longrightarrow \text{(茚二酮)}-N=\text{(茚二酮)}$$

4. 侧链的反应　α-氨基酸的侧链R基的反应很多，例如R基上含有酚基时可还原Folin-酚试剂，生成钼蓝和钨蓝。又如R基上含有—SH基时，则在氧化剂存在下可生成二硫键；在还原剂存在下，二硫键亦可被还原，重新变为—SH基，这个反应在维持蛋白质功能性质等方面具有重要作用。

$$—SH+—SH \rightarrow —S—S—$$

在氨基酸或蛋白质的定性鉴定、鉴别中，有一些重要的化学反应涉及氨基酸的侧链基因，见表5-5。

表5-5　氨基酸（蛋白质）的一些重要颜色反应

反应名称	试剂	反应氨基酸/基团/化学键	颜色
米伦反应	汞、亚汞的硝酸溶液	苯酚基/酪氨酸	砖红色
黄色蛋白反应	浓硝酸	苯环/酪氨酸、色氨酸反应最快	黄色，加碱为橙色
乙醛酸反应	乙醛酸	色氨酸/吲哚环	紫色
茚三酮反应	水合茚三酮	α-氨基、ε-氨基	紫色或蓝紫色
Ehrlich反应	p-二甲基氨基苯甲醛	吲哚环	蓝色
Sakaguchi反应	α-萘酚、次氯酸钠	胍啶环/精氨酸	红色
Sullivan反应	1,2-萘醌磺酸钠、亚硫酸钠、硫代硫酸钠、氰化钠	胱氨酸、半胱氨酸	红色

（三）氨基酸的制备

1. 蛋白质水解　以动物蛋白质为原料，经强酸水解后，得到各种氨基酸。提取所需的原料廉价、种类少，且原料资源相当丰富。工业生产同时可得到十多种氨基酸产品，生产规模易扩大，容易实现工业化生产，利用蛋白质资源，进行氨基酸的工业化生产，在我国已成为发展氨基酸工业的重要途径。另外，许多医药用氨基酸品种必须得依靠提取法提供。现在全世界医药用氨基酸中至少有 6 种尚须用提取法生产，它们分别是组氨酸、精氨酸、丝氨酸，胱氨酸、脯氨酸及酪氨酸。因此，提取法的发展潜力很大。不过，酸、碱的催化水解会破坏蛋白质中的某些氨基酸。

2. 人工合成法 化学合成法是借助有机合成及化学工程相结合的技术生产氨基酸，虽然可用于制造目前所有已知的氨基酸，但不意味着具有工业生产价值。由于应用化学合成法所得的氨基酸一般是外消旋体，必须经过拆分才能得到光学纯产物。故用化学合成法生产氨基酸时除考虑合成工艺条件外，还要考虑异构体的拆分与 D-异构体的消旋利用，三者缺一势必影响其应用。而应用不对称合成方法进行合成，成本昂贵，对于需求量大的氨基酸无实用价值，对于部分特需氨基酸则有意义，如 L-多巴，已经可以工厂化手性加氢合成。这种方法一般只用于制备少数难以用其他方法制备的氨基酸，常见的有色氨酸、甲硫氨酸（蛋氨酸）。

3. 微生物发酵法 由微生物利用糖类、氨等廉价碳氮源直接生产 L-氨基酸，是借助微生物具有合成自身所需各种氨基酸的能力，通过对菌株的诱变等处理，选育出各种营养缺陷型及抗性的变异株，以解除代谢调节中的反馈与阻遏，达到过量合成某种氨基酸的目的。应用发酵法生产氨基酸产量最大的是谷氨酸，其次为赖氨酸。但发酵法中菌种的选育相当麻烦，且不好控制。生产的产品单一，纯度不高，有伴生氨基酸产生。随着现代生物技术和工程技术的发展，发酵生产氨基酸呈现光明前景。

4. 酶法 是用微生物菌体或从菌体中提取的酶，把有机物转变成所需要的 L-氨基酸，此方法在生物工程菌的生产、酶的提取及酶和菌体的固定化等中存在许多问题。

第三节 蛋白质的结构

由于蛋白质是以氨基酸为单元构成的大分子化合物，分子中每个化学键在空间的旋转状态不同就会导致蛋白质分子的构象不同，所以蛋白质的空间结构非常复杂。一般在描述蛋白质的结构时，通常是在以下的不同结构水平上对其进行描述。

一、蛋白质的结构

1. 一级结构 蛋白质的一级结构指由共价键（肽键）结合在一起的氨基酸残基的排列顺序。蛋白质多肽链中带有游离氨基的一端称作 N 端，带有游离羧基的一端称作 C 端。一级结构决定了蛋白质的基本性质，同时还会使蛋白质的二级、三级结构不同。理论上讲，氨基酸形成蛋白质时，可能存在的一级结构非常多，例如，以一个由 100 个氨基酸组成的蛋白质为例，在每一位置上均可连接 20 个氨基酸，所以从统计学上来看，蛋白质可能的结构有 20^{100} ~ 10^{130}个之多。显然在生物界是没有这么多的蛋白质存在，而现在已经被分离、鉴定出的蛋白质只有几千种。

2. 二级结构 蛋白质的二级结构指多肽链借助氢键作用排列成为沿一个方向、具有周期性结构的构象，主要是螺旋结构（以 α-螺旋常见，其他还有 π-螺旋和 γ-螺旋等）和 β-结构（以 β-折叠、β-弯曲常见），另外还有一种没有对称轴或对称面的无规卷曲结构。氢键在蛋白质的二级结构中起着稳定构象的重要作用。

蛋白质的 α-螺旋结构（右手 α-螺旋）是一种有序且稳定的构象。在 α-螺旋结构中，每圈螺旋有 3. 6 个氨基酸残基，氨基酸残基位于螺旋的外侧，螺旋的表观直径为 0. 6nm，螺旋之间的距离为0.54nm，相邻的2个氨基酸残基的垂直距离为0.15nm。肽链中酰胺键的亚氨基氢，与螺旋下一圈的羰基氧形成氢键，所以α-螺旋中氢键的方向和电偶极的方向一致。由于脯氨酸的化学结构特征（氮原子上不存在氢），妨碍螺旋的形成及肽链的弯曲，所以不能形成α-螺旋，而是形成无规卷曲结构，酪蛋白就是因为此而形成特殊结构的，这种结构对蛋白质的一些性质会产生重要的影响作用。

蛋白质的β-折叠结构是一种锯齿状的结构，该结构比α-螺旋结构伸展，蛋白质在加热时α-螺旋就转化为β-折叠结构。在β-折叠结构中，伸展的肽链通过分子间的氢键连接在一起，且所有的肽键都参与结构的形成。肽链的排布分为平行式（所有的N端在同一侧）和反平行式（N端按照顺-反-顺-反地排列），而构成蛋白质的氨基酸残基则是在折叠面的上面或下面。

存在于蛋白质结构中的β-转角是另一种常见的结构，它可以看作间距为零的特殊螺旋结构，这种结构使得多肽链自身弯曲，具有由氢键稳定的转角构象。

3. 三级结构 蛋白质的三级结构是指多肽链借助各种作用力，进一步折叠卷曲形成紧密的复杂球形分子结构，稳定蛋白质三级结构的作用力有氢键、离子键、二硫键和范德华力等。在大部分球形蛋白分子中，极性氨基酸的R基一般位于分子表面，而非极性氨基酸的R基则位于分子内部以避免与水接触。但也有例外，例如某些脂蛋白的非极性氨基酸在分子表面有较大的分布。

4. 四级结构 蛋白质的四级结构是两条或多条肽链之间以特殊方式结合、形成有生物活性的蛋白质，其中每条肽链都有自己的一、二、三级结构。一般将每个肽链称之为亚基，它们可以相同，也可以不同。在蛋白质的四级结构中，肽链之间的作用以氢键、疏水相互作用为主。一种蛋白质含疏水性氨基酸的摩尔比高于30%时，其形成四级结构的倾向大于含较少疏水性氨基酸的蛋白质。

蛋白质的一级结构到四级结构的形成过程可用图5-4表示。

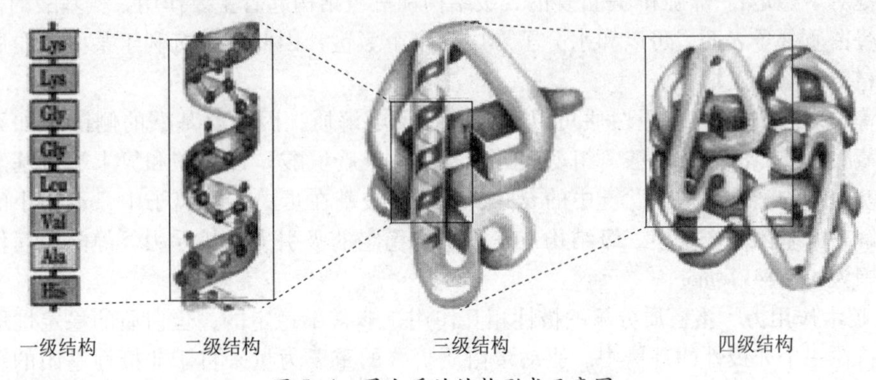

图5-4 蛋白质的结构形成示意图

二、维持蛋白质三维结构的作用力

一个由多肽链折叠成的三维结构的是十分复杂的。蛋白质的天然构象是一种热力学状态，在此状态下各种有利的相互作用达到最大，而不利的相互作用降到最小，于是蛋白质分子的整个自由能具有最低值。

影响蛋白质折叠的作用力包括两类：①蛋白质分子固有的作用力所形成的相互作用；②受周围溶剂影响的相互作用。范德华力和空间相互作用力属于前者，而氢键、静电相互作用力和疏水基相互作用力属于后者（图5-5）。

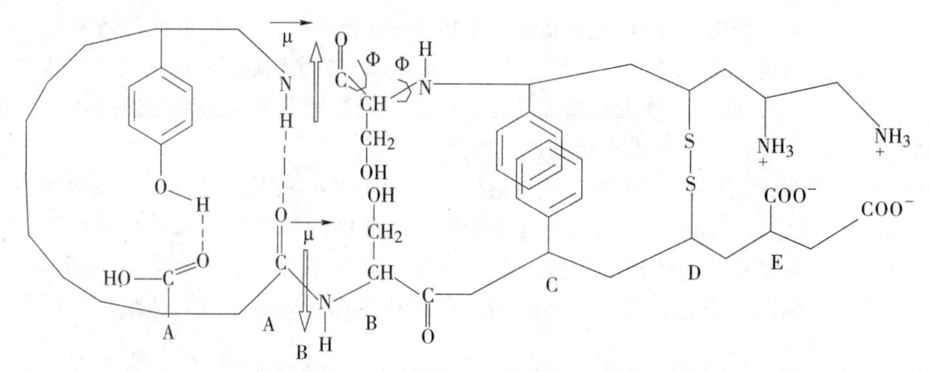

A：氢键 B：空间相互作用 C：疏水作用力 D：双硫键 E：静电相互作用

图 5-5 维持蛋白质三级结构的作用力

1. 空间作用力 虽然供价键在理论上具有360°的转动自由度，实际上由于氨基酸残基侧链原子的空间位阻使它们的转动受到很大的限制。因此，多肽链的片段仅能采取有限形式的构象。

2. 范德华力 范德华力是很弱的，随原子间距离增加而迅速减小，当该距离超过0.6nm时可忽略不计。各种原子对范德华力能量范围为-0.17~-0.8kJ/mol。在蛋白质中，由于有许多原子对参与范德华相互作用，因此，它对于蛋白质的折叠和稳定性的贡献是很显著的。

3. 氢键 氢键是指以共价键与一个电负性原子（例如N、O或S）相结合的氢原子同另一个电负性原子之间的相互作用。在蛋白质中，一个肽键的羰基与另一个肽键的N—H的氢可以形成氢键。氢键距离O……H约1.75Å，键能量约为8~40kJ/mol。

氢键对于稳定α-螺旋和β-折叠的二级结构和三级结构起着主要作用。氨基酸的极性基团位于蛋白质分子表面，可以和水分子形成许多个氢键，因此氢键有利于某些蛋白质的结构保持稳定和溶解度增加。

4. 静电相互作用力 蛋白质可以看成是多聚电解质，因为氨基酸的侧链（如天冬氨酸、谷氨酸、酪氨酸、赖氨酸、组氨酸、精氨酸、半胱氨酸）以及碳和氮末端氨基酸的可解离成基团参与酸碱平衡，肽键中的α-氨基和α-羧基在蛋白质的离子中只占很小的一部分。可解离的基团能产生使二级结构或三级结构稳定的吸引力或排斥力，静电相互作用力能量范围为42~84kJ/mol。

5. 疏水作用力 蛋白质分子的极性相互作用是非常不稳定的，蛋白质的稳定性取决于能否保持在一个非极性的环境中。驱动蛋白质折叠的重要力量来自于非极性基团的疏水作用力。

在水溶液中，非极性基团之间的疏水作用力是水与非极性基团之间热力学上不利的相互作用的结果。在水溶液中非极性基团倾向于聚集，使得与水直接接触的面积降至最低。水与溶液中非极性基团的相互排斥作用被称为疏水相互作用。在蛋白质中，氨基酸残基非极性侧链之间的疏水作用力是蛋白质折叠成独特三维结构的主要因素。

6. 二硫键 二硫键是天然存在于蛋白质中唯一的共价侧链交联，它们既能存在于分子内，也能存在于分子间。在单体蛋白质中，二硫键的形成是蛋白质折叠的结果。当两个Cys残基接近并适当定向时，在分子氧的氧化作用下形成二硫键。二硫键的形成能帮助稳定蛋白质的折叠结构。某些蛋白质含有半胱氨酸和胱氨酸残基，能够发生巯基和二硫键的交换反应。

总之，一个独特的三维蛋白质结构的形成是各种排斥和吸引的非共价相互作用以及几个共价二硫键作用的结果。

第四节　蛋白质的性质

一、蛋白质的变性作用

蛋白质分子是由氨基酸通过一定顺序连接在一起，再通过分子内、分子间的各种作用力达到平衡，最后形成一定的空间结构（一、二、三、四级结构），所以其构象是许多作用共同产生的结果。但是，这个构象一般是不稳定的，在酸、碱、热、有机溶剂或辐射处理时，蛋白质的二、三、四级结构会发生不同程度的改变，这个过程称之为变性。因此，蛋白质的变性一般不涉及氨基酸的连接顺序即蛋白质一级结构的变化。

蛋白质的变性对蛋白质的结构、物理化学性质、生物学性质的影响，一般包括：

①分子内部疏水性基团的暴露，蛋白质在水中的溶解性能降低。

②某些生物蛋白质的生物活性丧失，如失去酶活或免疫活性。

③蛋白质的肽键更多的暴露出来，易被蛋白酶催化水解。

④蛋白质结合水的能力发生改变。

⑤蛋白质分散体系的黏度发生改变。

⑥蛋白质的结晶能力丧失。

引起蛋白质变性的因素有物理因素和化学因素，如温度、pH、化学试剂和机械处理等。但无论是何种因素导致蛋白质变性，从蛋白质分子本身的变化来看，变性很类似于一个物理变化过程，一般不涉及化学反应。

1. 蛋白质的物理变性

（1）加热　加热是食品加工常用的处理过程，也是引起蛋白质变性最常见的因素。蛋白质在某一温度时，会产生状态的剧烈变化，这个温度就是蛋白质的变性温度。对于许多化学反应来讲，其温度系数为3~4，即反应温度每升高10℃，反应速度增加3~4倍。但对于蛋白质的变性，其变性的温度系数为600左右，即温度每升高10℃，变性速度将增加600倍。这个性质在食品加工中有很重要的应用价值。

蛋白质的热变性与蛋白质的组成、浓度、水分活度、pH和离子强度等也有关。一般来讲，蛋白质分子中含有较多的疏水性氨基酸时，要比含有较多亲水性氨基酸的蛋白质稳定。变性温度还与水分活度有关，生物活性蛋白质在干燥状态下较稳定，对温度变化的承受能力较强，而在湿热状态下时容易发生变性。

（2）冷冻　低温处理也可以导致某些蛋白质变性，如凝集和沉淀。还有一些例外的情况，就是一些酶在较低温度下被激活（如一些氧化酶）。导致蛋白质低温变性的原因，可能是由于蛋白质的水合环境变化，破坏了维持蛋白质结构的作用力平衡，并且因为一些基团的水化层被破坏，基团之间的相互作用引起蛋白质的聚集或亚基重排；也可能是由于体系结冰后的盐效应而导致蛋白质的变性。另外，由冷冻引起的浓缩效应，可能导致蛋白质分子内、分子间的二硫键交换反应增加，从而也导致蛋白质的变性。

（3）机械处理　有些机械处理如揉捏、搅打等，由于剪切力的作用使蛋白质分子伸展，破坏了其中的α-螺旋结构，导致蛋白质变性。剪切的速度越大，蛋白质的变性程度越大，例如在pH=3.5~4.5和80~120℃的条件下，用8000~10000个/秒的剪切速度处理乳清蛋白（浓度10%~20%），就可以形成蛋白质脂肪代用品，沙拉酱、冰淇淋等的生产中也涉及蛋白质的机械变性过程。

（4）静高压　静高压处理也能导致蛋白质变性。虽然天然蛋白质具有比较稳定的构象，但球形的蛋白质分子不是刚性球，分子内部还存在一些空穴，具有一定的柔性和可压缩性，在高压下蛋白质分子会发生变形现象（即发生变性）。在一般温度下，蛋白质分子在100~1000MPa压力下就会发生变性。有时，由于高压而导致蛋白质的变性或酶的失活，在高压消除以后会重新恢复。

由于静高压处理只是导致酶或微生物的灭活，对食品中的营养物质、色泽、风味等不会造成破坏作用，也不形成有害的化合物，对肉制品进行高压处理还可以使肌肉组织中的肌纤维裂解，从而提高肉制品的品质。因此，高压技术现已是21世纪食品高新加工技术之一。

（5）电磁辐射　电磁波对蛋白质结构的影响与电磁波的波长和能量有关，一般可见光由于波长较长、能量较低，对蛋白质的构象影响不大。而像紫外线、X射线、γ射线等高能量的电磁波，对蛋白质的构象会产生明显的影响。高能射线被芳香族氨基酸吸收后，将导致蛋白质构象改变，同时还会使氨基酸残基发生各种变化，如破坏共价键、分子离子化、分子游离基化等。所以辐射不仅可以使蛋白质发生变性，而且还可能因结构的改变而导致蛋白质的营养价值变化。

但是在食品进行一般的辐射保鲜时，辐射对食品蛋白质的影响极小，一是由于食品处理时所使用的辐射剂量较低，二是食品中存在水的裂解而减少了其他物质的裂解，所以在安全性方面是不会有什么问题的。

（6）界面作用　蛋白质吸附在气-液、液-固或液-液界面后，可以发生不可逆的变性。蛋白质发生界面变性的原因是由于在气液界面上的水分子的能量较本体水分子的能量高，这些界面上的水分子与蛋白质分子发生相互作用后，能导致蛋白质分子的能量增加，蛋白质分子中一些化学作用（键）被破坏，其结构发生少许伸展，最后水分子进入蛋白质分子的内部，进一步导致蛋白质分子的伸展，并使得蛋白质的疏水性残基、亲水性残基分别向极性不同的两相（空气-水）排列，最终导致蛋白质分子的变性。如果蛋白质分子具有较疏松的结构，在界面上的吸附就比较容易；如果它的结构较紧密，或是被二硫键所稳定，或是不具备相对明显的疏水区和亲水区，此时蛋白质就不易被界面吸附，因而界面变性也就比较困难。

2. 蛋白质的化学变性

（1）酸、碱因素（pH）　大多数蛋白质在特定的pH范围内是稳定的，但若处于极端pH条件下，因蛋白质分子内部可离解基团，如氨基、羧基等的离解，将产生强烈的分子内静电相互作用，从而使蛋白质分子发生伸展、变性。此时如果再伴以加热，其变性的速率会更大。不过在一些情况下，蛋白质经过酸碱处理后，pH又调回原来的范围时，蛋白质仍可以恢复原来的结构。

蛋白质在等电点时比在其他pH下稳定，而在中性条件下，由于蛋白质所带的净电荷不多，分子内所产生的排斥力同稳定蛋白质结构的其他作用力相比较小，所以大多数蛋白质在中性条件下比较稳定。

（2）盐类　碱土金属Ca^{2+}、Mg^{2+}可能是蛋白质中的组成部分，对蛋白质构象起着重要作用，所以除去 Ca^{2+}、Mg^{2+} 会降低蛋白质分子对热、酶等的稳定性。而对于一些重金属离子如 Cu^{2+}、Fe^{2+}、Hg^{2+}、Pb^{2+}、Ag^{3+} 等，由于易与蛋白质分子中的—SH 形成稳定的化合物，或者是将二硫键转化为—SH 基，改变了稳定蛋白质分子结构的作用力，因而导致蛋白质稳定性的改变和蛋白质变性。此外，由于 Hg^{2+}、Pb^{2+} 等还能够与组氨酸、色氨酸残基等反应，它们也能导致蛋白质变性。

对于阴离子，它们对蛋白质结构稳定性影响的大小程度为：$F^- < SO_4^{2-} < Cl^- < Br^- < I^- < ClO^- < SCN^- < Cl_3CCOO^-$。在高浓度时，阴离子对蛋白质结构的影响比阳离子更强，一般氯离子、氟离子、硫酸根是蛋白质结构的稳定剂，而硫氰酸根、三氯乙酸根则是蛋白质结构的去稳定剂。

（3）有机溶剂　大多数有机溶剂可导致蛋白质变性，因为它们降低了溶液的介电常数，使蛋白质分子内基团间的静电力增加；或者是破坏、增加了蛋白质分子内的氢键，改变了稳定蛋白质构象原有的作用力情况；或是进入蛋白质的疏水性区域，破坏了蛋白质分子的疏水相互作用。结果均使蛋白质构象改变，从而产生变性作用。

在低浓度下，有机溶剂对蛋白质结构的影响较小，一些甚至具有稳定作用，但是在高浓度下所有的有机溶剂均能对蛋白质产生变性作用。

（4）有机化合物　高浓度的脲和胍盐（4~8mol/L）将使蛋白质分子中的氢键断裂，导致蛋白质变性；表面活性剂如十二烷基磺酸钠（SDS）能在蛋白质的疏水区和亲水区间起着乳化介质的媒介作用，因此不仅破坏了疏水相互作用，还能促使蛋白分子伸展，是一种很强的变性剂。脲与胍盐破坏了稳定蛋白质构象的疏水相互作用，或者直接与蛋白质分子作用而破坏氢键。所以现在它们被广泛应用于检测蛋白质的可伸展性和构象的稳定性。

（5）还原剂　巯基乙醇（$HSCH_2CH_2OH$）、半胱氨酸、二硫苏糖醇等还原剂，由于具有—SH 基，能使蛋白质分子中存在的二硫键还原，从而改变蛋白质的原有构象，造成蛋白质的不可逆变性。

$$HSCH_2CH_2OH + \text{—S—S—Pr} \longrightarrow \text{—S—SCH}_2CH_2OH + HS\text{—Pr}$$

对于食品加工而言，蛋白质的变性一般来讲是有利的，但在某些情况下又必须避免蛋白质变性，如在酶的分离、牛乳的浓缩等时，蛋白质过度变性会导致酶的失活或生成沉淀，这是我们所不希望的变化。

二、蛋白质的功能性质

蛋白质的功能性质是指除营养价值外的那些对食品特性有利的蛋白质的物理化学性质，如蛋白质的胶凝、溶解、泡沫、乳化、黏度等。蛋白质的功能性质大多数影响着食品的感官质量，尤其是在质地方面，也对食品成分制备、食品加工或贮藏过程中的物理特性起重要作用。根据蛋白质所能发挥作用的特点，可以将其功能性质分为 3 大类。

（1）水合性质，取决于蛋白质与水之间的相互作用，包括水的吸附与保留、湿润性、膨胀性、结合、分散性和溶解性等。

（2）结构性质（与蛋白质分子之间的相互作用有关的性质），如沉淀、胶凝作用、组织化和面团的形成等。

（3）蛋白质的表面性质，涉及蛋白质在极性不同的两相之间所产生的作用，主要有蛋白质的起泡、乳化等方面的性质。

蛋白质的功能性质是由许多相关因素的共同作用而产生的结果，蛋白质本身的物理化学性质如分子大小、形状、化学组成、结构以及外来因素的影响等，均对蛋白质的功能性质具有影响作用（表 5-6）。

表 5-6 蛋白质的疏水性、电荷密度和结构对功能性质的贡献

功能性质	疏水性	电荷密度	结构
溶解度	无贡献	有贡献	无贡献
乳化作用	表面疏水性有贡献	一般无贡献	有贡献
起泡作用	总疏水性有贡献	无贡献	有贡献
脂肪结合	表面疏水性有贡献	一般无贡献	无贡献
水保留	无贡献	有贡献	有疑问
热凝结	总疏水性无贡献	无贡献	有贡献
面团形成	稍有贡献	无贡献	有贡献

（一）蛋白质的水合性质

1. 概述 蛋白质的水合作用也叫蛋白质的水合性质，是蛋白质的肽键和氨基酸的侧链与水分子间发生反应的特性。

蛋白质在溶液中的构象很大程度上与它的水合特性有关。蛋白质的水合作用是一个逐步的过程，即首先形成化合水和邻近水，再形成多分子层水，如若条件允许，蛋白质将进一步水化，这时表现为：①蛋白质吸水充分膨胀而不溶解，这种水化性质通常叫膨润性；②蛋白质在继续水化中被水分散而逐渐变为胶体溶液，具有这种水化特点的蛋白质称为可溶性蛋白。

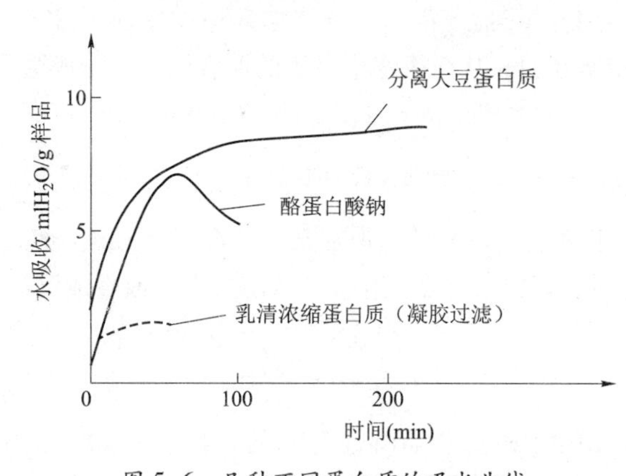

图 5-6 几种不同蛋白质的吸水曲线

几种不同蛋白质的吸水量如图 5-6 所示。

通常情况下，蛋白质的溶解度数据对于确定从天然来源提取和纯化蛋白质的最佳条件以及分离蛋白质的各个部分是非常有用的。溶解度也为蛋白质的食用功能性提供了一个很好的指标。

2. 影响蛋白质水合作用的环境因素 环境因素对水合作用有一定的影响，如蛋白质的浓度、pH、温度、水合时间、离子强度和其他组分的存在都是影响蛋白质水合特性的主要因素。

pH 的改变会影响蛋白质分子的解离和带电性，从而改变蛋白质的水合特性。在等电点下，蛋白质荷电量净值为零，蛋白质间的相互作用最强，呈现最低水化和膨胀。

温度在 0~40℃或 50℃之间，蛋白质的水合特性随温度的提高而提高，更高温度下蛋白质高级结构被破坏，常导致变性聚集。另一方面，结构很紧密和原来难溶的蛋白质被加热处理时，可能导致内部疏水基团暴露而改变水合特性。

离子的种类和浓度对蛋白质吸水性、膨胀和溶解度也有很大的影响。盐类和氨基酸侧链基团通常同水发生竞争性结合，在低盐浓度时，离子同蛋白质荷电基团相互作用而降低相邻分子的相反电荷间的静电吸引，从而有助于蛋白质水化和提高其溶解度，这叫盐溶效应。当盐浓度更高时，由于离子的水化作用争夺了水，导致蛋白质“脱水”，从而降低其溶解度，这叫盐析效应。

（二）蛋白质的溶解度

蛋白质的溶解度是蛋白质-蛋白质和蛋白质-溶剂相互作用达到平衡的热力学表现形式。蛋白质的溶解度与氨基酸残基的疏水性有关，疏水性越小，蛋白质的溶解度越大。

蛋白质的溶解度大小还与pH、离子强度、温度和蛋白质浓度有关。大多数食品蛋白质的溶解度pH图是一条U形曲线，最低溶解度出现在蛋白质的等电点附近，如图5-7所示。在低于和高于等电点pH时，蛋白质分别带有净的正电荷或净的负电荷，带电的氨基酸残基的静电推斥和水合作用促进了蛋白质的溶解。由于大多数蛋白质在碱性pH8~9是高度溶解的，因此总是在此pH范围从植物资源中提取蛋白质，然后在pH4.5~4.8处采用等电点沉淀法从提取液中回收蛋白质。

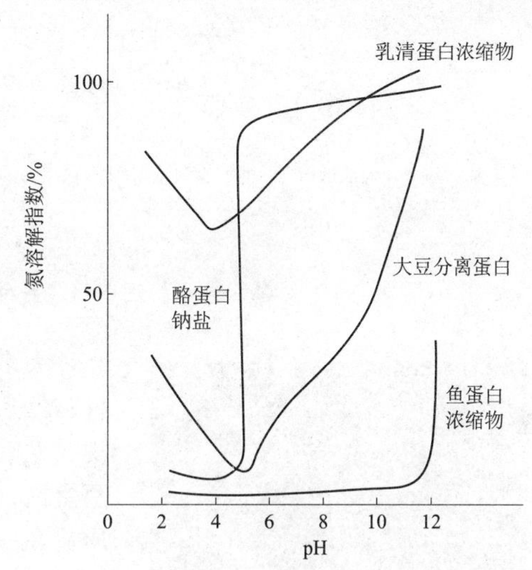

图5-7　几种蛋白质在不同pH下的溶解度曲线

（三）蛋白质溶液的黏度

液体的黏度反映它对流动的阻力情况。蛋白质流体的黏度主要由蛋白质粒子在其中的表观直径决定（表观直径越大，黏度越大）。表观直径又依据下列参数而变：①蛋白质分子的固有特性（如摩尔浓度、大小、体积、结构及电荷等）；②蛋白质和溶剂间的相互作用，这种作用会影响膨胀、溶解度和水合作用；③蛋白质和蛋白质之间的相互作用会影响聚集体的大小。

黏度和蛋白质的溶解度无直接关系，但和蛋白质的吸水膨润性关系很大。一般情况下，蛋白质吸水膨润性越大，分散体系的黏度也越大。蛋白质体系的黏度和稠度是流体食品如饮料、肉汤、汤汁、沙司和奶油的主要功能性质。蛋白质分散体的主要功能性质对于最适加工过程也同样具有实际意义，例如，在输送、混合、加热、冷却和喷雾干燥中都包括质量或热的传递。

（四）蛋白质的胶凝作用

蛋白质的胶凝作用同蛋白质的缔合、凝集、聚合、沉淀、絮凝和凝结等分散性的降低是不同的。蛋白质的缔合一般是指在亚基或分子水平上发生的变化。聚合或聚集一般是指较大复合物的形成。沉淀作用指由于溶解度全部或部分丧失而引起的一切凝集反应。絮凝是指没有变性时的无序凝集反应，这种现象常常是因为链间静电排斥力的降低而引起的。凝结作用是指发生变性的无规则聚集反应和蛋白质-蛋白质的相互作用大于蛋白质-溶剂的相互作用引起的聚集反应。变性的蛋白质分子聚集并形成有序的蛋白质网络结构的过程称为胶凝作用。

食品蛋白凝胶可大致可分为：①加热后冷却产生的凝胶，这种凝胶多为热可逆凝胶，例如明胶溶液加热后冷却形成的凝胶；②加热状态下产生的凝胶，这种凝胶很多不透明而且是非可逆凝胶，例如蛋清蛋白在煮蛋中形成的凝胶；③由钙盐等二价金属盐形成的凝胶，例如大豆蛋白质形成豆腐，如图5-8所示；④不加热而经部分水解或pH调整到等电点而产生的凝胶，例如凝乳酶制作干酪、乳酸发酵制作酸奶和皮蛋等生产中的碱对蛋清蛋白的部分水解等。

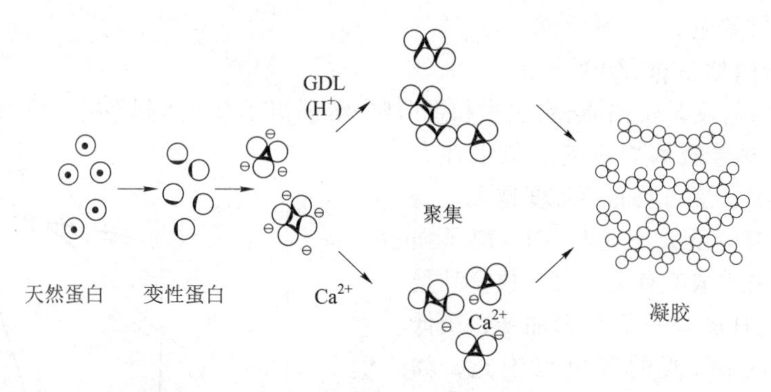

图5-8 蛋白质胶凝过程

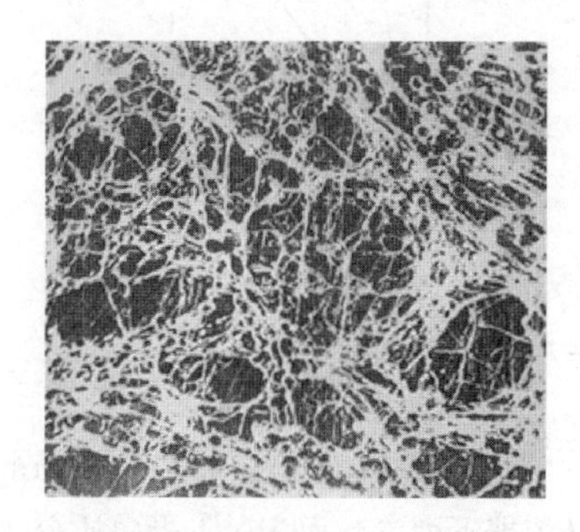

图5-9 蛋白质胶凝结构图

大多数情况下，热处理是胶凝作用所必需的条件，然后必须冷却，略微酸化也是有利的。增加盐类，尤其是钙离子可以提高胶凝速率和胶凝强度（大豆蛋白、乳清蛋白和血清蛋白）。将种类不同的蛋白质放在一起加热可产生共凝胶作用而形成凝胶，而且蛋白质还能与多糖胶凝剂相互作用而形成凝胶。同样，在牛乳pH时，酪蛋白胶束能够存在于卡拉胶的凝胶中。许多凝胶以一种高度膨胀（敞开）和水合结构的形式存在，如图5-9所示。

凝胶的生成是否均匀，和凝胶生成的速度有关。如果条件控制不当，使蛋白质在局部相互结合过快，凝胶就较粗糙不匀。凝胶的透明度与形成凝胶的蛋白质颗粒的大小有关，如果蛋白颗粒或分子的表观分子质量大，形成的凝胶就较不透明。同时蛋白质凝胶强度的平方根与蛋白质相对分子质量之间呈线性关系。

（五）蛋白质的质构化

蛋白质的质构化，又叫组织形成性，是在开发利用植物蛋白和新蛋白质的一种重要的功能性质。这是因为这些蛋白质本身不具有像畜肉那样的组织结构和咀嚼性，经过质构化后可使它们变为具有咀嚼性和持水性良好的片状或纤维状产品，从而制造出仿造食品或代用品。

现将蛋白质质构化的方法和原理介绍如下。

1. 热凝结和形成薄膜 浓缩的大豆蛋白质溶液能在平滑的热金属表面热凝结，产生薄而水化的蛋白质膜。豆乳在95℃下保持几小时，表面水分蒸发，热凝结而形成一层薄的蛋白质-脂类膜，将这层膜揭除后，又形成一层膜，然后又能重新反复几次再产生同样的膜，这就是我国加工腐竹（豆腐衣）的传统方法。

2. 纤维的形成 大豆蛋白和乳蛋白液都可喷丝而组织化，就像人造纺织纤维一样，如图5-10所示，这种蛋白质的功能特性就叫作蛋白质的纤维形成作用。利用这种功能特性，将植物蛋白或乳蛋白浓溶液喷丝、缔合、成形、调味后，可制成各种风味的人造肉。其工艺过程为：在 pH>10 制备 10%～40% 的蛋白质浓溶液，经脱气、澄清（防止喷丝时发生纤维断裂）后，在压力下通过一块含 1000 目/cm^2以上小孔（直径为 50～150μm）的模板，产生的细丝进入酸性 NaCl 溶液中，由于等电点 pH 和盐析效应致使蛋白质凝结，再通过滚筒取出。滚筒转动速度应与纤维拉直、多肽链的定位以及紧密结合相匹配，以便形成更多的分子间的键，这种局部结晶作用可增加纤维的机械阻力和咀嚼性，并降低其持水容量。再将纤维置于滚筒之间压延和加热使之除去一部分水，以提高黏着力和增加韧性。凝结和调味后的蛋白质细丝，经过切割、成型、压缩等处理，便加工形成与火腿、禽肉或鱼肌肉相似的人造肉制品。

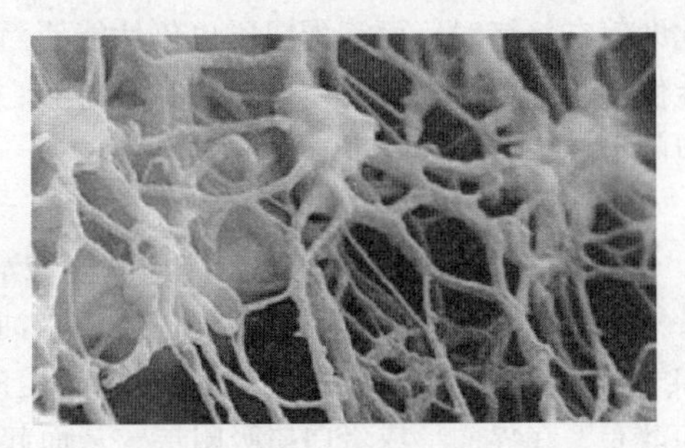

图 5-10　大豆蛋白纤维结构图

3. 热塑性挤压　目前用于植物蛋白质构化的主要方法是热塑性挤压，采用这种方法可以得到干燥的纤维状多孔颗粒或小块，当复水时具有咀嚼性质地。热塑性挤压方法如下：含水（10%～30%）的蛋白质-多糖混合物通过一个圆筒，在高压（10～20MPa）下的剪切力和高温作用下（在 20～150 秒时间内，混合料的温度升高到 150～200℃）转变成黏稠状态，然后快速地挤压通过一个模板进入正常的大气压环境，膨胀形成的水蒸气使内部的水迅速蒸发，冷却后，蛋白质-多糖混合物便具有高度膨胀、干燥的结构。热塑性挤压可产生良好的质构化，但要求蛋白质具有适宜的起始溶解度、大的分子量以及蛋白质-多糖混合料在管芯内能产生适宜的可塑性和黏稠性。这种技术还可用于血液，机械去骨的鱼、肉及其他动物副产品的质构化。

（六）面团的形成

小麦胚乳面筋蛋白质于室温下与水混合、揉搓，能够形成黏稠、有弹性和可塑性的面团，这种作用就称为面团的形成。黑麦、燕麦、大麦面粉也有这种特性，但是较小麦面粉差。小麦面粉中除含有面筋蛋白质（麦醇溶蛋白和麦谷蛋白）外，还含有淀粉粒、戊聚糖、极性和非极性脂类及可溶性蛋白质，所有这些成分都有助于面团网络和面团质地的形成。麦醇溶蛋白和麦谷蛋白的组成及大分子体积使面筋富有很多特性。麦醇溶蛋白（70% 乙醇中溶解）和麦谷蛋白构成面筋蛋白质。麦谷蛋白分子质量比麦醇溶蛋白分子质量大，前者分子质量可达数百万，既含有链内二硫键，又含有大量链间二硫键；麦醇溶蛋白仅含有链内二硫键，相对分子质量在 35000～75000 之间。麦谷蛋白决定着面团的弹性、黏合性和抗张强度，而麦醇溶蛋白促进面团的流动性、伸展性和膨胀性。在制作面包的面团时，两类蛋白质的适当平衡是很重要的。过度黏结（麦谷蛋白过多）的面团会抑制发酵期间所截留的 CO_2气泡的膨胀，抑制面团发酵和成品面包中的空气泡，加入还原剂半胱氨酸、偏亚硫酸氢盐可打断部分二硫键而降低面团的黏弹性。过度延展（麦醇溶蛋白过多）的面团产生的气泡膜是易破裂的和可渗透的，不能很好地保留 CO_2，从而使面团和面包塌陷，加入溴酸盐、脱氢抗坏血酸氧化剂可使二硫键形成而提高面团的硬度和黏弹性。面团揉搓不足时因网络还来不及形成而使“强度”不足，但过多揉搓时可能由于二硫键断裂使“强度”降低。

焙烤不会引起面筋蛋白质的再变性，因为麦醇溶蛋白和麦谷蛋白在面粉中已经部分伸展，在捏揉面团时更加被伸展，而在正常温度下焙烤面包时面筋蛋白质不会再进一步伸展。当焙烤温度高于 70～80℃时，面筋蛋白质释放出的水分能被部分糊化的淀粉粒所吸收，因此即使在焙烤时，面筋蛋白质也仍然能使面包柔软和保持水分（含40%～50%水），但焙烤能使面粉中可溶性蛋白质（清蛋白和球蛋白）变性和凝集，这种部分的胶凝作用有利于面包的形成。

（七）蛋白质的乳化性质

1. 蛋白质的乳化作用 蛋白质既能与水相互作用，又能与酯相互作用，因此蛋白质是天然的两亲物质，故其具有乳化性质，在油/水体系中，蛋白质能自发地迁移至油-水界面和气-水界面，到达界面上以后，疏水基定向到油相和气相而亲水基定向到水相并广泛展开和散布，在界面形成蛋白质吸附层，从而起到稳定乳状液的作用。

2. 影响蛋白质乳化作用的因素 很多因素影响蛋白质的乳化性质，它们包括内在因素，如pH、离子强度、温度、低分子量的表面活性剂、糖、油相体积分数、蛋白质类型和使用油的熔点等；外在因素，如制备乳状液的设备类型和几何形状、能量输入的强度和剪切速度。这里仅讨论内在的影响因素。

一般来说，蛋白质疏水性越强，在界面吸附的蛋白质浓度越高，界面张力越低，乳状液越稳定。

蛋白质的溶解度与其乳化容量或乳状液稳定性之间通常存在正相关，不溶性蛋白质对乳化作用的贡献很小，但不溶性蛋白质颗粒常常能够在已经形成的乳状液中起到加强稳定的作用。

pH影响由蛋白质稳定的乳状液的形成和稳定，在等电点溶解度高的蛋白质（如血清蛋白、明胶和蛋清蛋白），具有最佳乳化性质。

加入低分子的表面活性剂，由于降低了蛋白质膜的硬度及蛋白质保留在界面上的作用力，因此，通常有损于依赖蛋白质稳定的乳状液的稳定性。

加热处理常可降低吸附在界面上的蛋白质膜的黏度和硬度，因而降低了乳状液的稳定性。加入小分子的表面活性剂，如磷脂和甘油一酰酯等，它们与蛋白质相竞争吸附在界面上，从而降低了蛋白质膜的硬度和削弱了使蛋白质保留在界面上的作用力，也使蛋白质的乳化性能下降。

由于蛋白质从水相向界面缓慢扩散和被油滴吸附，将使水相中蛋白质的浓度降低。因此，只有蛋白质的起始浓度较高时，才能形成具有适宜厚度和流变学性质的蛋白质膜。

（八）蛋白质的起泡性质

1. 食品泡沫的形成与破坏 泡沫通常是指气泡分散在含有表面活性剂的连续液相或半固相中的分散体。泡沫的基本单位是液膜所包围的气泡，气泡的直径从1微米到几个厘米不等，液膜和气泡间的界面上吸附着表面活性剂，起着降低表面张力和稳定气泡的作用。

蛋白质能作为发泡剂主要决定于蛋白质的表面活性和成膜性，例如鸡蛋清中的水溶性蛋白质在鸡蛋液搅打时可被吸附到气泡表面来降低表面张力，又因为搅打过程中的变性，逐渐凝固在气液界面间形成有一定刚性和弹性的薄膜，从而使泡沫稳定。

形成泡沫通常采用三种方法：一种是将气体通过一个多孔分配器鼓入低浓度的蛋白质溶液中产生泡沫；另一种是在有大量气体存在的条件下，通过打擦或振荡蛋白质溶液而产生泡沫；第三种方法是将一个预先被加压的气体溶于要生成泡沫的蛋白质溶液中，突然减压，系统中的气体则会膨胀而形成泡沫。

由于泡沫具有很大的界面面积（气液界面可达$1m^2/ml$液体），因而是不稳定的：①在重力、气泡内外压力差（由表面张力引起）和蒸发的作用下液膜排水。如果泡沫密度大、界面张力小和气泡平均直径大，则气泡内外的压力差较小。另外，如果连续相黏度大，吸附层蛋白质的表观黏度大，液膜中的水就较稳定。②气体由小泡向大泡扩散，这是使泡沫总表面能降低的自发变化。如果连续相黏度大、气体在其中溶解和扩散速度小，泡沫就较稳定。③在液膜不断排水变薄时，受机械剪切力、气泡碰撞力和超声波振荡的作用，气泡液膜也会破裂。

2. 影响泡沫形成和稳定性的因素 泡沫的形成和泡沫的稳定所需的蛋白质的性质不同。泡沫形成要求蛋白质迅速扩散到汽水界面上，并在那里很快地展开、浓缩和散布，以降低表面张力。因此需要水溶性好、并有一定表面疏水区的蛋白质。泡沫稳定要求蛋白质能在每一个气泡周围形成一定厚度、刚性、黏性和弹性的且连续的和气体不能渗透的吸附膜。因此，要求分子量较大、分子间较易发生相互结合或黏合。

具有良好起泡性质的蛋白质包括蛋清蛋白质、血红蛋白和球蛋白部分、牛血清蛋白、明胶、乳清蛋白、酪蛋白胶束、β-酪蛋白、小麦蛋白质（特别是谷蛋白）、大豆蛋白质和一些水解蛋白质（低水解度）。对于蛋清，泡沫能快速形成，然而泡沫密度、稳定性和耐热性低。

蛋白质的浓度与起泡性相关，当起始液中蛋白质的浓度在2%～8%，随着浓度的增加起泡性有所增加。当蛋白质浓度增加到10%时则会使气泡变小，泡沫变硬。这是由于蛋白质在高浓度下溶解度变小的缘故。

pH影响蛋白质的荷电状态，因而改变了其溶解度、相互作用力和持水力，也就改变了蛋白质的起泡性质和泡沫的稳定性。当蛋白质处于或接近等电点pH时，有利于界面上蛋白质-蛋白质的相互作用和形成黏稠的膜，被吸附至界面的蛋白质的数量也将增加，这两个因素均提高了蛋白质的起泡能力和泡沫稳定性。

盐类影响蛋白质的溶解度、黏度、伸展和聚集，因而改变其起泡性质。这取决于盐的种类、浓度和蛋白质的性质，如氯化钠通常能增大泡沫膨胀率和降低泡沫稳定性，而钙离子由于能与蛋白质的羧基形成桥键从而使泡沫稳定性提高。

由于糖类能提高整体黏度，因此，抑制泡沫的膨胀，但却改进了泡沫的稳定性。所以，在加工蛋白甜饼、蛋奶酥和蛋糕等含糖泡沫型甜食产品时，如在搅打后加入糖，能使蛋白质吸附、展开和形成稳定的膜，从而提高泡沫的稳定性。

脂类使泡沫稳定性下降，这是由于脂类物质，尤其是磷脂，具有比蛋白质更大的表面活性，它将以竞争的方式在界面上取代蛋白质，于是减少了膜的厚度和黏合性。

（九）蛋白质的风味结合作用

风味物质能够部分被吸附或结合在食品的蛋白质中，可使食品在贮藏和加工过程中保持其风味。蛋白质与风味物质的结合包括物理吸附和化学吸附。前者主要通过范德华力和毛细管作用吸附，后者包括静电吸附、氢键结合和共价结合。

当风味物与蛋白质相结合时，蛋白质的构象实际上发生了变化。如风味物扩散至蛋白质分子的内部则打断了蛋白质链段之间的疏水基相互作用，使蛋白质的结构失去稳定性；含活性基团的风味物，像醛类化合物，能共价地与赖氨基酸残基的ε-氨基相结合，改变了蛋白质的净电荷，导致蛋白质分子展开，更有利于与风味物质的结合。因此，任何能改变蛋白质构象的因素都能影响其与风味物质的结合。

水能促进极性挥发物质的结合而对非极性化合物则没有影响。在干燥的蛋白质中挥发物质的扩散是有限的，加水就能提高极性挥发物质的扩散速度和与结合部位结合的机会。但脱水处理，即使是冷冻干燥也会使最初被蛋白质结合的挥发物质降低50%以上。

pH的影响一般与pH诱导的蛋白质构象变化有关，通常在碱性pH条件下比在酸性pH

条件下更有利于与风味物质的结合，这是由于蛋白质在碱性 pH 比在酸性 pH 发生了更广泛的变性。

热变性蛋白质显示较高结合风味物质的能力，如 10% 的大豆蛋白离析物水溶液在有正己醛存在时于 90℃加热 1 小时或 24 小时，然后冷冻干燥，发现其对正己醛的结合量比未加热的对照组分别大 3 倍和 6 倍。

化学改性会改变蛋白质与风味物质结合的性质。如蛋白质分子中的二硫键被亚硫酸盐裂开引起蛋白质结构的展开，这通常会提高蛋白质与风味物结合的能力；蛋白质经酶催化水解后，原先分子结构中的疏水区被打破，疏水区的数量也减少，这会降低蛋白质与风味物的结合能力。

第五节　蛋白质在食品加工和贮藏中的变化

在蛋白质分离和含蛋白食品的加工和贮藏中，常涉及加热、冷却、干燥、化学试剂处理、发酵和辐照或其他各种处理，在这些处理中将不可避免地引起蛋白质的物理、化学和营养成分的变化，了解这些变化有利于科学地选择食品加工和贮藏的条件。

一、热处理的影响

热处理是对蛋白质质量影响较大的处理方法，影响的程度与结果取决于热处理的时间、温度、湿度以及有无其他物质存在等因素。

从有利方面看，绝大多数蛋白质加热后营养价值得到提高，因为在适宜的加热条件下，蛋白质发生变性以后，使肽和蛋白质原来折叠部分的肽链松散，容易受到消化酶的作用，从而提高消化率和必需氨基酸的生物有效性。热烫或蒸煮能使酶失活，例如脂酶、脂肪氧合酶、蛋白酶、多酚氧化酶和酵解酶类，酶失活能防止食品产生不应有的颜色，也可防止风味、质地变化和维生素的损失。食品中天然存在的大多数蛋白质毒素或抗营养因子均可通过加热使之变性和钝化，例如大豆中的胰蛋白酶抑制剂和胰凝乳蛋白酶抑制剂，在一定条件下加热，可消除其毒性。

但是，不适当的热处理对食品质量产生很多不利的影响，涉及的化学反应有氨基酸分解、蛋白质分解、蛋白质交联等。对食品进行单纯热处理，即不添加任何其他物质的条件下加热，食品中的蛋白质有可能发生各种不利的化学反应。最典型的是导致蛋白质中的氨基酸残基脱硫、脱氨、异构化及产生其他中间分解产物。

热处理温度高于 100℃就能使部分氨基酸残基脱氨，释放的氨主要来自于谷氨酰氨和天冬酰氨残基，这类反应不损失蛋白质的营养，但是由于氨基脱除后，在蛋白质侧链间会形成新的共价键，一般会导致蛋白质等电点和功能特性的改变。食品杀菌的温度大多在 115℃以上，在此温度下半胱氨酸及胱氨酸会发生部分不可逆的分解，产生硫化氢、二甲基硫化物、磺基丙氨酸等物质。高温（200℃）处理可导致氨基酸残基的异构化（图 5-11），最终产物是内消旋氨基酸残基混合物，既 D-构型和 L-构型氨基酸各占 1/2，由于D-氨基酸基本无营养价值，另外 D-构型氨基酸的肽键难水解，因此导致蛋白质的消化性和营养价值显著降低。此外，某些 D-型氨基酸被人体吸收后还有一定毒性。因此在确保安全的前提下，食品蛋白质应尽可能避免高温加工。

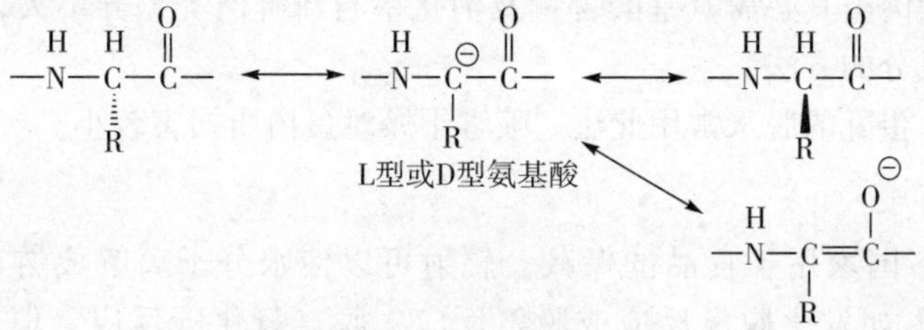

L型或D型氨基酸

图 5-11　氨基酸的异构化反应

二、低温处理的影响

食品的低温贮藏可延缓或阻止微生物的生长并抑制酶的活性及化学变化。低温处理有：

①冷却（冷藏）　即将温度控制在稍高于冻结温度之上，蛋白质较稳定，微生物生长也受到抑制。

②冷冻（冻藏）　即将温度控制在低于冻结温度之下（一般为-18℃），对食品的风味多少有些损害，但若控制得好，蛋白质的营养价值不会降低。

肉类食品经冷冻、解冻，细胞及细胞膜被破坏，酶被释放出来，随着温度的升高酶活性增强致使蛋白质降解，而且蛋白质与蛋白质间的不可逆结合，代替了水和蛋白质间的结合，使蛋白质的质地发生变化，保水性也降低，但对蛋白质的营养价值影响很小。鱼蛋白质很不稳定，经冷冻和冻藏后，使肌肉变硬、持水性降低，因此解冻后鱼肉变得干而强韧，而且鱼中的脂肪在冻藏期间仍会进行自动氧化作用，生成过氧化物和自由基，再与肌肉蛋白作用，使蛋白聚合，氨基酸破坏。

关于冷冻使蛋白质变性的原因，主要是由于蛋白质质点分散密度的变化而引起的。由于温度下降，冰晶逐渐形成，使蛋白质分子中的水化膜减弱甚至消失，蛋白质侧链暴露出来，同时加上冰晶的挤压，使蛋白质质点互相靠近而结合，致使蛋白质质点凝集沉淀。这种作用主要与冻结速度有关，冻结速度越快，冰晶越小，挤压作用也越小，变性程度就越小。食品工业根据这原理常采用快速冷冻法以避免蛋白质变性，保持食品原有的风味。

三、脱水处理的影响

脱水是食品加工的一个重要的操作单元，其目的在于保藏食品、减轻食品重量及增加食品的稳定性，但脱水处理也会给食品加工带来许多不利的变化。当蛋白质溶液中的水分被全部除去时，由于蛋白质与蛋白质的相互作用，引起蛋白质大量聚集，特别是在高温下除去水分时可导致蛋白质溶解度和表面活性急剧降低。干燥处理是制备蛋白质配料的最后一道工序，应该注意干燥处理对蛋白质功能性质的影响；干燥条件直接影响粉末颗粒的大小以及内部和表面孔率，这将会改变蛋白质的可湿润性、吸水性、分散性和溶解度，从而影响这类食品的功能性质。

食品工业中常用的脱水方法有很多种，引起蛋白质变化的程度也不相同。

①传统的脱水方法　以自然的温热空气干燥脱水的畜禽肉、鱼肉会变得坚硬、萎缩且回复性差，烹调后感觉坚韧而无其原来风味。

②真空干燥　这种干燥方法较传统脱水法对肉的品质损害较小，因无氧气，所以氧化反应较慢，而且在低温下还可减少非酶褐变及其他化学反应的发生。

③冷冻干燥　冷冻干燥的食品可保持原形及大小，具有多孔性，有较好的恢复性，是肉类脱水的最好方法。但会使部分蛋白质变性，肉质坚韧、保水性下降。与通常的干燥方

法相比，冷冻干燥肉类其必需氨基酸含量及消化率与新鲜肉类差异不大，冷冻干燥是最好的保持食品营养成分的方法。

④喷雾干燥　蛋乳的脱水常用此法。喷雾干燥对蛋白质损害较小。

四、辐射处理

辐射已在许多国家用于食品的保藏。辐射可以使水分子离解成游离基和水合电子，再与蛋白质作用，如发生脱氢反应或脱氨反应、脱二氧化碳反应。但蛋白质的二、三、四级结构一般不被辐射离解，总的来说一般剂量的辐射对氨基酸和蛋白质的营养价值影均不大。

在强辐射情况下，水分子可以被裂解为羟游离基，起游离基与蛋白质分子作用产生蛋白质游离基，它的聚合导致蛋白质分子间的交联，因此导致蛋白质功能性质的改变。

五、碱性条件下的热处理

食品加工中碱处理常常与加热同时进行，蛋白质在碱性条件下处理，一般是为了植物蛋白的增溶，制备酪蛋白盐、油料种子除去黄曲霉毒素、煮玉米等。如若改变蛋白质的功能特性，使其具有或增强某种特殊功能如起泡、乳化或使溶液中的蛋白质连成纤维状，也要靠碱处理。

碱性条件下处理食品，典型的反应是蛋白质的分子内及分子间的共价交联。该物质反应活性很高，易与赖氨酸、半胱氨酸、鸟氨酸、精氨酸、酪氨酸、色氨酸、丝氨酸等形成共价键，导致蛋白质交联。这类交联反应对食品营养价值的损坏也较严重，不光降低了蛋白质的消化吸收率，降低含硫氨基酸与赖氨酸，有些产物还危害人体健康。

六、氧化剂的影响

在食品加工过程中常使用一些氧化剂，如过氧化氢、过氧化苯甲酰、次氯酸钠等。过氧化氢在乳品工业中用于牛乳冷灭菌；还可以用来改善鱼蛋白质浓缩物、谷物面粉、麦片、油料种籽蛋白质离析物等产品的色泽；也可用于含黄曲酶毒素的面粉、豆类和麦片脱毒以及种籽去皮。氧化苯甲酰用于面粉的漂白，在某些情况下也可用作乳清粉的漂白剂。次氯酸钠具有杀菌作用，在食品工业上应用也非常广泛，例如肉品的喷雾法杀菌，黄曲霉毒素污染的花生粉脱毒等。

很多食品体系中也会产生各种具有氧化性的物质，如脂类氧化产生的过氧化物及其降解产物，它们通常是引起食品蛋白质成分发生交联的原因。很多植物中存在多酚类物质，在氧存在时的中性或碱性 pH 条件下容易被氧化成醌类化合物，这种反应生成的过氧化物属于强氧化剂。

七、机械处理的影响

机械处理对食品中的蛋白质有较大的影响，如充分干磨的蛋白质粉或浓缩物可形成小的颗粒和大的表面积，与未磨细的对应物相比，它提高了吸水性、蛋白质溶解度、脂肪的吸收和起泡性。

蛋白质悬浊液或溶液体系在强剪切力的作用下（例如牛乳均质）可使蛋白质聚集体（胶束）碎裂成亚单位，这种处理一般可提高蛋白质的乳化能力。在空气-水界面施加剪切力，通常会引起蛋白质变性和聚集，而部分蛋白质变性可以使泡沫变得更稳定。某些蛋白质，例如过度搅打鸡卵蛋白时会发生蛋白质聚集，使形成泡沫的能力和泡沫稳定性降低。

机械力同样对蛋白质质构化过程起重要作用，例如面团受挤压加工时，剪切力能促使蛋白质改变分子的定向排列、二硫键交换和蛋白质网络的形成。

八、酶处理引起的变化

食品加工中常常用到酶制剂对食物原料进行处理。例如，从油料种子中分离蛋白质；制备浓缩鱼蛋白质；改进明胶生产工艺；凝乳酶和其他蛋白酶应用于干酪生产；从加工肉制品的下脚料中回收蛋白质和对猪（牛）血蛋白质进行酶法改性脱色等。

蛋白质经蛋白酶的作用最终可水解为氨基酸。蛋白酶可以作为食品添加剂用来改善食品的质量，如以蛋白酶为主要成分配制的肉类嫩化剂；啤酒生产的浸麦过程中，添加蛋白酶（主要为木瓜蛋白酶和细菌蛋白酶），提高麦汁 α-氨基氮的含量，从而提高发酵能力，加快发酵速度，加速啤酒成熟；用羧肽酶 A 来除去蛋白水解物中的苦味肽等。

重点小结

1. 蛋白质的基本组成单元是氨基酸，组成蛋白质的天然氨基酸有二十种，氨基酸的结构中至少含有一个氨基和一个羧基，并且氨基和羧基连接在同一个碳原子上，氨基酸结构中还有一个侧链 R 基团。

2. 由氨基酸构成的蛋白质具有一、二、三、四级结构，一级结构是指构成蛋白质的氨基酸残基的线性排列顺序，一级结构决定了蛋白质的基本性质，蛋白质多肽链中带有游离氨基的一端称作 N 端，带有游离羧基的一端称作 C 端，维持蛋白质一、二、三、四结构的作用力主要有肽键、二硫键、氢键、静电力、疏水相互作用、范德华力等。

3. 蛋白质变性的因素分为物理变性和化学变性，蛋白质的构象一般是不稳定的，在酸、碱、热、有机溶剂或辐射处理时，蛋白质的二、三、四级结构会发生不同程度的改变，这个过程称之为变性，蛋白质的变性一般不涉及氨基酸的连接顺序即蛋白质一级结构的变化，从蛋白质分子本身的变化来看，变性很类似于一个物理变化过程，一般不涉及化学反应，蛋白质变性会对食品品质产生影响。

4. 蛋白质的功能性质是除营养价值外的那些对食品特性有利的物理化学性质，如蛋白质的胶凝、溶解、泡沫、乳化、黏度等性质，蛋白质的功能性质影响着食品的感官质量，也对食品成分制备、食品加工或贮藏过程中的物理特性起重要作用。

5. 食品的加工处理中不可避免地引起蛋白质的物理、化学和营养成分的变化，如加热、冷却、干燥、化学试剂处理、发酵和辐照或其他各种加工处理，了解食品加工中蛋白质的物理、化学和营养变化。

目标检测

1. 名词解释：氨基酸的疏水性；肽键和肽链；异肽键；蛋白质的一级、二级、三级和四级结构；蛋白质的絮凝作用；蛋白质的胶凝作用。
2. 蛋白质如何分类？
3. 蛋白质的功能性质有哪些？简述蛋白质功能性质产生的机理、影响因素。举例说明蛋白质功能性质在食品工业的应用。

4. 食品中蛋白质与氧化剂反应，对食品有哪些不利影响？
5. 食物蛋白质在碱性条件下热处理，会产生哪些理化反应？
6. 蛋白质在加工和贮藏中会发生哪些物理、化学和营养变化？说明在食品加工和贮藏中如何利用和防止这些变化。

第六章

维生素和矿物质

学习目标

1. **掌握** 矿物质元素的分类方法；维生素 A、维生素 D、维生素 E、维生素 C、维生素 B_1、维生素 B_2、维生素 B_6的结构及理化特性，它们的主要生理作用及补充这类维生素的方法。
2. **熟悉** 其他维生素主要生理作用，加工与贮藏对维生素的影响。
3. **了解** 主要食物矿物质元素的分布特点，必需元素的功能与生物有效性。

第一节 维生素

维生素的发现是 19 世纪的伟大发现之一。1897 年，艾克曼在爪哇发现只吃精磨的白米容易患脚气病，未经碾磨的糙米能治疗这种病，并发现可治脚气病的物质能用水或乙醇提取，当时称这种物质为“水溶性 B”。1906 年证明食物中含有除蛋白质、脂类、碳水化合物、无机盐和水以外的“辅助因素”，它与碳水化合物、脂肪和蛋白质三大物质不同，在天然食物中仅占极少比例，但又为人体所必需。

维生素 B_6、维生素 K 等能由动物肠道内的细菌合成，合成量可满足动物的需要。动物细胞可将色氨酸转变成烟酸（一种 B 族维生素），但生成量不能满足需要；维生素 C 除灵长类及豚鼠以外，其他动物都可以自身合成。植物和多数微生物都能自己合成维生素，不必由体外供给。许多维生素也是辅基或辅酶的组成部分。

一、概述

维生素通俗来讲，即维持生命的物质，是维持人体生命活动所必须的一类有机物质，也是保持人体健康的重要活性物质。维生素在体内的含量很少，但不可或缺。各种维生素的化学结构以及性质虽然不同，但它们却有着以下共同点。

1. 维生素均以维生素原的形式存在于食物中。

2. 维生素不是构成机体组织和细胞的组成成分，它也不会产生能量，它的作用主要是参与机体代谢的调节。

3. 大多数的维生素，机体不能合成或合成量不足，不能满足机体的需要，必须经常通过食物中获得。

4. 人体对维生素的需要量很小，日需要量常以毫克或微克计算，一旦缺乏就会引发相应的维生素缺乏症，对人体健康造成损害。

二、维生素的分类

维生素是个庞大的家族，现阶段所知的维生素就有几十种，大致可分为脂溶性维生素和水溶性维生素两大类。有些物质在化学结构上类似于某种维生素，经过简单的代谢反应即可转变成维生素，此类物质称为维生素原，例如β-胡萝卜素能转变为维生素 A；7-脱氢胆固醇可转变为维生素 D_3。

脂溶性维生素主要包括维生素 A、维生素 D、维生素 E、维生素 K；水溶性维生素主要有 B 族维生素，另有维生素 C 等。维生素 B 复合体包括：泛酸、烟酸、生物素、叶酸、维生素 B_1（硫胺素）、维生素 B_2（核黄素）、吡哆醇（维生素 B_6）和氰钴胺（维生素 B_{12}）；有人也将胆碱、肌醇、对氨基苯酸（对氨基苯甲酸）、肉毒碱、硫辛酸包括在维生素 B 复合体内。

三、维生素的生理功能及来源

维生素 A，抗干眼病维生素，亦称美容维生素，脂溶性，由 Elmer McCollum 和 M. Davis 在 1912 年到 1914 年之间发现。维生维 A 并不是单一的化合物，而是一系列视黄醇的衍生物（视黄醇亦被译作维生素 A 醇、松香油），别称抗干眼病维生素。多存在于鱼肝油、动物肝脏、绿色蔬菜中，缺少维生素 A 易患夜盲症。

维生素 B_1，硫胺素，又称抗脚气病因子、抗神经炎因子等，是水溶性维生素，由卡西米尔-冯克在 1912 年发现。在生物体内通常以硫胺焦磷酸盐的形式存在。多存在于酵母、谷物、肝脏、大豆、肉类中。

维生素 B_2，核黄素，水溶性，由 D. T. Smith 和 E. G. Hendrick 在 1926 年发现。也被称为维生素 G，多存在于酵母、肝脏、蔬菜、蛋类 中。缺少维生素 B_2易患口舌炎症（口腔溃疡）等。

维生素 PP，水溶性，由 Conrad Elvehjem 在 1937 年发现。包括尼克酸（烟酸）和尼克酰胺（烟酰胺）两种物质，均属于吡啶衍生物。多存在于菸碱酸、尼古丁酸酵母、谷物、肝脏、米糠中。

维生素 B_4，现阶段已经不将其视为真正的维生素。胆碱由 Maurice Gobley 在 1850 年发现。维生素 B 族之一，1849 年首次从猪肝中被分离出，此后一直认为胆碱为磷脂的组分，1940 年 Sura 和 Gyorgy Goldblatt 根据他们各自的工作，表明了它具有维生素特性。蛋类、动物的脑、啤酒酵母、麦芽、大豆卵磷脂中含量较高。

维生素 B_5，泛酸，水溶性，由 Roger Williams 在 1933 年发现，亦称为遍多酸。多存在于酵母、谷物、肝脏、蔬菜中。

维生素 B_6，吡哆醇类，水溶性，由 Paul Gyorgy 在 1934 年发现。包括吡哆醇、吡哆醛及吡哆胺。多存在于酵母、谷物、肝脏、蛋类、乳制品中。

生物素，也被称为维生素 H 或辅酶 R，水溶性。多存在于酵母、肝脏、谷物中。

维生素 B_9，叶酸，水溶性。也被称为蝶酰谷氨酸、蝶酸单麸胺酸、维生素 M 或叶精。多存在于蔬菜叶、肝脏中。

维生素 B_{12}，氰钴胺素，水溶性，由 Karl Folkers 和 Alexander Todd 在 1948 年发现。也被称为氰钴胺或辅酶 B_{12}。多存在于肝脏、鱼肉、肉类、蛋类中。

肌醇，水溶性，环已六醇、维生素 Bh。多存在于心脏、肉类中。

维生素 C，抗坏血酸，水溶性，由詹姆斯林德在 1747 年发现，亦称为抗坏血酸。多存在于新鲜蔬菜、水果中。

维生素 D，钙化醇，脂溶性，由 Edward Mellanby 在 1922 年发现。亦称为骨化醇、抗佝偻病维生素，主要有维生素 D_2即麦角钙化醇和维生素 D_3即胆钙化醇。这是唯一一种人体可以少量合成的维生素。多存在于鱼肝油、蛋黄、乳制品、酵母中。

维生素 E，又称生育酚脂溶性，由 Herbert Evans 及 Katherine Bishop 在 1922 年发现，主要有 α、β、γ、δ 四种。多存在于鸡蛋、肝脏、鱼类、植物油中。

维生素 K，萘醌类，脂溶性，由 Henrik Dam 在 1929 年发现。是一系列萘醌衍生物的统称，主要有天然的来自植物的维生素 K_1、来自动物的维生素 K_2 以及人工合成的维生素 K_3 和维生素 K_4，又被称为凝血维生素。多存在于菠菜、苜蓿、白菜、肝脏中。

四、脂溶性维生素

（一）维生素 A

1. 概述 它是一类具有生物活性的不饱和一元醇类，属脂溶性维生素。维生素 A 是眼睛中视紫质的原料，也是皮肤组织所必需的材料，人缺少它会得干眼病、夜盲症等，故又称为抗干眼醇。

已知维生素 A 有 A_1 和 A_2 两种，A_1 存在于动物肝脏、血液和眼球的视网膜中，又称为视黄醇，天然维生素 A 主要以此形式存在。A_2 主要存在于淡水鱼的肝脏中。维生素 A_1 是一种脂溶性淡黄色片状结晶，熔点 64℃，维生素 A_2 熔点 17～19℃，通常为金黄色油状物。维生素 A 是含有 β-白芷酮环的多烯醇。维生素 A_2 的化学结构与 A_1 的区别只是在 β-白芷酮环的 3、4 位上多一个双键。维生素 A 不溶于水，易溶于脂肪、油等有机溶剂。

维生素 A_1 分子中有不饱和键，如图 6-1 所示，化学性质活泼，在空气中易被氧化，或受紫外线照射而破坏，失去生理作用，故维生素 A 的制剂应装在棕色瓶内避光保存。不论是 A_1 或 A_2，都能与三氯化锑作用，呈现深蓝色，这种性质可作为定量测定维生素 A 的依据。许多植物如胡萝卜、番茄、绿叶蔬菜、玉米等含类胡萝卜素物质，如 α-胡萝卜素、β-胡萝卜素、γ-胡萝卜素、隐黄质、叶黄素等。其中有些类胡萝卜素具有与维生素 A_1 相同的环结构，在体内可转变为维生素 A，故称为维生素 A 原，β-胡萝卜素含有两个维生素 A_1 的环结构，转换率最高。

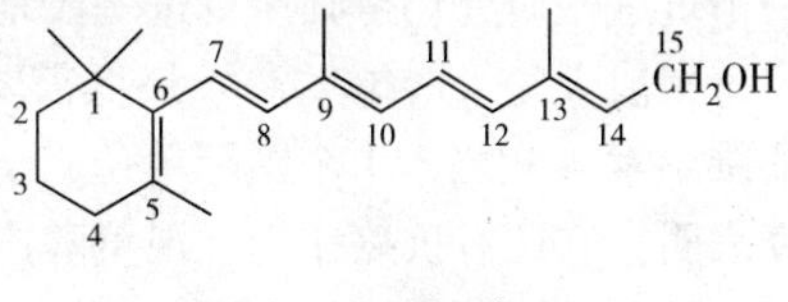

图 6-1 维生素 A_1

一分子 β-胡萝卜素，加两分子水可生成两分子维生素 A_1。在动物体内，这种加水氧化过程由 β-胡萝卜素-15,15′-加氧酶催化，主要在动物小肠黏膜内进行。食物中，或由 β-胡萝卜素裂解生成的维生素 A 在小肠黏膜细胞内与脂肪酸结合成酯，然后掺入乳糜微粒，通过淋巴吸收进入体内。动物的肝脏为储存维生素 A 的主要场所，当机体需要时，再释放入血。在血液中，视黄醇（R）与视黄醇结合蛋白（RBP）以及血浆前清蛋白（PA）结合，生成 R-RBP-PA 复合物而转运至各组织。

维生素 A 是复杂机体必需的一种营养素，它以不同方式几乎影响机体的一切组织细胞。尽管是一种最早发现的维生素，但有关它的生理功能至今尚未完全揭开。

2. 生理功能

（1）维持视觉　维生素 A 可促进视觉细胞内感光色素的形成。全反式视黄醇可以被视黄醇异构酶催化为 11-顺-视黄醇，进而氧化成 11-顺-视黄醛，11-顺-视黄醛可以和视蛋白结合成为视紫红质。视紫红质遇光后其中的 11-顺-视黄醛变为全反视黄醛，因为构像的变化，视紫红质是一种 G 蛋白偶联受体，通过信号转导机制，引起对视神经的刺激作用，引发视觉。而遇光后的视紫红质不稳定，迅速分解为视蛋白和全反视黄醛，并在还原酶的作用下还原为全反式视黄醇，重新开始整个循环过程。维生素 A 可调试眼睛适应外界光线的强弱能力，以降低夜盲症和视力减退的发生，维持正常的视觉反应，有助于控制多种眼疾。维生素 A 对视力的作用是被最早发现的，也是被了解最多的功能。

（2）促进生长发育　与视黄醇对基因的调控有关。视黄醇也具有相当于类固醇激素的作用，可促进糖蛋白的合成。促进生长、发育，强壮骨骼，维护头发、牙齿和牙床的健康。

（3）维持上皮结构的完整与健全　视黄醇和视黄酸可以调控基因表达，减弱上皮细胞向鳞片状的分化，增加上皮生长因子受体的数量。因此，维生素 A 可以调节上皮组织细胞的生长，维持上皮组织的正常形态与功能。保持皮肤湿润，防止皮肤黏膜干燥角质化，不易受细菌伤害，有助于对粉刺、脓包、疖疮、皮肤表面溃疡等症的治疗；有助于祛除老年斑；能保持组织或器官表层的健康。缺乏维生素 A，会使上皮细胞的功能减退，导致皮肤弹性下降、干燥粗糙、失去光泽。

（4）加强免疫能力　维生素 A 有助于维持免疫系统功能正常，能加强对传染病特别是呼吸道感染及寄生虫感染的身体抵抗力；有助于对肺气肿、甲状腺机能亢进症的治疗。

（5）清除自由基　维生素 A 也有一定的抗氧化作用，可以中和有害的自由基。

另外，许多研究显示皮肤癌、肺癌、喉癌、膀胱癌和食道癌都跟维生素 A 的摄取量有关；不过这些研究仍待临床更进一步地证实其可靠性。

正常成人每天的维生素 A 最低需要量约为 3500 国际单位（0.3μg 维生素 A 或 0.332μg 乙酰维生素 A 相当于 1 个国际单位），儿童约为 2000~2500 国际单位，不能摄入过多，有关研究表明，它还有抗癌作用。视黄醇广泛存在于高等动物及海产鱼类体中，尤以动物肝脏、鱼卵、眼球及蛋黄中最为丰富；而维生素 A 原存在于植物性食物，尤其是深色蔬菜中。几种动、植物中的维生素 A 含量见表 6-1 和表 6-2。

表 6-1　几种动物肝中维生素 A 的含量　　单位：10IU/kg

种类	牛肝	羊肝	猪肝	鸭肝	鸡肝
维生素 A	18300	29900	8700	8900	50900

表 6-2　海产品及植物性食品中胡萝卜素的含量　　单位：10mg/kg

食物	胡萝卜素含量	食物	胡萝卜素含量	食物	胡萝卜素含量
海螃蟹	230	柑橘	0.55	小白菜	2.95
对虾	360	葡萄	0.44	大白菜	0.04
沙丁鱼	100	黄瓜	0.13	胡萝卜（黄）	3.65
青鱼	148	南瓜	2.4	胡萝卜（红）	1.35
海带	0.57	雪里蕻	1.55	甘薯	0.31
紫菜	1.23	菜花	0.08	绿豆芽	0.04
苹果	0.08	韭菜	3.21	绿豆	0.22
桃	0.06	辣椒	0.39	黄豆	0.4
杏	1.79	芹菜	0.11	玉米面	0.13
茶叶	5.46	菠菜	3.87	小米	0.19

3. 检测方法

维生素 A 的测定方法有三氯化锑比色法、紫外分光光度法、荧光法、气相色谱法和高效液相色谱法（HPLC）等。其中三氯化锑比色法应用广泛，其测定原理是：因维生素 A 通常存在于脂肪含量高的样品中，先用皂化法去除样品中的脂肪，然后在氯仿溶液中使维生素 A 与三氯化锑反应生成蓝色可溶性络合物，该物质在 620nm 波长处有最大吸收，其吸光度与维生素 A 的含量在一定范围内成正比。

（二）维生素 D

1. 概述 维生素 D 是所有具有胆钙化醇生物活性的类固醇的统称，属脂溶性维生素。它是淡黄色晶体，熔点为 115～118℃，不溶于水，能溶于醚等有机溶剂。它的化学性质稳定，在 200℃下仍能保持生物活性，但易被紫外光破坏，因此，含维生素 D 的药剂均应保存在棕色瓶中。

2. 生理功能 维生素 D 与动物骨骼的钙化有关，故又称为钙化醇。它具有抗佝偻病的作用，维生素 D 的生理功能就是帮助人体吸收磷和钙，是造骨的必需原料。在动物的肝、奶及蛋黄中含量较多，尤以鱼肝油含量最丰富。天然的维生素 D 有两种，麦角钙化醇（D_2）和胆钙化醇（D_3），如图 6-2 所示。人体中维生素 D 的合成跟晒太阳有关，因此，适当的光照有利健康。

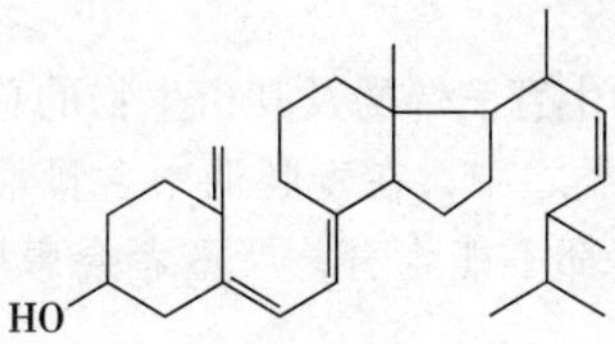

HO 维生素D_2 HO 维生素D_3

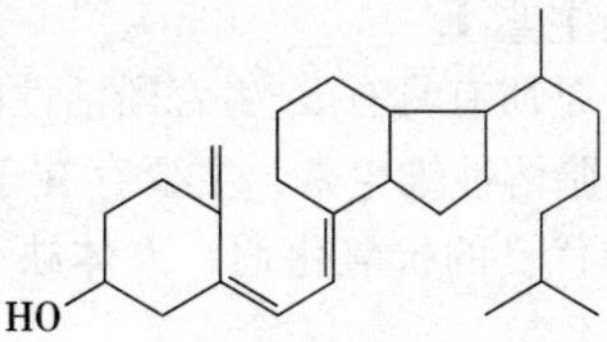

图 6-2 维生素 D_2和维生素 D_3的结构

植物油或酵母中所含的麦角固醇（2,4-甲基-2,2 脱氢-7-脱氢胆固醇），经紫外线激活后可转化为维生素 D_2。在动物皮下的 7-脱氢胆固醇，经紫外线照射也可以转化为维生素 D_3，因此麦角固醇和 7-脱氢胆固醇常被称作维生素 D 原。在动物体内，它们必须在进行一系列的代谢转变，才能成为具有活性的物质。这一转变主要是在肝脏及肾脏中进行的羟化反应，首先在肝脏羟化成 25-羟维生素 D_3，然后在肾脏进一步羟化成为 1,25-（OH）$_2$-D_3，后者是维生素 D_3在体内的活性形式。1,25-二羟维生素 D_3具有显著的调节钙、磷代谢的活性。它促进小肠黏膜对磷的吸收和转运，同时也促进肾小管对钙和磷的重吸收。在骨骼中，它既有助于新骨的钙化，又能促进钙由老骨髓质游离出来，从而使骨质不断更新，同时，又能维持血钙的平衡。

维生素 D 有调节钙的作用，所以是骨及牙齿正常发育所必需的物质，特别是孕妇、婴儿及青少年需要量大。如果此时维生素 D 量不足，则血中钙与磷低于正常值，会出现骨骼变软及畸形。发生在儿童身上称为佝偻病；在孕妇身上为骨质软化症。

正常人每天的需求量为 0.0005～0.01mg。只有休息少的人，才需要额外吃些含维生素 D 的食品或制剂。

维生素 D 是形成骨骼和软骨的发动机，能使牙齿坚硬。对神经也很重要，并对炎症有抑制作用。骨质疏松是中年人常见疾病，特别是在那些缺乏运动锻炼、终日坐于办公室中的职业女性人群中最为常见。增加含维生素 D 食物的摄入和多晒太阳是防止缺乏维生素 D 的有效措施。天然食物中维生素 D 含量均较低，含脂肪高的海鱼、动物肝、蛋黄、奶油相对较多，鱼肝油中含维生素 D 量极高，瘦肉、奶含量较少。故许多国家在鲜奶和少儿配方食品中强化维生素 D。食物中维生素 D 的含量见表 6-3。

表 6-3 几种动物性食物中维生素 D 的含量 单位：10IU/kg

食物	维生素 D 含量	食物	维生素 D 含量
沙丁鱼	200~1800	家禽肝脏	小于 40
蛋黄	160~400	人造黄油	80~360
全蛋	40~60	黄油	40~80
奶酪	10	比目鱼肝油	20000~40000
牛乳	2~10	鳕鱼肝油	8000~30000

研究人员估计，长期每天摄入 0.025mg 维生素 D 对人体有害。可能造成的后果是：恶心、头痛、肾结石、肌肉萎缩、关节炎、动脉硬化、高血压、轻微中毒、腹泻、口渴、体重减轻、多尿及夜尿等症状。严重中毒时则会损伤肾脏，使软组织（如心、血管、支气管、胃、肾小管等）钙化。

（三）维生素 E

维生素 E 是所有具有 α-生育酚活性的生育酚和生育三烯酚及其衍生物的总称，又名生育酚，是一种脂溶性维生素，主要存在于蔬菜、豆类之中，在麦胚油中含量最丰富。维生素 E 是人体内优良的抗氧化剂，人体缺少它，男女都不能生育，严重者会患肌肉萎缩症、神经麻木症等。

天然存在的维生素 E 有 8 种，均为苯骈二氢吡喃的衍生物，其基本结构如图 6-3 所示。根据其化学结构可分为生育酚及生育三烯酚二类，每类又可根据甲基的数目和位置不同，分为 α-、β-、γ-和 δ-四种。商品维生素 E 以 α-生育酚生理活性最高。β-及 γ-生育酚和 α-三烯生育酚的生理活性仅为 α-的 40%、8% 和 20%。

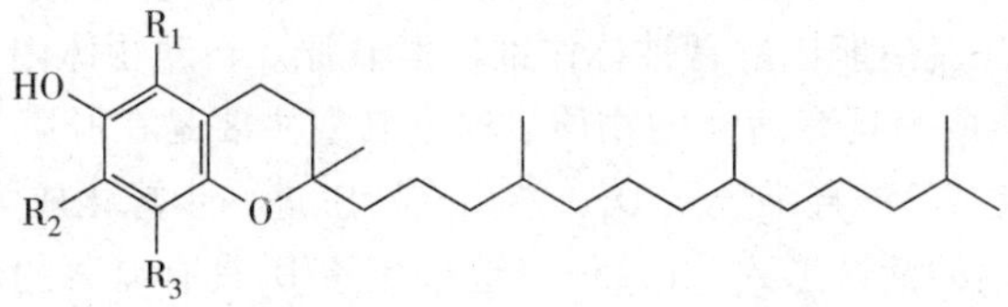

图 6-3 维生素 E 的基本结构

天然 α-生育酚是右旋型，即 D-α-生育酚。它是生物活性最高的维生素 E 形式。另外，D-α-生育酚醋酸酯，D-α-生育酚琥珀酸酯等衍生物经常用在维生素 E 补充剂中。在外用时，D-α-生育酚醋酸酯只能起到保湿的作用，而 D-α 生育酚具有保湿和抗氧化双重作用。

维生素 E 为微带黏性的淡黄色油状物，在无氧条件下较为稳定，甚至加热至 200℃ 以上也不被破坏。但在空气中维生素 E 极易被氧化，颜色变深。维生素 E 易于氧化，故能保护其他易被氧化的物质（如维生素 A 及不饱和脂肪酸等）不被破坏。食物中维生素 E 主要在动物体内小肠上部吸收，在血液中主要由 β-脂蛋白携带，运输至各组织。同位素示踪试验表明，α-生育酚在组织中能氧化成 α-生育醌。后者再还原为 α-生育氢醌后，可在肝脏中与葡萄糖醛酸结合，随胆汁入肠，经粪排出。其他维生素 E 的代谢与 α-生育酚类似。维生素 E 对动物生育是必需的。缺乏维生素 E 时，雄鼠睾丸退化，不能形成正常的精子；雌鼠胚胎及胎盘萎缩而被吸收，会引起流产。动物缺乏维生素 E 也可能发生肌肉萎缩、贫血、脑软化及其他神经退化性病变。如果还伴有蛋白质不足时，会引起急性肝硬化。虽然这些病变的代谢机理尚未完全阐明，但是维生素 E 的各种功能可能都与其抗氧化作用有关。

人体有些疾病的症状与动物缺乏维生素 E 的症状相似。由于一般食品中维生素 E 含量尚充分，较易吸收，故不易发生维生素 E 缺乏症。维生素 E 在临床上试用范围较广泛，并发现对某些病变有一定防治作用，如贫血动脉粥样硬化、肌营养不良症、脑水肿、男性或女性不育症、先兆流产等，也可用维生素 E 预防衰老。

维生素 E 在食品加工中可用作抗氧化剂，尤其用于植物油中。食物加工和贮藏过程中会引起维生素 E 大量损失，如谷物等机械加工中由于脱胚能使维生素 E 损失，因此凡能分离或除去油脂部分的机械及氧化过程都会使维生素 E 遭受损失。

维生素 E 广泛存在于动植物食品中，尤其是各种植物油中，如小麦胚油、棉籽油、花生油、玉米油、大豆油、芝麻油等，谷类、坚果类、绿叶菜、肉奶蛋中均含有。一些食物中维生素 E 的含量见表 6-4。

表 6-4　食物中维生素 E 的含量　　单位：10mg/kg

食物	维生素 E 含量	食物	维生素 E 含量	食物	维生素 E 含量
麦芽	12.5	牛乳	0.1	橄榄油	0.05~0.3
胡萝卜	0.45	鸡蛋	2.1	奶油	0.021~0.033
鲜橘	0.23	牛肉	0.47	牛乳	0.0009~0.0017
番茄	0.27	猪肉	0.63	猪油及牛油	0.01~0.012
莴苣	0.29	羊肉	0.62	芝麻油	0.02~0.03
花生	4.6	牛肝	1.4	大豆油	0.1~0.4
稻米	小于 0.23	小麦胚油	1.0~3.0	花生油	0.26~0.36
麦类	0.84	棉籽油	0.6~0.9		

食品中维生素 E 的测定方法有比色法、荧光法、气相色谱法和液相色谱法。比色法是将样品皂化处理后利用维生素 E 能将高铁离子还原为低铁离子，低铁离子发生颜色反应，于 520nm 波长下比色，确定含量。该法操作简单，灵敏度高，但特异性差，当有其他还原性物质存在或维生素 E 相对较少时会产生较大偏差。

五、水溶性维生素

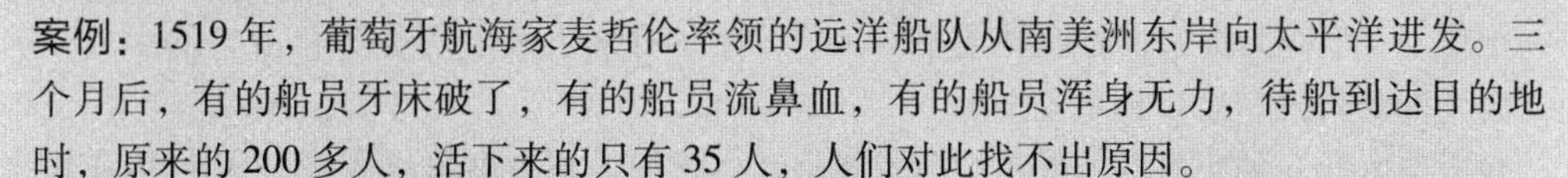

案例讨论

案例：1519 年，葡萄牙航海家麦哲伦率领的远洋船队从南美洲东岸向太平洋进发。三个月后，有的船员牙床破了，有的船员流鼻血，有的船员浑身无力，待船到达目的地时，原来的 200 多人，活下来的只有 35 人，人们对此找不出原因。

1734 年，在开往格陵兰的海船上，有一个船员得了严重的坏血病，当时这种病无法医治，其他船员只好把他抛弃在一个荒岛上。待他苏醒过来，用野草充饥，几天后他的坏血病竟不治而愈了。

诸如此类的坏血病，曾夺去了几十万英国水手的生命。1747 年英国海军军医林德总结了前人的经验，建议海军和远征船队的船员在远航时要多吃些柠檬，他的意见被采纳，从此再未发生过坏血病。但那时还不知是柠檬中的什么物质对坏血病有抵抗作用。

讨论：柠檬中能抵抗坏血病的物质到底是什么？

（一）维生素C

维生素C又叫L-抗坏血酸，是一种水溶性维生素，能够治疗坏血病并且具有酸性，所以称作抗坏血酸。在柠檬汁、绿色植物及番茄中含量很高。抗坏血酸是单斜片晶或针晶，容易被氧化而生成脱氢坏血酸，脱氢坏血酸仍具有维生素C的作用。在碱性溶液中，脱氢坏血酸分子中的内酯环容易被水解成二酮古洛酸，这种化合物在动物体内不能变成内酯型结构。在人体内最后生成草酸或与硫酸结合成硫酸酯，从尿中排出。因此，二酮古洛酸不再具有生理活性。维生素C的基本结构及主要反应如图6-4所示。

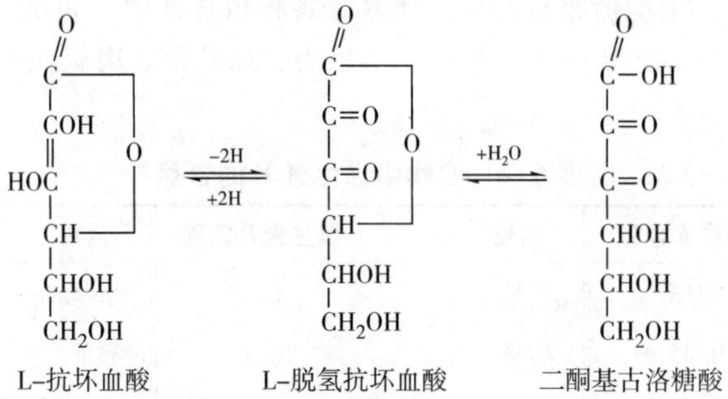

L-抗坏血酸 $\underset{+2H}{\overset{-2H}{\rightleftharpoons}}$ L-脱氢抗坏血酸 $\xrightarrow{+H_2O}$ 二酮基古洛糖酸

图6-4 维生素C的基本结构及主要反应

维生素C是最不稳定的一种维生素，由于它容易被氧化，在食物贮藏或烹调过程中，甚至切碎新鲜蔬菜时维生素C都能被破坏。微量的铜、铁离子可加快破坏的速度。因此，只有新鲜的蔬菜、水果或生拌菜才是维生素C的丰富来源。它是无色晶体，熔点190~192℃，易溶于水，水溶液呈酸性，化学性质较活泼，遇热、碱和重金属离子容易分解，所以炒菜不可用铜锅加热过久。

植物及绝大多数动物均可在自身体内合成维生素C。可是人、灵长类及豚鼠则因缺乏将L-古洛酸转变成为维生素C的酶类，不能合成维生素C，故必须从食物中摄取，如果从食物中摄取维生素C不足时，则会发生坏血病。这时由于细胞间质生成障碍而出现出血、牙齿松动、伤口不易愈合，易骨折等症状。由于维生素C在人体内的半衰期较长（大约16天），所以食用不含维生素C的食物3~4个月后才会出现坏血病。因为维生素C易被氧化还原，故一般认为其天然作用应与此特性有关。维生素C与胶原的正常合成、体内酪氨酸代谢及铁的吸收有直接关系。维生素C的主要功能是帮助人体完成氧化还原反应，从而使脑力灵活，提高智力。据诺贝尔奖获得者鲍林研究，服大剂量维生素C对预防感冒和抗癌有一定作用。但有人提出，有亚铁离子（Fe^{2+}）存在时维生素C可促进自由基的生成，因而认为大量摄入维生素C是不安全的。

对于维生素C的每日需求量，中国营养师学会建议的膳食参考摄入量（RNI），成年人为100mg/天，最多摄入量为1000mg/天，即可耐受最高摄入量（UL）为1000mg/天。

维生素C是一种必需维生素，它的功效包括以下几方面。

（1）维生素C能够捕获自由基，在此能预防像癌症、动脉硬化、风湿病等疾病。此外，它还能增强免疫力，对皮肤、牙龈和神经也有好处。

（2）补充维生素C预防白内障。白内障是现阶段老人常见的眼部疾患，严重时可致完全失明，导致阅读障碍，影响日常生活。由于臭氧层破坏程度还在不断加重，据统计白内障发病率正呈上升趋势。专家们认为，白内障的形成是由于晶体的氧化所致，维生素C可抑制这种氧化作用，每日服用维生素C三片（每片100mg）就可起到保护效果。除此之外，服用维生素 C 对于保护肝脏、预防胃癌还有积极作用。

迄今，维生素 C 被认为没有害处，因为肾脏能够把多余的维生素 C 排泄掉。但是美国新发表的研究报告指出，体内如果长期有大量维生素 C 循环，将不利于伤口愈合。每天摄入的维生素 C 超过 1000mg 会导致腹泻、肾结石、不育症，甚至还会引起基因缺损等，故维生素 C 也不能滥用。

（二）维生素 B 族

1. 维生素 B_1 是最早被人们提纯的维生素。1896 年荷兰王国科学家伊克曼首先发现，1910 年为波兰化学家丰克从米糠中提取和提纯。它是白色粉末，易溶于水，遇碱易分解。它的生理功能是能增进食欲、维持神经正常活动等，缺少它会得脚气病、神经性皮炎等。成人每天需摄入 2mg。它广泛存在于米糠、蛋黄、牛奶、番茄等食物中，现阶段已能由人工合成。因其分子中含有硫及氨基，故称为硫胺素，其结构式如图 6-5 所示，又称抗脚气病维生素。

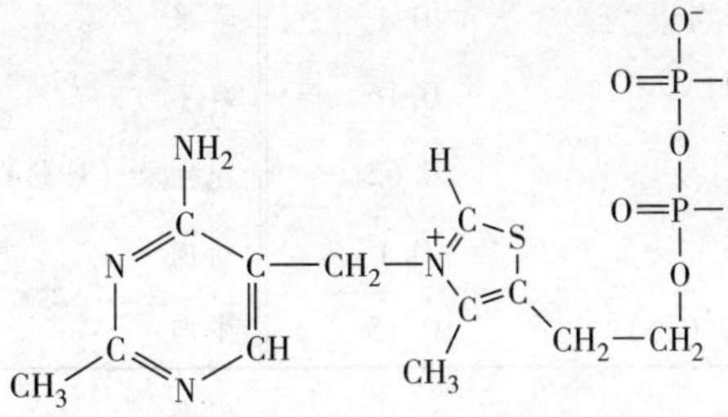

图 6-5 维生素 B_1 焦磷酸硫胺素

提取得到的维生素 B_1 盐酸盐为单斜片晶；维生素 B_1 硝酸盐则为无色三斜晶体，无吸湿性。维生素 B_1 易溶于水，在食物清洗过程中可随水大量流失，经加热后菜中 B_1 主要存在于汤中。如菜类加工过细、烹调不当或制成罐头食品，维生素会大量丢失或破坏。维生素 B_1 在碱性溶液中加热极易被破坏，后者在紫外光下可呈现蓝色荧光，利用这一特性可对维生素 B_1 进行检测及定量。

维生素 B_1 在体内转变成硫胺素焦磷酸（又称辅羧化酶），参与糖在体内的代谢。因此维生素 B_1 缺乏时，糖在组织内的氧化受到影响。它还有抑制胆碱酯酶活性的作用，缺乏维生素 B_1 时此酶活性过高，乙酰胆碱（神经递质之一）大量破坏使神经传导受到影响，可造成胃肠蠕动缓慢、消化道分泌减少、食欲不振、消化不良等障碍。

硫胺素分子中有两个碱基氮原子，一个是在初级氨基基因中，另一个是在具有强碱性质的四级胺中，故为强碱，在整个正常 pH 范围内，都是离子化的。此外，吡啶环上的氨基亦可因 PH 不同而有不同程度的离解。硫胺素的辅酶作用是通过环上第二位氢解离而成的强的亲核基，原因是 3 位上 N 的正电荷有助于 C_2 失去质子而具负电性的缘故。

硫胺素是 B 族维生素中最不稳定的。其稳定性取决于湿度、pH、离子强度、缓冲体系等。典型的降解反应是在两环之间的亚甲基碳上发生亲核取代反应，因此强亲核试剂易导致硫胺素的破坏。这种反应很重要，因为在果蔬加工时常用亚硫酸盐漂白与抑制褐变。但当有酪蛋白可溶性淀粉存在时，对硫胺素的破坏作用要减低些。

硫胺素以不同形式（如游离型、结合型、蛋白质磷酸复合型等）存在于食物中，见表 6-5。其损失在谷类中主要由蒸煮和培烤引起。对肉类、蔬菜和水果而言则在贮藏和加工等多个环节中引起损失，见表 6-6。硫胺素的稳定性受系统性质和状态的影响很大。

各种鱼类及贝壳类提取液能破坏硫胺素。目前认为这可能是因为其中含有一种氧高铁血红素或相应的化合物所致，所以食生鱼者最好能补充一定的硫胺素。同样金枪鱼、猪肉和牛肉中不同的血红素蛋白都具有抗硫胺素的活性。

表 6-5 一些食物中维生素 B_1 的含量 单位：10mg/kg

食物	维生素 B_1 含量	食物	维生素 B_1 含量	食物	维生素 B_1 含量
羊肉	0.15~0.2	菠菜	0.04	面粉：全麦粉	0.36~0.5
猪肝	0.4	南瓜	0.05	出粉率 85%	0.3~0.4
家禽肉	0.1	苹果	0.01	出粉率 73%	0.07~0.1
鸡蛋	0.16	鲜枣	0.05	大米：全米	0.5
甲鱼	0.62	花生米（炒熟）	0.26	精米	0.03
虾	0.1	猪肉	1.0	米糠	2.3
牛乳（粉）	0.15	牛肉	0.6	玉米面（白）	0.37

表 6-6 硫胺素在食品加工时的保存率

食品名称	加工处理	保存率/%
肉类	各种热加工	83~94
冷冻煎鱼	各种热处理	77~100
谷类	挤压	48~90
大豆	浸泡后水煮	23~52
马铃薯泥	各种热加工	82~97
马铃薯	水中浸泡 16 小时后油炸	55~60
	亚硫酸盐中浸泡 16 小时后油炸	19~24
蔬菜	各种热加工	80~95

硫胺素在体内参与糖类的中间代谢，主要以焦磷酸硫胺素的形式参与。若机体硫胺素不足，则影响糖代谢，从而影响整个机体代谢过程，尤其影响神经组织，其缺乏症状是脚气病。谷类、豆类、酵母、水果、动物的内脏、瘦肉及蛋类等均含较多的维生素 B_1。

硫胺素的测定可用比色测定法、硫色素荧光法、HPLC 法等。比色法利用游离型维生素 B_1 与重氮化对氨基苯乙酮反应呈紫红色进行比色测定。该法灵敏度低、准确度较差，适于维生意 B_1 含量多的样品。荧光法是目前常用的一种方法，首先用酸和酶使之与蛋白质、淀粉等结合使之转变为游离型维生素 B_1。然后用强氧化剂如铁氰化钾或过氧化氢反应，生成具强蓝色荧光的硫色素。此硫色素在紫外光照射下发出荧光，其强度与硫色素浓度成正比，即也与溶液中硫胺素含量成正比。

2. 维生素 B_2 又叫核黄素，其结构式如图 6-6 所示。

1879 年英国著名化学家布鲁斯发现牛奶的上层乳清中存在一种黄绿色的荧光色素，他们用各种方法提取，试图发现其化学本质，都没有成功。几十年中，尽管世界许多科学家从不同来源的动植物都发现这种黄色物质，但都无法识别。1933 年，美国科学家哥尔倍格等从 1000 多公斤牛奶中得到 18 毫克这种物质，后来人们因为其分子式上有一个核糖醇，命名为核黄素。

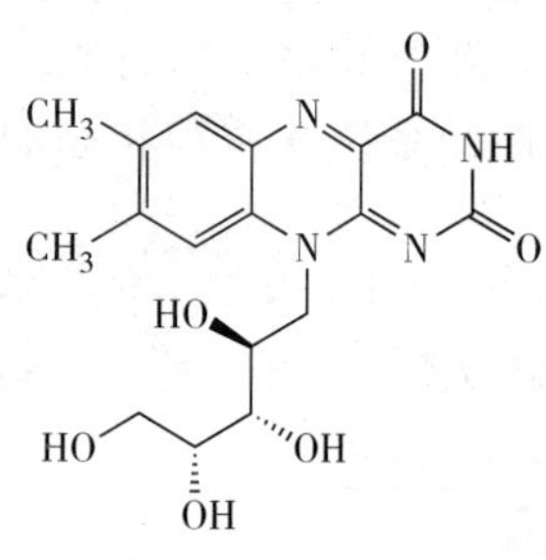

图 6-6 维生素 B_2 核黄素

维生素 B_2是水溶性维生素，但微溶于水，在27.5℃下，溶解度为12mg/100ml。可溶于氯化钠溶液，易溶于稀的氢氧化钠溶液，在碱性溶液中容易溶解，在强酸溶液中稳定。是体内黄酶类辅基的组成部分（黄酶在生物氧化还原中发挥递氢作用），当缺乏时，就影响机体的生物氧化，使代谢发生障碍。其病变多表现为口、眼和外生殖器部位的炎症，如口角炎、唇炎、舌炎、眼结膜炎和阴囊炎等，故本品可用于上述疾病的防治。体内维生素 B_2的储存是很有限的，因此每天都要从饮食中摄入。维生素 B_2的两个性质是造成其损失的主要原因：一是可被光破坏；二是在碱溶液中加热可被破坏。

维生素 B_2 是一种重要的维生素，其生理功能如下。

（1）参与体内生物氧化与能量代谢，与碳水化合物、蛋白质、核酸和脂肪的代谢有关，可提高肌体对蛋白质的利用率，促进生长发育，维护皮肤和细胞膜的完整性。具有保护皮肤毛囊黏膜及皮脂腺的功能。

（2）参与细胞的生长代谢，是肌体组织代谢和修复的必须营养素，如强化肝功能、调节肾上腺素的分泌。

（3）参与维生素 B_6和烟酸的代谢，是B族维生素协调作用的一个典范。FAD和FMN作为辅基参与色氨酸转化为尼克酸、维生素 B_6转化为磷酸吡哆醛的过程。

（4）与机体铁的吸收、储存和动员有关。

（5）还具有抗氧化活性，可能与黄素酶-谷胱甘肽还原酶有关。

维生素 B_2生理功能的实现，主要是与维生素 B_2分子中异咯嗪上1,5位N存在的活泼共轭双键有关，既可作氢供体，又可作氢递体。在人体内以黄素腺嘌呤二核苷酸（FAD）和黄素单核苷酸（FMN）两种形式参与氧化还原反应，起到递氢的作用，是机体中一些重要的氧化还原酶的辅基，如琥珀酸脱氢酶、黄嘌呤氧化酶及NADH脱氢酶等。

膳食中的大部分维生素 B_2是以黄素单核苷酸（FMN）和黄素腺嘌呤二核苷酸（FAD）辅酶形式和蛋白质结合存在。进入胃后，在胃酸的作用下，与蛋白质分离，在上消化道转变为游离型维生素 B_2后，在小肠上部被吸收。当摄入量较大时，肝肾常有较高的浓度，但身体贮存维生素 B_2的能力有限，超过肾阈即通过泌尿系统，以游离形式排出体外，因此每日身体组织的需要必需由饮食供给。

维生素 B_2在各类食品中广泛存在，但通常动物性食品中的含量高于植物性食物，如各种动物的肝脏、肾脏、心脏、蛋黄、鳝鱼以及奶类等。许多绿叶蔬菜和豆类含量也多，谷类和一般蔬菜含量较少。食品中维生素 B_2的含量见表6-7。为了充分满足机体的要求，除了尽可能利用动物肝脏、蛋、奶等动物性食品外，应该多吃新鲜绿叶蔬菜、各种豆类和粗米粗面，并采用各种措施，尽量减少维生素 B_2在食物烹调、贮藏过程中的损失。成年人每日吃50g动物肝、约100g黄豆、3棵生菜或3到4只香菇等即可满足需要。

表6-7 食品中维生素 B_2的含量 单位：10mg/kg

食物	维生素 B_2含量	食物	维生素 B_2含量	食物	维生素 B_2含量
猪肝	2.11	猪肉（精）	0.13~0.3	全麦粉	0.1~0.2
羊肝	3.57	牛乳	0.14~0.18	精麦粉	0.04~0.08
虾	0.11	人乳	0.04	精米	0.03
螃蟹	0.71	鲜枣	0.04	菠菜	0.2~0.4
甲鱼	0.37	酵母（酸制）	5.90	扁豆	0.18
带鱼	0.09	酵母	0.16	茄子、黄瓜	0.04

饮食摄入不足、酗酒都会导致维生素 B_2 的缺乏；另外某些药物，如治疗精神病的普吗嗪、丙咪嗪，抗癌药阿霉素等，会抑制维生素 B_2 转化为活性辅酶形式，故长期服用这些药物时会引发维生素 B_2 的缺乏症。

3. 维生素 B_6 又称吡哆素，其包括吡哆醇、吡哆醛及吡哆胺，其结构式如图 6-7 所示。它在体内以磷酸酯的形式存在，是一种水溶性维生素，遇光或碱易被破坏，不耐高温。在 19 世纪时，糙皮病除发现因烟碱酸缺乏引起外，在 1926 年又发现另一种维生素在饲料中缺乏时，也会引起小老鼠诱发糙皮病，后来此物质被定名为维生素 B_6。维生素 B_6 为无色晶体，易溶于水及乙醇，在酸液中稳定，在碱液中易被破坏，吡哆醇耐热，吡哆醛和吡哆胺不耐高温。维生素 B_6 在酵母菌、肝脏、谷粒、肉、鱼、蛋、豆类及花生中含量较多。维生素 B_6 为人体内某些辅酶的组成成分，参与多种代谢反应，尤其是和氨基酸代谢有密切关系。临床上应用维生素 B_6 制剂防治妊娠呕吐和放射病呕吐。

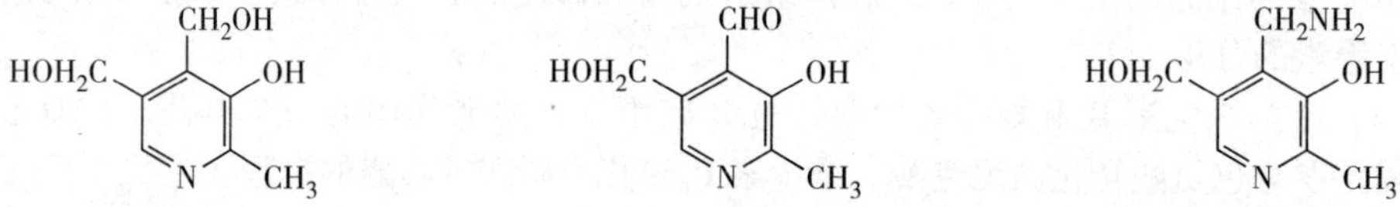

吡哆醇　　吡哆醛　　吡哆胺

图 6-7　维生素 B_6 的化学结构

维生素 B_6 的生理功能，主要以磷酸吡哆醛（PLP）形式参与近百种酶反应。多数与氨基酸代谢有关，包括转氨基、脱羧、侧链裂解、脱水及转硫化作用。这些生化功能涉及以下几方面。

（1）参与蛋白质合成与分解代谢，参与所有氨基酸代谢，如与血红素的代谢有关，与色氨酸合成烟酸有关。

（2）参与糖异生、UFA 代谢。与糖原、神经鞘磷脂和类固醇的代谢有关。

（3）参与某些神经介质（5-羟色胺、牛磺酸、多巴胺、去甲肾上腺素和 γ-氨基丁酸）合成。

（4）维生素 B_6 与一碳单位、维生素 B_{12} 和叶酸盐的代谢，如果它们代谢障碍可造成巨幼红细胞贫血。

（5）参与核酸和 DNA 合成，缺乏会损害 DNA 的合成，这个过程对维持适宜的免疫功能是非常重要的。

（6）维生素 B_6 与维生素 B_2 的关系十分密切，维生素 B_6 缺乏常伴有维生素 B_2 症状。

（7）参与同型半胱氨酸向蛋氨酸的转化，具有降低慢性病的作用，轻度高同型半胱氨酸血症被认为是血管疾病的一种可能危险因素，维生素 B_6 的干预可降低血浆同型半胱氨酸含量。

维生素 B_6 主要作用在人体的血液、肌肉、神经、皮肤等部位。功能有抗体的合成、消化系统中胃酸的制造、脂肪与蛋白质的利用（尤其在减肥时应补充）、维持钠/钾平衡（稳定神经系统）等。缺乏维生素 B_6 的通症，一般缺乏时会有食欲不振、食物利用率低、失重、呕吐、下痢等毛病。严重缺乏会有粉刺、贫血、关节炎、小孩痉挛、忧郁、头痛、掉发、易发炎、学习障碍、衰弱等。

维生素 B_6 的食物来源很广泛，动物性、植物性食物中均含有。通常肉类、全谷类产品（特别是小麦）、蔬菜和坚果类中含量较高。动物性来源的食物中维生素 B_6 的生物利用率优于植物性来源的食物。在动物性及植物性食物中含量均微，酵母粉含量最多，米糠或白米含量亦不少，其次是来自于肉类、家禽、鱼，马铃薯、甜薯、蔬菜中。部分食物中的维生

素 B_6含量见表6-8。

表6-8 部分食物中的维生素 B_6含量 单位：10mg/kg

食物	维生素 B_6含量	食物	维生素 B_6含量	食物	维生素 B_6含量
牛乳	0.03~0.30	面粉（全麦）	0.40~0.70	橘子	0.05
干酪	0.04~0.80	80%出粉率	0.10~0.30	豌豆	0.16
鸡蛋	0.25	75%出粉率	0.08~0.16	胡萝卜	0.70
土豆	0.14~0.23	肉（牛羊鸡猪）	0.08~0.30	蚕豆	0.10
菠菜	0.22	青鱼	0.45		

一般而言，人与动物肠道中的微生物（细菌）可合成维生素 B_6，但其量甚微，还是要从食物中补充。其需要量其实与蛋白质摄食量多少很有关系，若吃大鱼大肉者，应记住要大量补充维生素 B_6，以免造成维生素 B_6缺乏导致慢性病的发生。

维生素 B_6是人体脂肪和糖代谢的必需物质，女性的雌激素代谢也需要维生素 B_6，因此它对防治某些妇科病大有益处。许多女性会因服用避孕药导致情绪悲观、脾气急躁、自感乏力等，每日补充60mg 维生素 B_6 就可以缓解症状。还有些妇女患有经前期紧张综合征，表现为月经前眼睑、手足浮肿，失眠，健忘，每日吃 50~100mg 维生素 B_6后症状可完全缓解。

六、维生素在食品加工和贮藏中的变化

（一）食品加工和贮藏过程中维生素的损失

食品长期贮藏不仅降低食品的感官质量，同时也降低营养价值。在此过程中，维生素的损失是一个重要方面。

新鲜的水果和蔬菜长时间存放会由于酶的分解作用，使维生素遭受严重的损失。脂溶性维生素在贮存过程中损失并不明显，而水溶性维生素如维生素 C、维生素 B_1是较易失去的，尤其是维生素 C。一般苹果贮存仅 2~3 个月，维生素 C 的含量就可能减至原来的 1/3，绿色蔬菜维生素 C 损失则更大。若室温贮存，只要几天几乎全部维生素 C 全部损失。但低温贮存，就可以大大减少这种损失。

温度对维生素的保存率有很大影响。冷冻蔬菜在很低温度条件下（-29℃）经1年只损失原有抗坏血酸的10%，而在-12℃条件下 1 年后损失约 55%。水果和蔬菜通常都要清洗，在这一过程中很少有维生素的损失，但应注意防止挤压和碰撞，以免引起酶促褐变和损害；也应尽量避免切后再洗致使水溶性维生素丢失。在淘米的过程中可损失维生素 B_1 30%、烟酸 20%~25%，随搓洗损失 25%，且损失的程度随搓洗次数增多、浸泡时间加长、水温升高而加重。

此外，水果和蔬菜大都需要整理或去皮，因而可造成一定量维生素损失。据报告，水果和蔬菜的皮和皮下组织的维生素含量比其他部位高。如苹果皮中的维生素 C 含量比果肉高 3~10 倍，凤梨心的食用部分含更多的维生素 C，蔬菜叶子中的维生素含量通常也较高，在加工过程中使用碱液则损失会大大增加。

（二）烫漂及沥滤

水果和蔬菜在装罐、冷冻和脱水前大都需要烫漂，维生素的损失可能很大，并受下列因素影响。

1. 食品单位质量的比表面积 表面积越大，损失越多，如菠菜相比于豌豆在烫漂时维

生素的损失就大。另外，水溶性维生素可经切口表面流失。因此，应尽量避免切后再清洗、烫漂的加工操作。

2. 产品的成熟度 许多维生素的衍生物是酶的辅因子，因此在果蔬采后处理过程中易受内源酶降解。如蔬菜从采后到运往加工厂贮藏的1小时内，所含维生素会发生还原反应。青豆成熟度越高则在烫漂时维生素C和维生素D_1的保存越好。

3. 烫漂类型 烫漂可沸水、蒸汽和微波烫漂三种形式。维生素的损失顺序为沸水>蒸汽>微波。微波法因不用加热介质，因此，这部分损失几乎没有。

4. 烫漂时间和温度 通常短时间高温烫漂较好；烫漂时间越长，损失越大。

5. 冷却方法 蒸汽烫后用空气冷却时无须喷淋或浸渍，损失最小；沸水烫漂后用水冷却的维生素损失要比用空气冷却大得多。

应当指出，尽管烫漂可引起维生素损失，并应将其减到最小，但烫漂本身却又是食品贮藏中保存维生素的一种方法，因为烫漂过程可以破坏酶的活性。

（三）冷冻

冷冻通常认为是保持食品的感官形状、营养质量及长期贮藏的最好方法，在加工工艺上包括预冻结处理、冻结、冻藏和解冻。

预冻结期间维生素的损失一般认为很小。冷冻过程中的冷冻速率影响维生素的损失。低温快速冷冻可很好地保持维生素水平，通常将食品冻结到-18℃以下，并在该温度下食品较好地保持食品的原始品质，同时可有适当的贮存期。

解冻对维生素的损失影响较小，但有水溶性维生素随解冻流失，其损失量与渗出的汁液量成正比。总之，冷冻食品的维生素损失通常较小，但水溶性维生素在整个冷冻期间，由于冷冻前的烫漂或肉类解冻可发生中等、有时甚至大量的维生素损失（10%~44%）。至于冷冻水果的损失则主要是维生素C转移到解冻时的流出物中所致。

工业上有许多不同的食品脱水或干燥方法，如日光干燥、烘房干煤、隧道式干燥、滚筒干燥、喷雾干燥等，主要是将热能应用到食品上使水分蒸发的结果。水溶性维生素的损失因干燥温度、时间的不同而有所不同。冷冻干燥或冷冻升华干燥因在低温和高真空条件下进行，对食品中的营养影响比较小。脂溶性维生素的破坏与脂类氧化的机理相似，总的说来，在脱水过程中损失很小或不损失。

（四）加热

加热是食品加工中应用最多的一种方法。加工期间维生素的损失涉及许多因素，如食品和维生素的不同、加热的温度和时间、传热速度、pH、有无金属离子催化剂等。

不同维生素在食品热加工中的损失范围不同，其中维生素C和维生素B_1对热最不稳定。维生素B_2、烟酸、生物素、维生素K等通常较稳定，但也有可能有一定损失。通常热处理温度越高，加热时间越长，维生素B_1和维生素C的损失越大。现在喷雾干燥时维生素的损失比滚筒干燥小，也是由于热加工的温度和时间的关系影响所致。

目前人们多采用高温瞬时加热、高压蒸汽灭菌和降低容器的含氧量等方法，尽量把营养素的损失降到最小。虽然这些因素可以不同程度地减少热破坏作用，但加热仍然是导致食品维生素损失的最重要因素。

食品贮藏和加工中为防止腐败变质和提高感官性状，常添加一定的食品添加剂，其中一些对维生素有一定影响。例如氧化剂通常对维生素A、维生素C和维生素E有破坏作用。因此，在面粉中加入某些改良剂时可因其所具有的氧化作用而致使某些维生素失去活性。同样，经自然氧化的陈年面粉也有类似的损失。

亚硫酸盐常用于防止水果、蔬菜的酶促褐变等。它可作为还原剂保护维生素C，但作为亲和试剂则对维生素 B_1 有害。亚硝酸盐可与维生素 C 反应，可用于肉制品生产中防止形成致癌物。

（五）辐射

辐射是新近发展起来的食品保藏方法，也是人类和平利用原子能的一个方面，但辐射对维生素有一定影响。水溶性维生素对辐射的敏感性主要取决于它们是处在水溶液中还是在食品中，或者它们是否受食品中其他化学物质所保护，其中包括维生素彼此的保护作用。自由基、过氧化物等可与维生素反应并起到破坏作用。

维生素 C 对辐射敏感，其损害程度随辐射剂量的增大而增加。B 族维生素中维生素 B_1 是对辐射最不稳定的，其破坏程度与热加工相当；维生素 B_2 及其他 B 族维生素受辐射的影响比维生素 B_1 小。

脂溶性维生素对辐射也敏感，其中以维生素 E 最显著，以下依次为胡萝卜素、维生素 A、维生素 D、维生素 K。对最不稳定的维生素 E 可利用低温、真空包装或充氮包装减少其损失。

关于辐射时物质（维生素）对维生素的保护作用在维生素 C 和烟酸共存时非常明显。二者分别接受大剂量辐射时，维生素 C 破坏显著，烟酸则相当稳定；而二者在水中共热时，由于烟酸对活化水分子的竞争，破坏增大，但却保护了维生素 C 免受破坏。此外，维生素 C 对维生素 B_2 也有保护作用。同样，在脂溶性维生素中也可有类似的保护作用，如添加维生素 C 和生育酚可使胡萝卜素的破坏减少。

（六）碾磨

碾磨是谷类特有的加工，碾磨中各种营养素的必然损失是由他们的结构所决定的。谷粒中所含各种营养素的分布很不均衡，维生素、无机盐和含赖氨酸高的蛋白质集中在谷粒的周围部分和胚芽，而向胚体内部则逐渐降低。如谷皮中维生素 B_1 的含量占全含量的 33%，维生素 B_2 占 42%，泛酸占 50%，烟酸则达 86%。若加工精度提高，不但导致谷皮中 B 族维生素大量损失，还会导致胚乳外层及胚中维生素的大量损失。因此，从营养的角度讲，不宜常食用精米、面。不同出粉率面粉中维生素含量的变化见表 6-9。

表 6-9 100g 不同出粉率面粉中维生素含量变化

营养素	出粉率					
	50%	72%	75%	80%	85%	95%~100%
维生素 B_1 含量/mg	0.09	0.11	0.15	0.26	0.31	0.40
维生素 B_2 含量/mg	0.03	0.035	0.04	0.05	0.07	0.12
烟酸含量/mg	0.70	0.72	0.77	1.20	1.60	6.0
泛酸含量/mg	0.4	0.6	0.75	0.9	1.1	1.5
维生素 B_6 含量/mg	0.1	0.15	0.2	0.25	0.3	0.5

第二节 矿物质

一、概述

矿物质（又称无机盐），是人体内无机物的总称，是地壳中自然存在的化合物或天然元素。矿物质和维生素一样，是人体必需的元素，矿物质是无法自身产生、合成的，每天矿物质的摄取量也是基本确定的，但随年龄、性别、身体状况、环境、工作状况等因素有所不同。

（一）矿物质的种类

人体质量的96%是有机物和水分，4%为无机元素组成。人体内约有50多种矿物质在这些无机元素中，已发现有20种左右元素是构成人体组织、维持生理功能、生化代谢所必需的，除C、H、O、N主要以有机化合物形式存在外，其余称为无机盐或矿物质。大致可分为常量元素和微量元素两大类。

人体必需的矿物质有钙、磷、镁、钾、钠、硫、氯7种，其含量占人体0.01%以上或膳食摄入量大于100mg/d，被称为常量元素。而铁、锌、铜、钴、钼、硒、碘、铬8种为必需的微量元素。微量元素是指其含量占人体0.01%以下或膳食摄入量小于100mg/d的矿物质。还有锰、硅、镍、硼和钒5种是人体可能必需的微量元素；还有一些微量元素有潜在毒性，一旦摄入过量可能对人体造成病变或损伤，但在低剂量下对人体又是必需的微量元素，这些微量元素主要有氟、铅、汞、铝、砷、锡、锂和镉等。但无论哪种元素，和人体所需的三大营养素（碳水化合物、脂类和蛋白质）相比，都是非常少量的。

（二）矿物质在机体内的作用

虽然矿物质在人体内的总量不及体重的5%，也不能提供能量，可是它们在体内不能自行合成，必须由外界环境供给，并且在人体组织的生理作用中发挥重要的功能。矿物质是构成机体组织的重要原料，如钙、磷、镁是构成骨骼、牙齿的主要原料。矿物质也是维持机体酸碱平衡和正常渗透压的必要条件。人体内有些特殊的生理物质如血液中的血红蛋白、甲状腺素等需要铁、碘的参与才能合成。矿物质在体内组织器官中的分布不均匀；矿物质元素相互之间存在协同或拮抗效应。

在人体的新陈代谢过程中，每天都有一定数量的矿物质通过粪便、尿液、汗液、头发等途径排出体外，因此必须通过饮食予以补充。但是，由于某些微量元素在体内的生理作用剂量与中毒剂量非常接近，因此过量摄入不但无益反而有害。

根据无机盐在食物中的分布以及吸收情况，在我国人群中比较容易缺乏的矿物质有钙、铁、锌。如果在特殊的地理环境和特殊生理条件下，也存在碘、氟、硒、铬等缺乏的可能。

矿物质在体内的作用主要有以下几方面。

1. 构成机体组织的重要成分 钙、磷、镁存在于骨骼、牙齿中，缺乏钙、镁、磷、锰、铜，可能引起骨骼或牙齿不坚固。

2. 为多种酶的活化剂、辅因子或组成成分 钙是凝血酶的活化剂、锌是多种酶的组成成分。

3. 某些具有特殊生理功能物质的组成部分 铁对血红蛋、细胞色素酶系的重要性，碘对甲状腺素合成的重要性等，均属于此。

4. 维持机体的酸碱平衡及组织细胞渗透压 酸性（氯、硫、磷）和碱性（钾、钠、镁）无机盐适当配合，加上重碳酸盐和蛋白质的缓冲作用，维持着机体的酸碱平衡；无机盐与蛋白质一起维持组织细胞的渗透压；缺乏铁、钠、碘、磷可能会引起疲劳等。

5. 维持神经肌肉兴奋性和细胞膜的通透性 钾、钠、钙、镁是维持神经肌肉兴奋性和细胞膜通透性的必要条件。

6. 人体内矿物质不足可能出现许多症状 矿物质如果摄取过多，容易引起过剩症及中毒，所以一定要注意矿物质的适量摄取。

除了上述已知的矿物质元素外，还有一些已知的矿物元素对保持身体健康也有很好的作用。随着科学技术的进步，有可能发现更多对我们人体健康有作用的矿物元素。一些矿物元素的作用已经得到证实，如硼可以帮助人体利用钙，因此有益于关节炎患者；锗则可能有抗氧化作用。

二、食品中重要的矿物质

矿物质在食品中主要是以无机盐的形式存在，如碘以碘化物或碘酸盐的形式存在，磷则以磷酸盐、磷酸氢盐或磷酸的形式存在。各种无机盐中，正离子比负离子种类多，且存在状态多样。正离子中一价元素都可以成为可溶性盐，如 K^+、Na^+等。

多价元素则以离子、不溶性盐和胶体溶液形成动态平衡体系存在。如 Ca^{2+}、Mg^{2+}等，多以正二价氧化态存在，其中重要的盐的氢氧化物、碳酸盐、磷酸盐、硫酸盐、草酸盐等都是难溶的。

金属离子还以螯合物形式存在于食品中，由配位体提供至少两个配位原子与中心金属离子形成配位键，配位体与中心金属离子形成环状结构。常见的配位原子是 O、S、P、N 等原子，与金属离子形成的螯合物很多具备重要的生理功能。如以 Fe^{2+}为中心离子的血红素、以 Cu^{2+}为中心离子的细胞色素、叶绿素中的 Mg^{2+}以及维生素 B_1中的 Cu^{2+}等。

食品中矿物质的含量取决于品种、环境因素等，如植物生长的土壤、动物饲料的性质等。

（一）植物性食品中的矿物质元素

植物中的矿物质元素除极少部分以无机盐形式存在外，大部分都与植物中的有机化合物结合存在，阻碍了人对矿物质的吸收与利用。如粮食中含量较高的矿物元素磷是磷酸糖类、磷脂、酶以及磷酸盐的组成成分，而磷酸盐中的磷人体可吸收利用的部分很少，大约60%排出体外。其他存在于植物中的矿质元素的利用率也很低。

谷物类的矿质元素约有 30 多种，矿物元素在谷物种子中的分布是不均匀的，它们主要集中在表皮及其附近的部位中。因此不同的加工方法会使加工产品的矿质元素含量有很大的区别，越是精加工产品，矿质元素含量越低。如小麦中胚乳和麦麸中的矿物元素含量相差很大（表 6-10），故小麦精加工后主要为纯小麦胚乳段，其灰分含量很低（表 6-11）。

表 6-10　冬小麦胚乳和麦麸中矿质元素的含量　　单位：10mg/kg

元素	P	K	Na	Ca	Mg	Mn	Fe	Cu
全胚乳	100	130	2.9	1.7	16	2.4	1.3	0.8
全麦麸	380	350	6.7	32	110	3.2	3.1	1.1

表 6-11　小麦面粉中常量矿质元素含量　　单位：10mg/kg

元素	K	P	Ca	Mg	S
平均含量	400	400	50	150	200

大豆中矿质元素含量比一般植物要高，特别是 P 和 K 含量很高，故大豆的灰分可高达5%，表 6-12 为大豆中灰分和矿质元素的含量。

表 6-12　大豆中矿质元素的含量　　单位：10mg/kg

元素	K	Ca	Mg	P	S	Cl	Na
平均	1830	240	310	780	240	30	240

果蔬中含有丰富的矿物质，如 Ca、P、Na、K、Mn 等，它们以硫酸盐、磷酸盐、磷酸盐或与有机物结合的盐的形式存在。果蔬中矿质元素的含量与产地也有很大的关系，一般说来，蔬菜中的矿质元素含量比水果中的丰富。

（二）乳品中的矿物质元素

乳品中的矿质元素的含量受到乳品来源、饲料等因素的影响，牛乳中矿物元素的平均含量见表 6-13。

表 6-13 牛乳中矿物元素的平均含量 单位：10mg/L

元素	Na	K	Ca	Mg	P	Cl	Fe	Zn	Cu	Mn
含量	50	145	120	13	95	100	1.0	3.8	0.3	0.02

乳品中的 K 较 Na 高 3 倍，K、Na 大部分以氯化物、磷酸盐及柠檬酸盐存在，并呈溶解状态。Ca、Mg 则与酪蛋白、磷酸和柠檬酸结合，一部分呈溶解状态存在，一部分呈胶体状态存在，牛乳的胶体颗粒中含有 Ca、Mn、P 和柠檬酸等。牛乳中总 Ca 量与离子钙的比例，能影响酪蛋白在乳品中的稳定性，在乳品加工中，热处理和蒸发浓缩都能改变其平衡，因而改变蛋白质的稳定性。如加热牛乳时，因搅拌除去 CO_2 而影响了牛奶的 pH，该变化影响离子形态，Ca、P 可从溶解状态变成胶体状态；当 pH = 5.2 时，乳品中所有 Ca 和 P 都变为可溶状态。

（三）肉类中的矿物质元素

肉中 Na、K、P 的含量相当高，Mg 的含量比 Ca 高，微量元素 Fe 相对于其他食物而言其含量也高，是食物铁的重要来源。除此之外，肉中还含有微量的 Mn、Cu、Co、Zn 等。肉中的矿质元素主要有 2 种存在形式，一种是以氯化物、磷酸盐、碳酸盐呈溶解状态存在，另一种则与蛋白质结合成非溶解状态存在。因为矿质元素主要与肉中的非脂肪部分连接，所以瘦肉中的矿质元素含量要高于脂肪组织。

当肉类失去水分时损失的主要是 Na，因为 Na 存在于胞外液中，主要与盐酸盐和碳酸盐共存。而 Ca、P、K 则损失较少，K 几乎全部存在于胞内液中，并与镁离子、磷酸盐和硫酸盐在一起。在肉类组织中，离子平衡对肉的持水力有很重要的作用。将适量中性盐如 NaCl 加入肉中会增加它的持水力和膨胀度，膨胀效应主要是氯离子引起的。肉类中的矿质元素的含量见表 6-14。

表 6-14 肉类中的矿物质（灰分）的含量 单位：10mg/kg

种类	灰分	Ca	Fe	Mg	Na	K	P
牛肉	800	11	2.8	15	65	355	171
羊肉	1200	10	1.2	15	75	295	147
猪肉	1200	9	2.3	18	70	285	171

（四）必需元素的功能与生物有效性

少量的矿物质在人体内直接关系到新陈代谢的畅通，但常因为它们需要量少而不被重视，因此当你不留意的时候，健康就会渐渐遭到损害。由于机体每天都有一定量的矿物质消耗或流失，所以人体必须从各种食物中获得足量的矿物质，才能维持良好的健康状态。医学上认为人体必需的微量元素都是直接由食物供给的，所以，人们通过一日三餐从食物中获取矿物质。一般来说，动物性食品中的矿物元素的生物有效性要高于植物性食品。

1. 几种重要矿物元素的生物有效性

（1）钙　含钙较多的食物有豆类、奶类、蛋黄、骨头、深绿色蔬菜、米糠、麦麸、花生、海带、紫菜等。钙在我们身体中的矿物质约占体重的5%，钙约占体重的2%。身体的钙大多分布在骨骼和牙齿中，约占总量的99%，其余1%分布在血液、细胞间液及软组织中。日常生活中，如果钙摄入不足，人体就会出现生理性钙透支，造成血钙水平下降。膳食中的钙主要在pH较低的小肠上段吸收。钙的吸收与年龄有关，随年龄增长其吸收率下降，婴儿钙的吸收率超过50%，儿童约为40%，成人仅为20%左右。一般在40岁以后，钙吸收率逐年下降，老年骨质疏松与此有关。钙在身体中能强化神经系统的传导功能，维持肌肉神经的正常兴奋，降低（调节）细胞和毛细血管的通透性，促进体内多种酶的活动，维持酸碱平衡，参与血液的凝固过程。缺钙会造成人体生理障碍，进而引发一系列严重疾病。

（2）磷　它在食物中分布很广，无论动物性食物或植物性食物，在其细胞中都含有丰富的磷，动物的乳汁中也含有磷，所以磷是与蛋白质并存的，瘦肉、蛋、奶、肉家禽、鱼、动物的肝肾含量都很高，海带、紫菜、芝麻酱、花生、干豆类、坚果、粗粮含磷也较丰富。不含乙醇的饮料，特别是各种可乐，往往含有大量的磷。但粮谷中的磷为植酸磷，不经过加工处理，吸收利用率低。磷是人体中第二丰富的矿物质（仅次于钙），约占人体重的1%，成人体内可含有600~900g的磷，它不但构成人体成分，且参与生命活动中非常重要的代谢过程。磷是构成骨骼和牙齿的重要原料，磷也构成细胞，作为核酸、蛋白质、磷酸和辅酶的组成成分，参与非常重要的代谢过程。几乎所有的生物或细胞的功能都直接或间接地与磷有关。一方面，磷可保护细胞，增强细胞膜的功能；在另一方面，它作为一种生物性伴侣，帮助各种营养物质、激素及化合物发挥作用。有证据显示，磷可使各种维生素发挥最大效用。摄取过多的磷并没有直接的坏影响，但有些专家警告，长时期摄入过多的磷，可能阻止钙的吸收可能会导致威胁骨骼健康的缺钙症。

（3）铜　主要来源于核仁、豆类、蜜糖、提子干、各种水果、菜茎根。铜是血、肝、脑等铜蛋白的组成部分，是几种胺氧化酶的必需成分。缺铜动物中出现的血管弹性硬蛋白、结缔组织和骨骼的合成障碍，就是由于组织中胺氧化酶活性下降的结果。在铜缺乏后期，肝脏、肌肉和神经组织中，细胞色素氧化酶的活性显著减弱。人体缺乏铜的临床表现，首先是贫血，估计随着长时间、高营养静脉输液技术的应用，在成人中因铜缺乏引起贫血的情况可能增加。此外，铜缺乏也可引起腹泻和Menks卷发综合征。但若是铜过量，其表现是Wilson氏症，是一种常染色体隐性疾病，这是由于体内的重要脏器如肝、肾、脑沉积过量的铜而引起。人体对铜的需要量，婴幼儿膳食中的铜每日每公斤体重为80μg，少年儿童为40μg，成人为30μg。在牛羊肝、牡蛎、鱼及绿叶蔬菜中含铜较多。镉可明显减低铜的利用，饲料中的镉即使低至3g时，对铜的吸收仍有不利影响。

（4）碘　海中的鱼类及海藻是含碘较丰富的食物。加碘的食盐，根据美国医疗协会证实，其中碘的含量与天然海盐相近。在日常饮食中加入含碘的食盐，就足够供给人体所需要的碘，并且不会有任何害处，因为碘会不断地从尿液、汗水甚至呼出的空气中流失。碘的生理功能其实就是甲状腺素的生理功能。它的主要作用有：①促进能量代谢：促进物质的分解代谢，产生能量，维持基本生命活动，维持垂体的生理功能；②促进发育：发育期儿童的身高、体重、骨骼、肌肉的增长发育和性发育都有赖于甲状腺素，如果这个阶段缺少碘，则会导致儿童发育不良；③促进大脑发育：在脑发育的初级阶段（从怀孕开始到婴儿出生后2岁），人的神经系统发育必须依赖于甲状腺素，如果这个时期饮食中缺少了碘，则会导致婴儿的脑发育落后，严重的在临床上面称为“呆小症”，而且这个过程是不可逆的，以后即使再补充碘，也不可能恢复正常。

（5）铁　铁是动物体必需的微量元素，大多数绿色的蔬菜、豆类、小麦草、苜蓿芽、蜜糖、干果、瓜子、小米都含有铁。铁作为载体及酶的组分，参与了血红蛋白与肌红蛋白的组成，担负着运载体内氧和二氧化碳的重要作用，参与蛋白质合成和能量代谢、生理防卫与免疫机能。缺铁时，肝细胞和其他组织细胞内的线粒体和微粒体异常，细胞色素 C 含量下降，蛋白质合成和能量利用受阻，动物出现贫血、体重下降。呼吸链和过氧化物的氧化还原过程会发生紊乱，影响机体的正常代谢。

（6）镁　镁多存在于蔬菜、水果、糙粮、豆类、薯类等食物中，精制食品的镁含量一般很少。镁是人体细胞内的主要阳离子，在细胞外液中的含量仅次于钠和钙，居第三位。正常成人体内总镁含量约 25g，其中 60%~65% 存在于骨骼、牙齿中，27% 分布于软组织。Mg 主要分布于细胞内（99%），细胞外不超过 1%。镁溶液经过十二指肠时，可以打开胆囊的开关促使胆汁排出，所以镁有利良好的利胆作用。镁可以抑制甲状旁腺分泌甲状旁腺素（PTH），甲状旁腺素（PTH）可促使骨骼中钙、镁溶解释放进入血液。所以补充镁有利于骨骼的强壮，避免钙镁的丢失。有实验研究表明，每日膳食中适量补充镁可以提高骨骼中矿物质含量，改善骨骼强度，锌对骨矿物质有内稳定作用。镁缺乏时胰岛素敏感性有显著降低，通过适量补充镁元素，可改善胰岛素的生物活性。

2. 各种矿物质互相作用及与其他营养素的相互作用在人体中的结果　存在于人体内的矿物质，如钙、钾、钠、镁等，具有中和这些酸性物质的功能，使血液保持弱碱性。一般正常人如果体液趋向酸性，人体细胞的新陈代谢活动就会减弱，易生疾病。同时“受累”的皮肤就会发生粗糙、色素沉着、皱纹出现面黄肌瘦等一系列变化。正是人体内的矿物质通过对酸性物质的中和，使人的体液正常。钙和磷共同存在于牙齿和骨骼中，但钙磷比例必须适当（1∶1），如果磷过多，会妨碍钙的吸收。血液内钙、镁、钾、钠等离子的浓度必须保持适当比例才能维持神经肌肉的正常兴奋性。膳食钙过高会妨碍铁和锌的吸收，锌摄入过多又会抑制铁的利用。硒对氟有拮抗作用，大剂量硒可降低氟骨症病人骨骼中的氟含量。硒和维生素 E 互相配合可抑制脂质过氧化物的产生。蛋白质对微量元素在体内的运输有很大作用，例如铜的运输靠铜蓝蛋白，铁的运输靠运铁蛋白。锌参与蛋白质合成，锌缺乏影响儿童生长发育。碘是甲状腺素的组成成分，而甲状腺素是调节人体能量代谢的重要激素，对蛋白质、脂肪和碳水化合物的代谢有促进作用。

总的来说，矿物质参与构成人体组织结构，维持细胞内外水平的平衡，有助细胞功能正常地发挥，维持体液酸碱度的稳定与平衡，有助于保持健康状态。此外，矿物质还参与遗传物质的代谢，协助多种营养素发挥作用。

三、矿物质在食品加工中的变化

矿物元素与维生素类的有机营养素不同，加热、光照、氧化等能影响有机营养素稳定性的因素，一般不会影响矿物质的稳定性。然而一些加工过程对食品中矿物元素的含量有较大的影响。

1. 食品加工前的预处理可能直接造成矿物质的损失　如水果、蔬菜在加工过程中往往要去皮处理，有些蔬菜还要进行去叶处理等。由于靠近皮的部分，外层叶片和所有的绿叶往往正是植物矿物质含量最多的地方，这些处理可能会导致富含矿物质的部分被废弃而造成损失。

2. 谷物的精细加工　与维生素一样，矿物质主要存在于谷物的外层，研磨精致的过程会造成其很大损失。

3. 溶水损失是加工中矿物质损失的重要原因　动植物组织汁液的流失都是使矿物质损

失的因素，清洗、浸泡以及热烫等处理也增加了损失的可能性。例如，海带原本是碘的丰富来源，由于烹调前要进行长时间的浸泡，导致碘元素大大损失。还有对蔬菜进行的漂烫处理，使大量的钾溶到水中造成浪费。

4. 食品的不当烹调使矿物质生物利用率降低 如含有草酸的食物不经过焯水就与含钙丰富的食品烹调，会造成部分钙无法被人体吸收等。

此外，矿物质与食品中的其他成分之间在加工中可能会发生某些化学反应，如草酸根、植酸根类多价负离子与二价金属离子成盐，这些盐难溶解，不能被人体吸收，实际上也造成了矿物质的损失。

在食品中补充某些缺少的或待需的营养成分称为食品的强化，从很多年前起，欧美日等国即开始在食品中强化矿物质，以改变营养不平衡的状况。较早用碘强化盐，在面中及加工制作过程中加入钙、磷、铁等矿物质。此外，锌、硒、氨等元素的强化也得到重视。

目前我国在多种食品中或原料中强化钙、铁等矿物质，少儿食品配方中加入了生长发育需要的多种矿物质。但是，在食品强化中必须遵循有关法规，注意矿物元素摄入的安全剂量，同时注意所添加矿物质的稳定性，以及矿物质是否会与食品中其他组分作用产生不安全后果的问题。

拓展阅读

维生素发展史

公元前3500年——古埃及人发现能防治夜盲症的物质，也就是后来的维生素A。

1600年——医生鼓励多吃动物肝脏来治夜盲症。

1747年——苏格兰医生林德发现柠檬能治坏血病，也就是后来的维生素C。

1831年——胡萝卜素被发现。

1905年——甲状腺肿大被碘治愈。

1911年——波兰化学家丰克为维生素命名。

1915年——科学家认为糙皮病是由于缺乏某种维生素而造成的。

1916年——维生素B被分离出来。

1917年——英国医生发现鱼肝油可治愈佝偻病，随后断定这种病是缺乏维生素D引起的。

1920年——发现人体可将胡萝卜转化为维生素A。

1922年——维生素E被发现。

1928年——科学家发现维生素B至少有两种类型。

1933年——维生素E首次用于治疗。

1948年——大剂量维生素C用于治疗炎症。

1949年——维生素B_3与维生素C用于治疗精神分裂症。

1954年——自由基与人体老化的关系被揭开。

1957年——Q10多酶被发现。

1969年——体内超级抗氧化酶被发现。

1970年——维生素C被用于治疗感冒。

1993年——哈佛大学发表维生素E与心脏病关系的研究结果。

（一）重要维生素的来源及缺乏症

名称	食物来源	缺乏症
维生素 A（抗干眼病维生素或视黄醇）	肝、禽蛋、鱼肝油、奶汁、菠菜、韭菜、胡萝卜、玉米、辣椒、柿子、青鱼、沙丁鱼、大河蟹、海蟹、对虾、茶叶等	夜盲症、干眼病、结膜干燥、角膜软化、眼眶下色素沉着等
维生素 D（抗佝偻病维生素或钙化醇）	鱼肝油、牛羊乳、海鱼肝脏、蛋黄、人造黄油、青鱼、沙丁鱼、海鱼油等；日光照射皮肤可制造 D_3	儿童：佝偻病 成人：骨软化病
维生素 E（生育酚）	植物油、莴苣、柑橘皮、杏仁、鲜果、牛肉、牛奶、胡萝卜、小麦、麦芽、花生、鸡蛋、肉类等	人类未发现缺乏症，临床用于习惯性流产等
维生素 C（抗坏血酸或抗坏血病维生素）	新鲜水果、蔬菜、特别是番茄、橘子、桃子、鲜枣、柚橙、蜜梨、山楂、草莓、芥兰、雪里蕻、苋菜、甜椒等含量较高	坏血病
维生素 B_1（硫胺素或抗脚气病维生素）	酵母、豆、瘦肉、猪肝、牛肉、甲鱼、花生仁、五谷外皮胚芽	脚气病，肠胃道机能障碍
维生素 B_2（核黄素）	酵母、蛋、奶类、豆类、动物内脏、甲鱼、蟹、干鱼、鲜蘑菇、绿叶蔬菜等	口角炎、舌炎、唇炎、阴囊皮炎等
维生素 B_6	肉类、全谷类产品（特别是小麦）、蔬菜和坚果类	忧郁、头痛、掉发、易发炎、学习障碍、衰弱等

（二）人体内矿物质的分类及其作用

1. 常量元素 含量较多（>0.01%体重），每日膳食需要量在100mg以上者，主要有钙、磷、镁、钠、钾、氯和硫（7种）。

（1）构成人体组织的重要成分，如骨骼、牙齿等硬组织大部分由钙、磷和镁组成；软组织含钾较多。

（2）在细胞内外与蛋白质一同调节细胞膜的通透性，控制水分，维持正常的渗透压和酸碱平衡（磷、氯为酸性元素，钠、钾、镁为碱性元素），维持肌肉兴奋。

（3）构成酶的成分或激活酶的活力，参与物质代谢。

2. 微量元素 人体内存在数量极少，含量小于体重的0.01%，但具有重要的生理功能，必须从食品中摄取，主要有铁、锌、铜、锰、钴、钼、硒、铬、碘、氟、锡、硅、钒、镍（14种）。

（1）是酶和维生素必需的活性因子（谷胱甘肽过氧化酶含有硒、精氨酸酶含有锰、呼吸酶含有铁和铜）。

（2）构成某些激素或参与激素作用（如甲状腺素含碘、胰岛素含锌、铬是葡萄糖耐量因子的重要组成成分、铜参与肾上腺类固醇的生成）。

（3）参与核酸代谢，铬、钴、铜、锌等维持核酸的正常代谢。

（4）协助常量元素和营养素发挥作用（含铁的血红蛋白可以携带并输送氧到各个组织，不同的微量元素参与蛋白质、脂肪、碳水化合物的代谢）。

目标检测

1. 矿质元素的生物有效性与哪些因素相关？
2. 人体最易缺乏的矿质元素是哪几种，为什么？
3. 碘具有什么生理作用？如何增加人对碘的摄入？
4. 你认为最合理的补钙方法是什么？

第七章

酶

学习目标

1. **掌握** 酶促褐变的机理及控制方法；酶催化反应动力学。
2. **熟悉** 固定化酶的优缺点及酶的固定化方法；酶在食品加工中的应用。
3. **了解** 酶的化学本质；酶的专一性；酶的分类。

案例导入

案例：刚切开不久的苹果表面会变成褐色，这种现象我们常称为“褐变”，苹果的褐变不仅影响人们的食欲，也会导致苹果的营养价值降低，同学们想知道苹果的褐变如何发生吗？

讨论：1. 使苹果发生褐变的成分是什么？
2. 如何控制苹果的褐变？

第一节　概述

一、酶的化学本质

酶是由活细胞产生的、具有催化性质和高度专一性的生物催化剂。关于酶的化学本质是否为蛋白质，曾有过争论。20 世纪 30 年代科学家相继提取出多种酶的蛋白质结晶，并指出酶是一类具有生物催化作用的蛋白质。而 20 世纪 80 年代，美国科学家切赫和奥尔特曼发现少数核酸也具有生物催化作用，人们对酶的本质又有了新的认识。实际上，除少数几种有催化活性的酶为核酸之外，大部分酶都是蛋白质。目前在食品工业应用的酶大多是蛋白质，如木瓜蛋白酶、无花果蛋白酶可用来嫩化肉类，澄清啤酒、果汁、葡萄酒，去除果皮，制备糖类等。

二、酶的专一性

酶的专一性是指酶对底物及其催化反应的严格选择性。一种酶仅能作用于一种物质或一类分子结构相似的物质，促进其进行一定的化学反应，产生一定的反应产物，这种选择性作用称为酶的专一性，也是酶与非生物催化剂的最大区别。如过氧化氢酶只能催化过氧化氢分解，不能催化其他化学反应。因而生物体细胞代谢能够有条不紊地进行，离不开酶的专一性。

根据酶对底物专一性程度，酶的专一性可分为三种类型：绝对专一性、相对专一性、立体结构专一性。

（一）绝对专一性

这种酶对底物的要求非常严格。只作用于一个底物，而不作用于任何其他物质，这种专一性称为“绝对专一性”。例如脲酶只能催化尿素水解，而对尿素的各种衍生物（如尿素的甲基取代物或氯取代物）不起作用。又如延胡索酸水化酶只作用于延胡索酸或苹果酸，而不作用于结构类似的其他化合物。此外，如麦芽糖酶只作用于麦芽糖而不作用于其他双糖，淀粉酶只作用于淀粉而不作用于纤维素，碳酸酐酶只作用于碳酸。大多数酶都属于绝对专一性。

（二）相对专一性

这种酶对底物的要求比绝对专一性略低一些，它能催化结构相似的一类化合物或一种化学键，这种专一性称为“相对专一性”。

1. 基团专一性 这种酶作用于底物时，对键两端的基团要求的程度不同，对其中一个基团要求严格，对另一个则要求不严格，这种专一性又称为“族专一性”或“基团专一性”。例如α-D-葡萄糖苷酶不但要求α-糖苷键，并且要求α-糖苷键的一端必须有葡萄糖残基，即α-葡萄糖苷，而对键的另一端R基团则要求不严，因此它可催化含有α-葡萄糖苷的蔗糖或麦芽糖水解，但不能使含有β-葡萄糖苷的纤维二糖（葡萄糖-β-1,4-葡萄糖苷）水解。

2. 键专一性 这种酶只要求作用于一定的键，而对键两端的基团并无严格的要求，这种专一性是另一种相对专一性，又称为“键专一性”。这类酶对底物结构的要求最低。例如酯酶催化酯键的水解，而对底物中的R及R′基团都没有严格的要求，既能催化水解甘油酯类、简单脂类，也能催化丙酰胆碱、丁酰胆碱或乙酰胆碱等，只是对于不同的脂类，水解速度有所不同。

（三）立体结构专一性

有些酶对底物的空间结构具有高度的选择性，这种专一性称为“立体结构专一性”。例如L-氨基酸氧化酶只能催化L-氨基酸氧化，而对D-氨基酸无作用。又如胰蛋白酶只作用于与L-氨基酸有关的肽键及酯键，而乳酸脱氢酶对L-乳酸是专一的，谷氨酸脱氢酶对于L-谷氨酸是专一的，β-葡萄糖氧化酶能将β-D-葡萄糖转变为葡萄糖酸，而对α-D-葡萄糖不起作用。

三、酶的命名与分类

酶的命名方法有习惯命名法、系统命名法。习惯命名较简单，应用较久，但缺乏系统性，以致造成某些酶的名称混乱。如肠激酶和肌激酶，从字面看，很似来源不同而作用相似的两种酶，实际上它们的作用方式截然不同。又比如，铜硫解酶和乙酰辅酶A转酰基酶实际上是同一种酶，但名称却完全不同。

鉴于上述情况以及新酶的不断发现，1961年国际生化协会酶委员会规定了酶的系统命名法，每一种酶都给以三个名称：系统名、惯用名、一个数字编号。

（一）习惯命名法

多年来普遍使用的酶的习惯名称是根据以下三种原则来命名的：一是根据酶作用的性质，例如水解酶、氧化酶、转移酶等；二是根据作用的底物并兼顾作用的性质，例如淀粉酶、脂肪酶和蛋白酶等；三是结合以上两种情况并根据酶的来源而命名，例如胃蛋白酶、胰蛋白酶等。

习惯命名法一般采用底物加反应类型而命名，如蛋白水解酶、乳酸脱氢酶、磷酸己糖异构酶等。对水解酶类，只要底物名称即可，如蔗糖酶、胆碱酯酶、蛋白酶等。有时在底物名称前冠以酶的来源，如血清谷氨酸-丙酮酸转氨酶、唾液淀粉酶等。习惯命名法简单，应用历史长，但缺乏系统性，有时出现一酶数名或一名数酶的现象。

（二）系统命名法

酶的系统命名是以酶所催化的整体反应为基础的。每种酶的名称应明确写出底物名称及其催化性质。若酶反应中有两种底物起反应，则这两种底物均需列出，当中用“:”分隔开，若其中一种底物为水，则可省略。

例如，谷丙转氨酶（习惯名称）写成系统名时，应将它的两个底物“L-丙氨酸”“α-酮戊二酸”同时列出，它所催化的反应性质为转氨基，也需指明，故其名称为“L-丙氨酸：α-酮戊二酸转氨酶”。

由于系统命名一般都很长，使用时不方便，因此叙述时可采用习惯名。

（三）系统分类及编号

国际系统分类法根据酶所催化的反应性质的不同，将酶分成六大类。

（1）氧化还原酶类　指催化底物进行氧化还原反应的酶类，可分为氧化酶和还原酶两类。常见的有脱氢酶、氧化酶、还原酶和过氧化物酶等。

（2）转移酶类　指催化底物进行某些基团转移或交换的酶类，如甲基转移酶、氨基转移酶、转硫酶等。

（3）水解酶类　指催化底物进行水解反应的酶类，如淀粉酶、糖苷酶、蛋白酶等。

（4）裂解酶类或裂合酶类　指催化底物通过非水解途径移去一个基团形成双键或其逆反应的酶类，如脱水酶、脱羧酸酶、醛缩酶等。如果催化底物进行逆反应，使其中一底物失去双键，两底物间形成新的化学键，此时为裂合酶类。

（5）异构酶类　指催化各种同分异构体、几何异构体或光学异构体间相互转换的酶类，如异构酶、消旋酶等。

（6）连接酶类　指催化两分子底物连接成一个分子化合物的酶类。

按照国际生化协会公布的酶的统一分类原则，在上述六大类基础上，在每一大类酶中又根据底物中被作用的基团或键的特点分为若干亚类；为了更精确地表明底物或反应物的性质，每一个亚类再分为几个亚亚类，均用1、2、3、4、5、6编号表示，最后为该酶在这亚-亚类中的排序。每一个酶的编号由4个数字组成，数字间用“.”隔开，数字前加EC。

如α-淀粉酶的系统命名为α-1,4-葡萄糖-4-葡萄糖水解酶，国际系统分类编号为：EC 3. 2. 1. 1。

四、酶活力

目前无论在理论研究还是食品工业中，使用酶制剂都存在酶的含量问题。由于酶不易制成纯品，酶制剂中常含有很多杂质，所以酶的含量都用它催化某一特定反应的能力表示，通常用酶活力表示。

酶活力也称为酶活性，是指酶催化一定化学反应的能力。酶活力的大小可用在一定条件下，酶催化某一化学反应的速度来表示，酶催化反应速度愈大，酶活力愈高，反之活力愈低。测定酶活力实际就是测定酶促反应的速度。酶促反应速度可用单位时间内、单位体积中底物的减少量或产物的增加量来表示。一般以测定产物的增量来表示酶促反应速度较为合适。

为了使酶活力单位标准化，1961年国际酶学会议规定：在特定条件（25℃，其他为最适条件）下，在1分钟内能转化1微摩尔底物的酶量，或是转化底物中1微摩尔的有关基团的酶量为1个酶活力单位，称为酶的国际单位（IU，又称U），即1U＝1μmol/minKat。另外 1972 年国际酶学委员会又规定：新的酶活力单位是 Kat，规定为在最适条件下，1 秒钟能使 1 摩尔底物转化的酶量。

Kat 和 U 的换算关系：

$$1\text{Kat}=6\times10^{7}\text{U},\ 1\text{U}=16.67\times10^{-9}\text{Kat}$$

在生产和酶学研究中经常还使用酶的比活力作为基本数据。酶的比活力是指每毫克质量的蛋白质中所含的某种酶的催化活力，是用来度量酶纯度的指标。

第二节 酶催化反应动力学

酶催化反应动力学也称酶促反应动力学，是研究酶促反应速度以及影响其速度的各种因素的科学。这些因素主要包括酶的浓度、底物的浓度、pH、温度、抑制剂和激活剂等。在研究某一因素对酶促反应速度的影响时，应该维持反应中其他因素不变，而只改变要研究的因素。酶促反应动力学的研究有助于阐明酶的结构与功能的关系，也可为酶作用机理的研究提供数据；有助于寻找最有利的反应条件，以最大限度地发挥酶催化反应的高效率；有助于了解酶在代谢中的作用或某些药物作用的机理等，因此对它的研究具有重要的理论意义和实践意义。

一、酶催化反应速率

酶催化反应速率通常称为酶速度。反应速率是以单位时间内产物生成量的变化来表示。随着反应的进行，底物逐渐消耗，反应速度逐渐降低，显然这时测得的反应速度不能代表真实的酶活力。引起酶促反应速度随反应时间延长而降低的原因很多，如底物浓度的降低、产物浓度增加从而加速了逆反应地进行、产物对酶的抑制或激活作用以及随着反应时间的延长引起酶本身部分分子失活等。因此反应速率是指酶催化反应的初速率，通常指在酶促反应过程中，底物浓度消耗不超过 5% 时的速率。在测定酶活力时，应测定酶促反应的初速度，从而避免上述各种复杂因素对反应速度的影响。由于反应初速度与酶量呈线性关系，因此可以用测定反应初速度的方法来测定相关制剂中酶的含量。

二、影响酶促反应速率的因素

影响酶促反应速度的因素有底物的浓度、酶的浓度、pH、温度、抑制剂和激活剂等。

（一）底物浓度对酶促反应速度的影响

当酶的浓度、pH、温度等条件保持不变的情况下，以反应速度对底物浓度作图，可得到如图 7-1 所示的矩形双曲线图。

从图 7-1 可以看出，当底物浓度较低时，反应速度与底物浓度的关系呈正比关系，反应表现为一级反应；随着底物浓度的不断增加，反应速度不再按正比升高，此时反应表现为混合级反应；当底物浓度达到相当高时，底物浓度对反应速度影响逐渐变小，最后反应速度不再增加，这时反应达到最大反应速度（v_{max}），反应表现为零级反应。

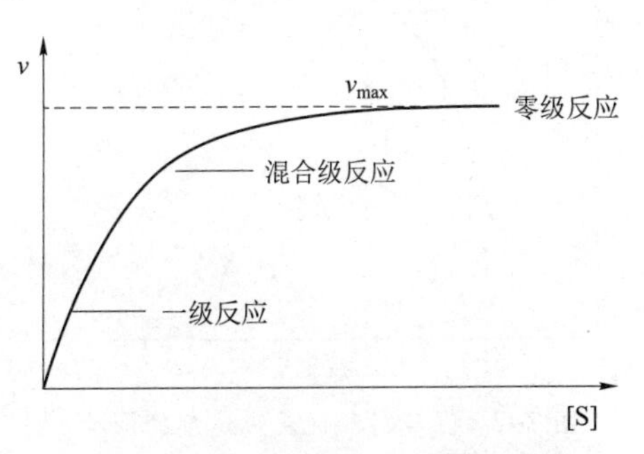

图 7-1 底物浓度对酶促反应速度的影响

1. 米氏方程 酶促反应速度与底物浓度的关系可用米氏方程来表示。

$$v=\frac{v_{max}\ [S]}{K_m\ [S]}$$ （式 7-1）

式中：v 是反应速度（微摩尔浓度变化/min）；v_{max} 是最大反应速度（微摩尔浓度变化/min）；[S] 是底物浓度（mol/L）；K_m是米氏常数（mol/L）。

这个方程表明当已知 K_m及 v_{max}时，酶反应速度与底物浓度之间的定量关系。

根据米氏方程可以说明以下重要关系：

当 [S] ≪K_m时，则米氏方程变为 $v=v_{max}[S]/K_m$，说明酶促反应的速率与底物浓度呈线性关系，表现为一级反应。

当 [S] ≫K_m时，则米氏方程变为 $v=v_{max}$，说明酶促反应的速率已达到最大，表现为零级反应，酶活力只有在此条件下才能正确测得。

当 [S] =K_m时，则米氏方程变为 $v=1/2v_{max}$，说明酶促反应的速率为最大反应速率的一半，也说明了 K_m值等于酶促反应速度达到最大反应速度一半时所对应的底物浓度。

2. 米氏常数的物理意义 当酶促反应处于 $v=1/2v_{max}$时，米氏方程可以变换如下。

$$1/2v_{max}=v_{max}\ [S]\ /K_m+\ [S]$$

进一步整理可得到：$K_m=[S]$。

由此可看出 K_m的物理意义：

（1）K_m值等于酶促反应速度达到最大反应速度一半时所对应的底物浓度。

（2）K_m是酶的一个特征性常数，也就是说 K_m的大小只与酶本身的性质有关，而与酶浓度无关，不同的酶 K_m值不同，同一种酶与不同底物反应 K_m值也不同。

（3）K_m值可反映酶对底物的亲和力，两者呈反比。

（二）酶浓度对酶促反应速度的影响

在一定的温度和 pH 条件下，当底物浓度大大超过酶的浓度时，酶的浓度与反应速度呈正比关系。但是当底物浓度不足或酶浓度过高、产物积累等会使反应受到抑制，反应速度下降。因此，在实际生产中，酶的用量要根据具体情况确定最佳用酶量。酶的浓度太低，反应过长；酶的浓度太高，既造成浪费又影响产品质量。

（三）温度对酶促反应速度的影响

温度（t）对酶促化学反应速度影响很大，主要表现在两个方面：一是当温度升高时，与一般化学反应一样，反应速度加快；二是由于酶的本质是蛋白质，因此随着温度逐渐升高，酶蛋白会因逐渐变性而失活从而导致酶促化学反应速度下降。在不同温度条件下进行某种酶促化学反应，然后将所测得的酶促反应速度相对于温度来作图，即可得到如图 7-2 所示的钟罩形曲线。

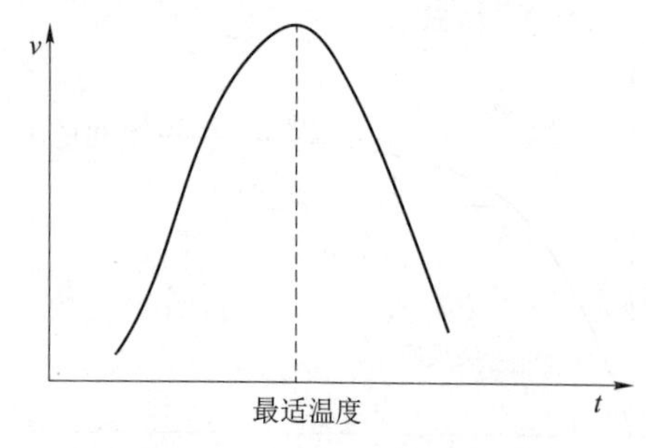

图 7-2 温度对酶促反应速度的影响

由图 7-2 可看出，在较低的温度范围内，酶促化学反应速度随温度升高而增大，但在超过一定温度后，酶促化学反应速度不上升反而下降。在某一温度条件下，酶促化学反应速度达到最大值，这个温度称为酶促化学反应的最适温度。在一定条件下每种酶都有其催化反应的最适温度。一般来说，动物细胞内的酶最适温度一般为 37～50℃，植物细胞中的酶最适温度较动物细胞中稍高，通常在 50～60℃之间，而微生物中的酶最适温度差别则较大，如用于进行 PCR 反应的 Taq DNA 聚合酶的最适温度可高达70℃。

但是需要注意的是，最适温度不是酶的特征物理常数，它常常受到底物种类、作用时间、pH和离子强度等因素的影响。如最适温度随酶促反应进行时间的长短而改变。一般来说，酶促反应进行时间长时酶的最适温度低，酶促反应进行时间短则最适温度高，因此只有在规定的酶促反应时间内才可确定酶的最适温度。

（四）pH对酶促反应速度的影响

通常在一定pH下，酶会表现出最大活力，而一旦高于或低于此pH，酶活力就会降低，我们把表现出酶最大活力时的pH称为该酶的最适pH。在不同pH条件下进行某种酶促化学反应，然后将所测得的酶促反应速度相对于pH来作图，即可得到如图7-3所示的钟罩形曲线。

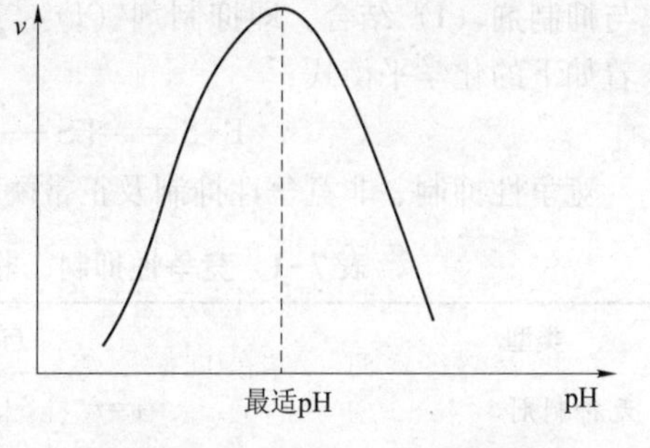

图7-3 pH对酶促反应速度的影响

与酶促化学反应的最适温度不同的是，各种酶在一定条件下都有其特定的最适pH，因此最适pH是酶的特性之一。但是酶的最适pH并不是一个常数，它受底物种类和浓度、缓冲液种类和浓度等众多因素的影响，因此只有在一定条件下最适pH才有意义。绝大多数酶的最适pH在5~8之间，动物体内的酶最适pH多在6.5~8.0之间，植物及微生物中的酶最适pH多在4.5~6.5左右。但也有例外，如胃蛋白酶的最适pH为1.5，肝中精氨酸酶最适pH为9.7等。

（五）抑制剂对酶促反应速度的影响

凡能使酶的活性下降而不引起酶蛋白变性的物质称作酶的抑制剂，如药物、抗生素、毒物等都是酶的抑制剂。使酶变性失活的因素如强酸、强碱等，不属于抑制剂。通常抑制作用分为可逆性抑制和不可逆性抑制两类。

1. 不可逆性抑制作用 不可逆性抑制作用的抑制剂是以共价键方式与酶的必需基团进行不可逆结合而使酶丧失活性。不能用透析、超滤等物理方法去除抑制剂。如有机磷杀虫剂能专一作用于胆碱酯酶活性中心的丝氨酸残基，使其磷酰化而不可逆抑制酶的活性。当胆碱酯酶被有机磷杀虫剂抑制后，胆碱神经末梢分泌的乙酰胆碱不能及时分解，过多的乙酰胆碱会导致胆碱能神经过度兴奋的症状。

2. 可逆性抑制作用 抑制剂与酶以非共价键结合，在用透析等物理方法除去抑制剂后，酶的活性能恢复，即抑制剂与酶的结合是可逆的。这类抑制剂大致可分为以下三类。

（1）竞争性抑制 竞争性抑制中，存在着如下的化学平衡式：

$$E+S \rightleftharpoons ES \longrightarrow E+P \qquad E+I \rightleftharpoons EI$$

这种抑制作用比较常见。抑制剂（I）和底物（S）对酶（E）的结合有竞争作用，互相排斥，已结合底物的ES复合体，不能再结合抑制剂。同样已结合抑制剂的EI复合体，不能再结合底物。这类抑制是由于抑制剂在化学结构上与底物相似，能与底物竞争酶分子活性中心的结合基团，减少了底物和酶的结合机会，因此抑制了酶的活性。例如，丙二酸、苹果酸及草酰乙酸皆和琥珀酸的结构相似，是琥珀酸脱氢酶的竞争性抑制剂。

（2）非竞争性抑制 在非竞争性抑制中，抑制剂（I）与酶（E）或酶-底物复合物（ES）以及底物（S）与酶-抑制剂复合物（EI）的结合都是可逆的，因此存在着如下的化学平衡式：

$$E+S \rightleftharpoons ES+I \rightleftharpoons ESI \qquad E+I \rightleftharpoons EI+S \rightleftharpoons ESI$$

底物与抑制剂之间无竞争关系，但酶-底物-抑制剂复合物不能进一步释放出产物，因而降低了酶的活性，使酶促反应速度下降。如赖氨酸是精氨酸酶的竞争性抑制剂，而中性氨基酸（如丙氨酸）则是非竞争性抑制剂。

（3）反竞争性抑制　反竞争性抑制的特点是，酶（E）必须先与底物（S）结合，然后才与抑制剂（I）结合，即抑制剂（I）与酶-底物复合物（ES）的结合是可逆的，因此存在着如下的化学平衡式：

$$E+S \rightleftharpoons ES \longrightarrow E+P \qquad ES+I \rightleftharpoons ESI$$

竞争性抑制、非竞争性抑制及正常酶反应的比较见表 7-1。

表 7-1　竞争性抑制、非竞争性抑制及正常酶反应的比较

类型	方程式	v_{max}	K_m
无抑制剂	$v=v_{max}[S]/(K_m+[S])$	v_{max}	K_m
竞争性抑制	$v=v_{max}[S]K_i/(K_m K_i+K_m[I]+K_i[S])$	不变	增加
非竞争性抑制	$v=v_{max}[S]K_i/(K_m+[S])(K_i+[I])$	减小	不变
反竞争性抑制	$v=v_{max}[S]K_i/(K_m K_i+[S]K_i+[S][I])$	减小	减小

（六）激活剂对酶促反应速度的影响

能使酶活性提高的物质，都称为激活剂，其中大部分是离子或简单的有机化合物。作为激活剂的金属离子主要包括 K^+、Na^+、Ca^{2+}、Mg^{2+}、Zn^{2+} 及 Fe^{2+} 等离子，无机阴离子主要包括 Cl^-、Br^-、I^-、CN^-、PO_4^{3-} 等。如 Mg^{2+} 可以作为多种激酶及合成酶的激活剂，Cl^- 可以作为唾液淀粉酶的激活剂。

第三节　酶的固定化

酶作为一种生物催化剂，因其具有高度专一性、催化条件温和、无污染等特点，已广泛应用于食品加工、医药和精细化工等行业。但在使用过程中，发现酶稳定性差、不能重复使用，并且反应后混入产品，纯化困难，因此难以在工业中更为广泛的应用。为适应工业化生产的需要，人们模仿酶的作用方式，通过固定化技术对酶加以固定改造，来克服游离酶在使用过程中的一些缺陷。将酶固定化以后，既保持了酶的催化特性，又克服了游离酶的不足之处，使其具有一般化学催化剂能回收反复使用的优点，并在生产工艺上可以实现连续化和自动化。

一、固定化酶

固定化酶、固定化细胞是一种在空间运动上受到完全约束或局部约束的酶、细胞。近代工业化利用始于 1969 年固定化氨基酰化酶的应用。利用固定化技术，解决了酶应用过程中的很多问题，为酶的应用开辟了新的前景。如可使所使用的酶、细胞能反复使用，使产物分离提取容易，并在生产工艺上可以实现连续化和自动化，故在 20 世纪 70 年代后得到迅速发展。固定化酶的研究不仅在化学生物学、生物工程医学及生命科学等领域异常活跃，而且因为其节省能源与资源、减少污染的生态环境效应而符合可持续发展的战略要求。其新的功能和新的应用正在迅速不断地扩展，是一项研究领域宽广、应用前景极为引人瞩目的新研究领域和新技术。

酶的固定化是用固体材料将酶束缚或限制于一定区域内，进行特有的催化反应，并可回收及重复利用的技术。所谓固定化酶，是指在一定的空间范围内起催化作用，并能反复和连续使用的酶。由于固定化酶技术是将酶用人工方法固定在特定载体上进行催化、生产，因而固定化酶一般可以被认为是不溶性酶。

固定化酶技术是酶工程的核心，它使酶工程提高到一个新水平。固定化酶与水溶性酶相比，具有如下优点：易于将固定化酶与底物、产物分离，便于后续的分离和纯化；可以在较长时间内连续生产；酶的性质发生改变，最适 pH 改变，最适温度提高，更适合食品加工的要求；酶反应条件容易控制；可以增加产物的收率，提高产物质量；酶的使用效率高，使用成本低；适于产业化、连续化、自动化生产。

与此同时，由于酶的分离、固定化处理等原因，固定化酶也具有一些难以避免的缺点：在固定化过程中，酶活力会损失；生产成本提高，工厂初期投资大；只能用于水溶性底物，适合于小分子；不适宜于多酶反应，还需要辅助因子的协助才可以有效反应等。

二、固定化酶的制备方法

固定化酶的制备方法、制备材料多种多样，不同的制备方法和材料，固定化后酶的特性不同。对于特定的目标酶，要根据酶自身的性质、应用目的、应用环境来选择固定化载体和方法。

酶的固定化方法主要可分为四类：吸附法、包埋法、结合法和交联法等。吸附法和共价键结合法又可统称为载体结合法。针对不同的酶、不同的载体，需要采用不同的方法，有时还需要将几种方法联合使用。

（一）吸附法

吸附法是通过非特异性物理吸附法或生物物质的特异吸附作用将酶吸附在纤维素、琼脂糖、有机聚合物、玻璃、多孔玻璃、离子交换树脂、金属氧化物、硅胶、高岭土等材料上，是固定化中最简单的方法。酶与载体之间的亲和力是范德华力、疏水相互作用、离子键和氢键等。此方法显著特点是：工艺简便，条件温和，使酶变性的可能性较小，一些无机、有机高分子材料吸附过程可同时达到纯化和固定化，酶失活后可重新活化，载体也可再生。但使用也有一定缺陷：由于酶和载体结合的是弱键，在使用过程中易解吸，另外载体具有非特异性吸附剂的本质，因此可能同时吸附除酶以外的其他物质。因此在制备固定化酶时载体的比表面积要求较大，有活泼的表面。

吸附法又可分为物理吸附法和离子吸附法。

1. 物理吸附法 通过物理吸附法将酶直接吸附在水不溶性载体表面上而使酶固定化的方法，是制备固定化酶最早采用的方法，如 α-淀粉酶、糖化酶、葡萄糖氧化酶等酶的固定化。物理吸附法可使用的载体比较多，根据化学属性可分为无机载体和有机载体两大类，常用的无机载体有活性炭、氧化铝、硅藻土、多孔玻璃、硅胶、二氧化钛、羟基磷灰石等，有机载体有纤维素、胶原、淀粉及面筋等。在制备固定化酶时可充分选择不同的载体。

利用物理吸附法制备固定化酶，操作简单、价格廉价、条件温和，载体可反复使用，酶与载体结合后，活性部位及空间构象变化不大，故所制得的固定化酶活力较高。但由于酶和载体结合靠物理吸附作用，结合不牢固，在使用过程中酶容易脱落，所以此方法的使用受到限制。在使用物理吸附法时常与交联法结合使用。

2. 离子吸附法 是将酶与含有离子交换基团的水不溶性载体以静电作用力相结合的固定化方法，即通过离子键使酶与载体相结合的固定化方法，此方法在工业上用途较广，如葡萄糖异构酶、糖化酶、β-淀粉酶、纤维素酶等酶的固定化。离子吸附法所使用的载体是某些离子交换剂，可分为阴离子交换剂、阳离子交换剂。常用的阴离子交换剂有DEAE（二乙基氨基乙基）-纤维素、ECTEOLA（混合胺类）-纤维素、TEAE（四乙氨基乙基）-纤维素、DEAE-葡聚糖凝胶、Amberlite IRA-93（410、900）等；阳离子交换剂有羧甲基-纤维素、纤维素柠檬酸盐、Amberlite CG-50、IRC-50、IR-200、Dowex-50等，其吸附容量一般大于物理吸附剂。

此法制备固定化酶具有操作简便、条件温和、酶活力不易丧失等优点，同时吸附过程可以纯化酶。但由于酶和载体结合不牢固，易受温度、pH、离子强度等环境因素的影响，在使用时需要控制好温度、pH等操作条件。

（二）包埋法

包埋法是将酶或细胞包埋在各种多种载体（如聚丙烯酰胺凝胶、矽酸盐凝胶、藻酸盐、角叉菜聚糖等）中发生聚合、沉淀或凝胶化使之固定的方法。该方法操作简单，酶活回收率较高，但发生化学反应时，酶易失活，只适用于小分子底物和产物的酶，不适用于大分子底物。包埋法可分为凝胶包埋法和微胶囊包埋法。

1. 凝胶包埋法 凝胶包埋法是将酶或包埋在凝胶细微网格中，制成一定形状的固定化酶，也称为网格型包埋法。凝胶包埋法常用的载体有海藻酸钠凝胶、角叉菜胶、明胶、琼脂凝胶、卡拉胶等天然凝胶以及聚丙烯酰胺、聚乙烯醇和光交联树脂等合成凝胶或树脂。

2. 微胶囊包埋法 微胶囊包埋即将酶包埋在各种高聚物制成的半透膜微胶囊内的方法。由于形成的酶小球直径一般只有几微米至几百微米，所以也称为微囊化法。此法适合于小分子为底物和产物的酶的固定化，如脲酶、天冬酰胺酶、尿酸氧化酶、过氧化氢酶等。常用于制造微胶囊的材料有聚酰胺、火棉胶、醋酸纤维素等。微胶囊包埋法可使酶存在于类似细胞内的环境中，可以防止酶的脱落，防止微囊外的环境直接接触，从而增加了酶的稳定性。

（三）结合法

结合法指选择适宜的载体，使之通过共价键或离子键与酶结合在一起的固定方法，包括离子键结合法和共价键结合法。酶蛋白分子上与不溶性固相支持物表面上通过离子键结合而使酶固定的方法，叫离子键结合法。其间形成化学共价键结合的固定化方法叫共价键结合法。

离子键结合法操作简单，条件温和，酶活性损失少，但酶与载体结合力弱，酶易脱落，这也是最常用的方法之一。共价键结合法结合力牢固，使用过程中不易发生酶的脱落，稳定性能好。该法的缺点是载体的活化或固定化操作比较复杂，反应条件也比较强烈，会引起酶蛋白空间构象的变化，破坏酶的活性部位，所以往往需要严格控制条件才能获得活力较高的固定化酶。

（四）交联法

交联法是用多功能试剂进行酶蛋白之间的交联，使酶分子和多功能试剂之间形成共价键，得到三向的交联网架结构，除了酶分子之间发生交联外，还存在着一定的分子内交联。根据使用条件和添加材料的不同，还能够产生不同物理性质的固定化酶。交联剂的种类很多，最常用的是戊二醛，其他的还有异氰酸衍生物、双偶氮二联苯胺、N，N-乙烯马来酰亚胺等。

交联法的优点是酶与载体结合牢固，稳定性较高；缺点是有的方法固定化操作较复杂，反应条件较剧烈，进行化学修饰时由于酶蛋白的功能基团如氨基、酚基、巯基和咪唑基参与此反应，所以酶的活性中心构造可能受到影响，而使酶失活明显。但是尽可能地降低交联剂浓度和缩短反应时间将有利于固定化酶活力的提高。由于酶活回收率很低，故不常用，一般将吸附法和交联法两种方法结合起来使用。

以上四种固定化酶方法各有其优缺点（表 7-2）。往往一种酶可以用不同方法固定化，但没有一种固定化方法可以普遍地适用于每一种酶。在实际应用时，常将两种或数种固定化方法并用，以取长补短。

目前固定化酶在食品工业中的应用很多，如在食品加工中可采用固定化氨基酰化酶生产 L-谷氨酸、固定淀粉酶和葡萄糖淀粉酶以淀粉为原料生产葡萄糖、固定化转化酶水解蔗糖生产转化糖、固定化酶法酿造调味品、固定化果胶酶澄清果汁、固定化木瓜蛋白酶澄清啤酒、固定化葡萄糖异构酶将葡萄糖转变为果糖等。另外固定化酶还被广泛应用于食品检测，固定化酶技术的发展使生物传感器应运而生，它不仅使食品成分的高选择性、快速、低成本分析测定成为可能，而且生物传感器技术的持续发展将很快实现食品生产的在线质量控制，降低食品生产成本，并可以保证安全可靠及高质量的食品，如采用乙酰胆碱酯酶、胆碱氧化酶和氧电极组成的生物传感器可用于海产品中的沙蚕毒素的测定。目前还有很多固定化酶处于中试阶段，人们清楚地看到了固定化技术的一些优点，虽然很多还处于研究和开发中，但已经给人们指明发展方向。随着固定化技术的发展，将会有更多的固定化酶被应用于食品工业中。

表 7-2 各种固定化方法的比较

	吸附法		包埋法	共价键结合法	交联法
	物理吸附法	离子吸附法			
制备	易	易	较难	难	较难
结合程度	弱	中等	强	强	强
活力回收率	高，但酶易流失	高	高	低	中等
再生	可能	可能	不可能	不可能	不可能
固定化成本	低	低	低	高	中等
底物专一性	不变	不变	不变	可变	可变

第四节 酶促褐变

褐变是食品比较普通的一种变色现象。当食品原料进行加工、贮存、受到机械损伤后，易使原料原来的色泽变暗或变成褐色，这种现象称为褐变。在食品加工过程中，有些食品需要利用褐变现象，如面包、糕点等在烘烤过程中生成的金黄色。但有些食品原料在加工过程中产生褐变，不仅影响外观，还降低了营养价值，如水果、蔬菜等原料的褐变。

褐变作用按其发生机制可分为酶促褐变及非酶褐变两大类。非酶褐变是不需要酶的作用而能产生的褐变作用，它主要包括焦糖化反应和美拉德反应。酶促褐变是指在有氧条件下，多酚氧化酶催化酚类化合物形成醌及其聚合物而使食品呈现褐色的现象。酶促褐变多发生在较浅色的水果和蔬菜中，如苹果、香蕉、梨、土豆等。酚类物质的氧化是引起果蔬褐变的主要因素，在果蔬贮存过程中随贮存时间的延长含量下降，一般认为是多酚氧化酶氧化的结果。这些酚类物质一般在果蔬生长发育中合成，但若在采收期间或采收后处理不当而造成机械损伤，或在胁迫环境中也能诱导酚类物质的合成。

一、酶促褐变机理

植物组织中含有酚类物质，在完整的细胞中作为呼吸传递物质，在酚-醌中保持着动态平衡，当细胞组织被破坏后，氧就大量侵入，造成醌的形成和其还原反应之间的不平衡，于是发生了醌的积累，醌再进一步氧化聚合，就形成了褐色色素，称为黑色素或类黑精。

酶促褐变是在有氧条件下，多酚氧化酶催化酚类物质形成氧醌、醌及其聚合物的反应过程。

（一）多酚氧化酶

催化酶促褐变反应的酶类主要为多酚氧化酶（PPO）和过氧化物酶（POD）。多酚氧化酶是发生酶促褐变的主要酶，存在于大多数果蔬中。在大多数情况下，由于多酚氧化酶的作用，不仅有损于果蔬感观，影响产品运销，还会导致果蔬风味和品质下降，特别是在热带鲜果中，酶促褐变导致的直接经济损失达50%。

在果蔬细胞组织中多酚氧化酶存在的位置因原料的种类、品种及成熟度不同而有差异。多酚氧化酶存在于大多数果蔬中，如马铃薯、黄瓜、莴苣、梨、番木瓜、葡萄、桃、芒果、苹果、荔枝等，这些果蔬在擦伤、割切、失水、细胞损伤时，易引起酶促褐变。多酚氧化酶催化的酶促褐变反应分两步进行：单酚羟化为二酚，然后二酚氧化为二醌。另外多酚氧化酶还以铜离子为辅基，其酶活性的最适 pH 范围为5~7，有一定耐热性，其活性可以被有机酸、硫化物、金属离子螯合剂、酚类底物类似物质所抑制。而过氧化物酶在 H_2O_2存在条件下能迅速氧化多酚物质，可与多酚氧化酶协同作用引起苹果、梨、菠萝等果蔬产品发生褐变。

以切开的马铃薯发生的褐变为例：

OH, R —PPO+O_2→ OH, OH, R ⇌PPO+O_2⇌ O, O, R —→ 黑色素

酪氨酸　3,4-二羟基苯丙氨酸　5,6-二醌基吲哚-2-羧酸

（二）底物

酚酶可以用一元酚、二元酚、单宁类、黄酮类化合物作底物。在果蔬中的酚酶底物以邻二酚类及一元酚类最丰富。通常在酶作用下反应最快的是邻二酚，如儿茶酚、咖啡酸、原儿茶酸、绿原酸，其次是对位二酚，而间位二酚不能做底物。绿原酸是许多水果特别是苹果、桃发生褐变的主要底物，3,4-二羟基苯乙胺是香蕉褐变的底物。还有一些花青素、鞣质、黄酮类由于具有酚结构也可以作为底物。

（三）氧

氧是果蔬酶促褐变的必要条件。正常情况下，外界的氧气不能直接作用于酚类物质和多酚氧化酶而发生酶促褐变。这是因为酚类物质分布于液泡中，多酚氧化酶则位于质体中，多酚氧化酶与底物不能相互接触。在果蔬贮藏、加工过程中，由于外界因素使果蔬的膜系统破坏，打破了酚类与酶类的区域化分布，导致褐变发生。

二、酶促褐变的控制

少数酶促褐变在食品加工中是被期望的，如红茶的加工、可可加工、果干的加工等，但是大多数酶促褐变在食品加工中必须加以控制，如苹果、香蕉、梨、香蕉、土豆等果蔬的加工。

食品发生酶促褐变需要有3个条件，酚酶、氧、适当的酚类物质，在某些瓜果中如柠檬、橘子、香瓜、西瓜等由于不含有酚酶，不能发生酶促褐变。

在控制酶促褐变的实践中，除去底物的可能性极小，现实的方法主要从控制酶和氧两方面入手，主要措施有：钝化酶的活性、改变酶作用的条件、隔绝氧气、使用抑制剂等。

常用的控制酶促褐变方法如下。

（一）加热处理

酶的化学本质是蛋白质，加热能使酶发生变性失活。但加热温度及时间必须严格控制，要求在最短时间内，既能达到钝化酶的要求，又不影响食品原有的风味。加热温度过高，加热时间过长，虽然会抑制酶褐变，但也会影响食品品质，如会使苹果、梨、桃等变软；而加热不足，则达不到抑制酶的作用，反而会增强酶和底物的接触而促进褐变，如白洋葱、韭葱如果热烫不足，变粉红色的程度比未热烫还要厉害。一般经过75~95℃、5~7秒的加热处理，可使大部分酶活性丧失。

目前水烫和蒸汽处理仍是使用最广泛的方法。如蔬菜在冷冻保藏或在脱水干制之前需要在沸水或蒸汽中进行短时间的热烫处理，以破坏其中的酶，然后用冷水或冷风迅速将果蔬冷却，停止热处理作用，以保持果蔬的脆嫩。同时微波能的应用为热力钝化酶活性提供了新的方法，可使组织内外受热均匀，有利于保持食品的品质，也是抑制酶促褐变的好方法。

（二）调节pH

多数酚酶最适宜的pH范围是6~7之间，随着pH的下降，多酚氧化酶的活性直线下降，特别是pH在3.0以下时，高酸性环境会使酶蛋白上的铜离子解离下来，导致多酚氧化酶逐渐失活，酶活性趋于最低。如苹果的pH为4时，能发生褐变；pH为3.7时，褐变速度减小；pH为2.5时，褐变速完全被抑制。因此可通过降低pH来防止果蔬褐变，这种方法也是果蔬加工中广泛使用的方法，常加的酸有柠檬酸、苹果酸、抗坏血酸等，可调pH≤4~5以降低酶活性，减少偶联褐变。

柠檬酸为使用最广泛的酸，对抑制酚酶氧化有双重作用，既可降低pH，又可与酚酶辅基的铜离子络合而抑制其活性，但作为褐变抑制剂来说，单独使用的效果不大，通常与抗坏血酸或亚硫酸联用，切开的水果常浸在这类酸的稀溶液中可很好抑制褐变，同时这种方法对于碱法去皮的水果还有中和残碱的作用。

苹果酸是苹果汁中的主要有机酸，它在苹果汁中对酚酶的抑制作用比柠檬酸强得多。

抗坏血酸是十分有效的酶抑制剂，无异味，对金属无腐蚀性，同时又有营养价值，它对抑制酚酶氧化也有双重作用，不仅能降低pH，同时还具有还原作用，能将醌还原成酚从而阻止醌的聚合。

（三）加酶抑制剂

1. 二氧化硫及亚硫酸盐处理法 二氧化硫、亚硫酸盐等在酸性的条件下对多酚氧化酶酶活性有抑制作用，兼有漂白、杀菌性能，可阻止黑色素的形成。二氧化硫、亚硫酸钠、焦亚硫酸钠、亚硫酸氢钠、低亚硫酸钠等都是广泛使用的酚酶抑制剂。在蘑菇、马铃薯、桃、苹果加工中常用二氧化硫及亚硫酸盐溶液作为护色剂。

用二氧化硫气体处理水果蔬菜，渗入组织快，但亚硫酸盐溶液使用更方便。二氧化硫及亚硫酸盐溶液在弱酸性（pH=6）条件下对酚酶的抑制效果最好。

二氧化硫和亚硫酸盐对褐变的抑制机理目前有几种观点，有的认为是抑制了酶，有的认为是二氧化硫把醌还原成了酚，还有的观点认为二氧化硫和醌的加合防止了醌的进一步聚合，目前二氧化硫对酶促褐变的控制机制尚未定论。

用二氧化硫和亚硫酸盐处理不仅能抑制褐变，还有一定的防腐作用，并可避免维生素C的氧化，但也有很多缺点，亚硫酸盐可能有致癌作用，可能会导致某些消费者出现呕吐、下痢、过敏休克、急性哮喘、失神等不良反应，也会腐蚀铁罐内壁，破坏维生素 B_1，产生不愉快的嗅感和恶臭味，食品中残留量如果超过 0.064% 即可感知，因此在使用时必须注意用量。

2. 其他抑制剂 除了二氧化硫及亚硫酸盐以外，曲酸、植酸、钙溶液、谷胱甘肽、半胱氨酸、胱氨酸、蛋氨酸、聚磷酸盐、偏磷酸盐等，多酚氧化酶抑制剂等都可作为酶抑制剂。

曲酸的结构与酚类化合物相似，具有络合金属离子的作用，可以络合多酚氧化酶活性必需的铜离子；曲酸还具有去除氧自由基的作用，因而能够干扰多酚氧化酶对氧的吸收；此外，曲酸能将黑色素的底物醌类化合物还原为联醌而防止黑色素的形成。

植酸是从植物原料中提取的无毒的B族维生素的一种肌醇六磷酸酯，具有比较独特的分子结构，尤其是所含的六个磷酸基，具有很强的螯合能力，能在很宽的pH范围内很稳定，它可以螯合多酚氧化酶中的铜辅基，具有很强的抗氧化能力。

钙溶液浓度越大，对多酚类物质氧化的抑制作用越强，可抑制游离态多酚氧化酶的活性。钙溶液抑制作用有两个解释，一是钙与氨基酸结合成为不溶性化合物，因此钙盐有协同 SO_2 控制褐变的作用，二是 Ca^{2+} 与多酚氧化酶中的 Cu^{2+} 竞争。

KH-1能螯合铜离子，阻隔氧气吸附单宁，调节pH和水分，从而起到抑制多酚氧化酶活性的目的。

（四）驱氧法

将切开的水果蔬菜浸泡在水中，隔绝氧以防止酶促褐变，更有效的方法是在水中加入抗坏血酸，使抗坏血酸在自动氧化过程中消耗果蔬切开组织表面的氧，生成一层氧化态抗坏血酸隔离层，对组织中含氧较多的水果如苹果、梨起到抗氧化作用，而组织中的氧也会引起缓慢褐变，可用真空渗入法把糖水或盐水强行渗入组织内部，驱出细胞间隙中的氧。

一般在一定的真空下保持一段时间后突然破坏真空即可达到目的，可通过沸水烫漂、抽真空、高浓度抗坏血酸溶液浸泡、气调包装设计等均可达到驱除食品内氧气的目的，从而抑制酶褐变的发生。如用2%食盐+0.2%柠檬酸+0.06%偏重亚硫酸钠溶液作抽空液，在500mmHg的真空度抽空5~10分钟，可取得良好的护色效果。

（五）加酚酶底物的类似物

加入酚酶底物的类似物，如肉桂酸、阿魏酸、对位香豆酸等能有效抑制苹果汁的酶促褐变，而且这3种有机酸是果蔬中天然存在的芳香有机酸。

因此在食品加工中，可采用热处理法、酸处理法和与空气隔绝等方法防止食物的褐变。

第五节 酶在食品加工中的应用

目前酶技术已广泛应用于食品加工的各个领域，例如淀粉的加工、果蔬的加工、乳制品的加工、肉禽蛋的加工、油脂的加工、冷饮工业、功能食品生产、食品的保藏及食品添加剂的生产等。

一、酶在淀粉加工中的应用

淀粉类食品是世界上产量最大的一类食品。很多酶被广泛地应用于淀粉类食品的加工中，如α-淀粉酶、β-淀粉酶、糖化酶、支链淀粉酶、葡萄糖异构酶等。淀粉通过酶水解作用生成糊精、低聚糖、麦芽糊精和葡萄糖等产物，这些产物又可进一步转化为其他产物。

（一）酶在制糖工业中的应用

1. 用α-淀粉酶进行葡萄糖的生产　现在国内外葡萄糖的生产大都采用α-淀粉酶法。酶法生产葡萄糖是以淀粉为原料，先经α-淀粉酶液化成糊精，再用糖化酶催化生成葡萄糖。

2. 用葡萄糖异构酶进行果葡糖浆的生产　用葡萄糖异构酶生产果糖的技术可用于大规模生产果糖而取代蔗糖作为甜味剂。目前，世界上淀粉糖其中有一半是果葡糖浆。果葡糖浆是由葡萄糖异构酶催化葡萄糖异构化生成部分果糖而得到的葡萄糖和果糖的混合糖浆。混合糖液经过脱色、精制、浓缩等过程，可得到固形物含量达71%左右的果葡糖浆。其中，含果糖42%左右，含葡萄糖52%左右，另有6%左右为低聚糖。若将异构化后的混合糖液中的果糖与葡萄糖分离，再将分离的葡萄糖进行异构化，如此反复进行，可使更多的葡萄糖转化为果糖，由此可生产出果糖含量达70%、90%甚至更高的果葡糖浆，称之为高果葡糖浆。高果葡糖浆与蔗糖相比，具有甜度高、不易结晶、易发酵等特点，故备受点心及冷饮加工业青睐。

3. 用酶进行饴糖、麦芽糖的生产　饴糖是我国传统的淀粉糖制品，饴糖、麦芽糖的生产添加的酶主要是α-淀粉酶和β-淀粉酶。用酶法生产饴糖时，先用α-淀粉酶液化淀粉，然后再加入β-淀粉酶，使糊精生成麦芽糖，酶法生产的饴糖中，麦芽糖的含量可达60%~70%，可以从中分离得到麦芽糖。

4. 用酶进行糊精、麦芽糊精的生产　糊精是淀粉低程度水解的产物，广泛应用于食品增稠剂、填充剂和吸收剂，在食品工业中有广泛用途。其中，DE值在10~20之间的糊精称为麦芽糊精。淀粉在α-淀粉酶的作用下生成糊精，控制酶反应液的DE值，可以得到含有一定量麦芽糖的麦芽糊精。

目前，微生物糖苷水解酶在生产中应用较多，而且技术都比较成熟，如利用α-葡萄糖苷酶生产低聚异麦芽糖；利用节杆菌产生的β-呋喃果糖苷酶合成低聚乳果糖、低聚半乳果糖；利用α-半乳糖苷酶生产棉子糖和蜜二糖；利用橙皮苷酶和橙皮苷反应生产橙皮素-F-葡萄糖苷二氢查耳酮。利用酶水解所获得的糖类产品非常多，广泛使用在焙烤食品、甜点、饮料、肉类、冰淇淋、水果罐头、果酱、调味酱等食品中。

（二）酶在焙烤食品中的应用

在焙烤食品中应用的酶制剂主要有淀粉酶、蛋白酶、葡萄糖氧化酶、木聚糖酶、脂酶等，这些酶制剂的使用可以增大面包体积，改善面包表皮色泽，改良面粉质量，延缓陈变，提高柔软度，延长保存期限。

1. 淀粉酶　焙烤中淀粉酶的主要应用是在面包的制作过程中，利用淀粉酶能够改善或控制面粉的处理品质和产品质量。面粉中添加α-淀粉酶，可调节麦芽糖生成量，使二氧化碳产生和面团气体保持力相平衡，焙烤后面包体积增大，面包心柔软度变好。添加β-淀粉酶可改善糕点馅心风味，还可防止糕点老化。

2. 蛋白酶 蛋白酶添加到面粉中，使面团中的蛋白质在一定程度上降解成肽和氨基酸，导致面团中的蛋白质含量下降，面团筋力减弱，满足了饼干、曲奇、比萨饼等对弱面筋力面团的要求。同时，蛋白质的降解更有利于人体对营养物质的吸收。因此，制作面包时，当面质很硬需要面团具有特别的柔韧性和延伸性时，加入蛋白酶能改善面团物理性质和面包质量，使面团易于延伸以较快速度成熟。另外在生产蛋糕过程中，添加蛋白酶制剂可有效地改善鸡蛋液的乳化性和起泡性。

3. 脂酶 脂酶在面包生产中，有显著延缓老化、提高面团流动性、增加面团在过度发酵时的稳定性、增加烘烤膨胀性以使面包具有更大的体积等作用。同时，脂酶也能改进无油配方或含油配方面包的膨胀性，但对于含有氢化起酥油的面包配方，则没有什么作用。

另外，脂肪氧化酶添加于面粉中，可以使面粉中不饱和脂肪酸氧化，同胡萝卜素发生共轭氧化作用，而将面粉漂白。

（三）酶在面条加工中的应用

面条是仅次于面包的世界第二大方便主食，是我国的传统食品，目前用在面条中的酶有氧化酶、脂肪酶、木聚糖酶等。

1. 氧化酶 用于面制品加工中的氧化酶主要包括葡萄糖氧化酶、半乳糖氧化酶、脂肪氧合酶和一些过氧化物酶等，它们对面筋结构和面团流变学性质有一定影响。目前，应用研究较多的是葡萄糖氧化酶和脂肪氧合酶。这些氧化酶由于具有良好的氧化性，能够显著增强面团筋力，可望替代传统的化学氧化剂，如溴酸盐等。

葡萄糖氧化酶能够改善面粉的加工性能，增强面团的筋力，被认为是较为理想的溴酸钾替代物之一。脂肪氧合酶是一种氧化还原酶，在面条制作中添加脂肪氧合酶，能将面筋蛋白中的—SH氧化为—S—S—，增强面团的筋力，同时消除面粉中蛋白酶的激活因子—SH，防止面筋蛋白水解，另外还可使面粉增白。小麦粉中脂肪氧合酶活力很低，且主要存在于胚乳和麸皮中，但在大豆、扁豆和豌豆中，脂肪氧合酶活性很高。因此，可添加一些脂肪氧合酶活性高的豆粉来改善面条品质。

2. 脂肪酶 脂肪酶即甘油三酯水解酶，它催化天然底物油脂水解，生成脂肪酸、甘油和甘油单酯或二酯。面粉中含有1%～2%的脂类，且大部分是甘油三酸酯，能被脂肪酶降解生成游离脂肪酸、甘油单酸酯和甘油二酸酯。因此，加入脂肪酶能够获得乳化剂对面团的改善效果。在面条加工中，通过此酶的作用，可以使面粉中的天然脂质得到改性，形成脂质、直链淀粉复合物，从而防止直链淀粉在膨胀和煮熟过程中的渗出现象。

面条种类繁多，因原料品种及要求、制作过程、食用方法和产品形态存在差异，单独使用某一种酶剂多存在一些不足。根据面条品质的要求和各种酶制剂的特点，研究酶的协同增效作用，将几种酶或酶与其他添加剂复合使用，效果会更好。

二、酶在果蔬类食品加工中的应用

在果蔬类食品的加工中，经常使用各种酶进行提取果汁、澄清果汁、果蔬脱色等。最常用的酶有果胶酶、纤维素酶、半纤维素酶、淀粉酶、阿拉伯糖酶等。

（一）用酶进行提取果汁生产

水果中含有大量果胶，在果汁和果酒生产过程中会造成压榨困难、出汁率低、果汁混浊等不良影响。为了利于压榨，提高出汁率，用酶进行果汁及果酒的生产。在提高果蔬出汁率方面应用最广泛的酶是果胶酶，其次是纤维素酶。

果浆榨汁前添加一定量果胶酶可以有效地分解果肉组织中的果胶物质，使果汁黏度降低，容易榨汁、过滤，从而提高出汁率。一般用于果汁处理的果胶酶一般均是混合果胶酶，其中含有果胶酯酶、内切聚半乳糖醛酸酶、外切聚半乳糖醛酸酶、内切聚半乳糖醛酸裂解酶、外切聚半乳糖醛酸裂解酶、内切聚甲基半乳糖醛酸裂解酶、外切聚甲基半乳糖醛酸裂解酶。果胶酶的利用可以大大提高柠檬、橘子、李子、葡萄和草莓等水果的出汁率，同时可提高产品的贮藏稳定性、色泽和风味。目前果胶酶已广泛用于苹果汁、葡萄汁、柑橘汁等的生产。

纤维素酶可以使果蔬中大分子纤维素降解成分子量较小的纤维二糖和葡萄糖分子，破坏植物细胞壁，使细胞内容物充分释放，提高出汁率，并提高可溶性固形物含量。

近年来，还采用果胶酶和纤维素酶等处理蔬菜，大大提高了蔬菜的出汁率，简化了工艺步骤，并且可制得透明澄清的蔬菜汁，再经过调配就可以制成品种繁多的饮料食品，如胡萝卜汁、南瓜汁、番茄汁、洋葱汁饮料等。

（二）用酶进行果蔬制品的脱色

许多水果和蔬菜，如葡萄、桃、草莓、芹菜等都含有花青素，花青素是一类水溶性植物色素，在不同的pH条件下呈现不同的颜色，对果蔬制品的外观质量有一定的影响。因此，含花青素的果蔬制品，如葡萄汁、草莓酱、桃子罐头、芹菜汁等，必须用花青素酶处理，使花青素水解成为无色的葡萄糖和配基，以保证产品质量。在实际应用过程中，只需要将果蔬制品加入一定的花青素酶，于40℃条件下保温20~30分钟，即可达到脱色效果。

（三）用酶去除异味

由于柑橘制品中含有柚皮苷和柠檬苦素，而具有苦味。在柑橘制品的生产过程中，加入一定量的柚皮苷酶，在30~40℃左右处理1~2小时，水解生成鼠李糖和无苦味的普鲁宁，即可脱去苦味。

三、酶在乳制品加工中的应用

酶应用于乳品加工主要有以下几个方面：用乳糖酶分解牛奶中的乳糖；用凝乳酶制造干酪；将溶菌酶添加到婴儿奶粉中杀菌消毒；用过氧化氢酶对牛奶消毒；用脂肪酶增加干酪和黄油的香味。干酪又称为奶酪，是乳中的酪蛋白凝固而成的一种营养价值高、容易消化吸收的食品，干酪的生产可以采用乳酸菌发酵或通过加入凝乳蛋白酶的方法进行。采用游离的乳糖酶或者通过固定化乳糖酶的作用，使乳中的乳糖水解生成葡萄糖和半乳糖，可生产低乳糖奶。

四、酶在肉、鱼、蛋制品加工中的应用

由于肉制品中胶原蛋白的强度很大，烹饪时不易软化，用木瓜蛋白酶、无花果蛋白酶和菠萝蛋白酶可水解胶原蛋白，用于肉的嫩化，还可用于啤酒的澄清。特别是木瓜蛋白酶的应用，很久以前民间就使用木瓜叶包肉，使肉更鲜嫩、更香。利用蛋白酶水解废弃的动物血、杂鱼及碎肉中的蛋白质是开发蛋白质资源的有效措施。用葡萄糖氧化酶与过氧化氢酶共同处理可除去禽蛋中的葡萄糖，以防止制成的蛋白干片在贮藏中发生褐变。

目前中国已批准使用于食品工业的酶制剂有α-淀粉酶、糖化酶、固定化葡萄糖异构酶、木瓜蛋白酶、果胶酶、β-葡聚糖酶、葡萄氧化酶、α-乙酰乳酸脱氨酶等，酶技术已应用于食品加工各个行业、食品添加剂、食品保藏、功能性食品等生产中。酶工程技术作为生物技术的一个重要组成部分，充满生机、发展迅速、前途光明，将在食品工业中得到更加广泛的应用，促进食品工业的迅速发展。

拓展阅读

PCR 技术在食品科学领域中的应用

PCR 即聚合酶链式反应，这是一种在生物体细胞外通过酶促合成特异 DNA 或 DNA 片段的方法。PCR 技术因其特异性强、灵敏度高、快速和准确等优点，在食品、农业、医药、分子生物学等领域得以广泛的应用。特别是在食品科学领域逐渐显示出其应用前景。PCR 技术主要应用于食品微生物的检测、转基因食品的检测、食品成分及产地的检测等。

微生物检验是食品检验中的一项重要内容，目前常规方法对致病菌的检验操作繁琐，耗时长，利用 PCR 技术来对沙门氏菌、单核细胞增生李斯特菌、金黄色葡萄球菌、大肠杆菌等致病菌进行检验，具有省时、省力、高效等优点；利用核酸检测法、蛋白质检测法和酶活性检测法检测转基因食品，这些方法易受环境影响而失活或分解，增大了检测的不确定性和假阴性率，采用 PCR 扩增对外源基因和遗传标记基因的分析方法非常灵敏、准确；目前 PCR 技术已被广泛应用于动物肉类的物种检测与饲料中的动物成分检测，还被用于鉴定食品的原料种类和原产地；同时，PCR 技术还应用于病毒检测，疯牛病病毒、乙肝病毒、SARS 病毒都可通过此方法快速检测出来，且灵敏度较高。

重点小结

本章主要介绍了酶的专一性、酶的分类、酶促褐变、酶的固定化、酶催化反应动力学、酶在食品加工中的应用等，重点总结如下。

一、酶的专一性

一种酶仅能作用于一种物质或一类分子结构相似的物质，促进其进行一定的化学反应，产生一定的反应产物，这种选择性作用称为酶的专一性。

根据酶对底物专一性程度，酶的专一性可分为三种类型：绝对专一性、相对专一性、立体结构专一性。

二、酶的命名及分类

1. 酶有三个名称：系统名、惯用名、一个数字编号。

2. 国际系统分类法根据酶所催化的反应性质的不同，将酶分成六大类：氧化还原酶类、转移酶类、水解酶类、裂解酶类或裂合酶类、异构酶类、连接酶类。

三、影响酶促反应速率的因素

影响酶促反应速度的因素有底物的浓度、酶的浓度、pH、温度、抑制剂和激活剂等。

（一）底物浓度对酶促反应速度的影响

1. 酶促反应速度与底物浓度的关系可用米氏方程来表示

$$v=\frac{v_{max}[S]}{K_m[S]}$$

当底物浓度较低时，反应速度与底物浓度的关系呈正比关系；随着底物浓度的不断增加，反应速度不再按正比升高；当底物浓度达到相当高时，底物浓度对反应速度影响逐渐变小，最后反应速度不再增加，这时反应达到最大反应速度。

2. 米氏常数的物理意义

（1）K_m 值等于酶促反应速度达到最大反应速度一半时所对应的底物浓度。

（2）K_m 是酶的一个特征性常数。

（3）K_m 值可反映酶对底物的亲和力，两者呈反比。

（二）酶浓度对酶促反应速度的影响

在一定的温度和 pH 条件下，当底物浓度大大超过酶的浓度时，酶的浓度与反应速度呈正比关系。但是当底物浓度不足或酶浓度过高、产物积累等会使反应受到抑制，反应速度下降。

（三）温度对酶促反应速度的影响

在一定条件下每种酶都有其催化反应的最适温度。

（四）pH 对酶促反应速度的影响

通常在一定 pH 下，酶会表现出最大活力，而一旦高于或低于此 pH，酶活力就会降低，我们把表现出酶最大活力时的 pH 称为该酶的最适 pH。

（五）抑制剂对酶促反应速度的影响

凡能使酶的活性下降而不引起酶蛋白变性的物质称作酶的抑制剂，通常抑制作用分为可逆性抑制和不可逆性抑制两类。

（六）激活剂对酶促反应速度的影响

能使酶活性提高的物质，都称为激活剂，其中大部分是离子或简单的有机化合物。

四、固定化酶

1. 固定化酶是指在一定的空间范围内起催化作用，并能反复和连续使用的酶。

2. 酶的固定化方法主要可分为四类：吸附法、包埋法、结合法和交联法等。

五、酶促褐变

1. 酶促褐变是指在有氧条件下，多酚氧化酶催化酚类化合物形成醌及其聚合物而使食品呈现褐色的现象。

2. 常用的控制酶促褐变方法有：加热处理、调节 pH、加酶抑制剂、驱氧法、加酚酶底物的类似物。

六、酶在食品加工中的应用

目前酶技术已广泛应用于食品加工的各个领域，例如淀粉的加工、果蔬的加工、乳制品的加工、肉禽蛋的加工、油脂的加工、冷饮工业、功能食品生产、食品的保藏及食品添加剂的生产等。

目标检测

1. 影响酶促反应速率的因素有哪些？
2. 什么是米氏方程式？什么是米氏常数？米氏常数的意义是什么？
3. 何谓酶的竞争性抑制和非竞争性抑制？
4. 什么是固定化酶？有什么优缺点？简述固定化酶在食品工业中的应用？
5. 简述控制酶促褐变的方法。
6. 简述酶的特性及酶在食品加工中的应用。

第八章

色　素

学习目标

1. **掌握**　食品色素的分类和常见色素的名称；常见食品天然色素的化学结构、基本的物理化学性质以及在食品贮藏和加工中发生的重要变化及条件。
2. **熟悉**　食品着色剂的使用要求。
3. **了解**　食品贮藏和加工中控制色泽的技术原理。

案例导入

案例：2015年5月20日，浙江金华市食品药品监管部门对金华市串串香食品有限公司进行监督检查，对“里脊肉串”“蒙古肉串”等产品现场抽样送检，有1批次“蒙古肉串”检出日落黄，有3批次“里脊肉串”检出诱惑红。经查，该企业为了使肉串“卖相”好，在“蒙古肉串”“里脊肉串”生产加工过程中超范围使用食品添加剂日落黄和诱惑红，上述不合格速冻肉串共13191箱，涉案金额180余万元。在速冻调制食品中添加日落黄和诱惑红，违反了《食品安全法》及《食品安全国家标准 食品添加剂使用标准》（GB 2760—2014）规定。依据《最高人民法院 最高人民检察院关于办理危害食品安全刑事案件适用法律若干问题的解释》，该企业相关负责人涉嫌构成生产、销售不符合食品安全标准食品罪。金华市食品药品监督管理部门将该案已送金华市公安机关，目前，该案已被提起公诉。

讨论：1. 食品添加剂日落黄和诱惑红，分别允许在哪些食品中添加，且最大使用量分别是多少？
2. 食品颜色对于食品的感官品质和商品价值都有哪些影响？

第一节　概述

食品的基本属性应满足人们的营养和感官需要，而食品的颜色是食品主要感官质量指标之一。食品的颜色直接影响消费者对食品新鲜度、成熟度和食品品质等做出判断。如新鲜牛肉肌肉呈均匀的红色，具有光泽，变质肉色泽呈暗红，无光泽。因此，了解食品色素和着色剂的种类、特性以及如何提高食品的色泽特征，是食品化学中值得重视的问题之一。

一、食品色素的定义和作用

食品的色泽是通过它们对可见光的选择性吸收及反射而产生的。把食品中能够吸收或反射可见光进而使食品呈现各种颜色的物质统称为食品色素。食品色素包括食品原料中的天然色素，食品加工中产生的有色物质，以及添加到食品中的食品着色剂。

食品的颜色可以使消费者对味道产生联想，一种新型食品在色彩上能否吸引消费者，给消费者以味道联想，在一定程度上决定了该产品的评价和销售量。如红色：色泽鲜艳、味浓成熟；黄色：清凉可口、成熟芳香；绿色：清爽、新鲜、生、凉等；咖啡色：质地浓郁、风味独特。

颜色可影响人们对食品风味的感受，如人们认为红色饮料具有番茄、山楂、石榴的风味；黄色饮料具有菠萝、芒果的风味；绿色饮料具有青瓜的风味；白色饮料具有雪梨、番石榴的风味。因此，在饮料生产过程中，常把饮料制成不同风味以符合人们不同的消费心理需求。

颜色亦可影响人们对食物产生的食欲。例如新鲜的果蔬常常呈现新鲜的、自然的、鲜艳的色彩，刺激人的食欲，而不正常、不自然、不均匀的果蔬，常被认为是变质的、劣质的，会使人产生厌烦的感觉。

二、食品色素的分类

食品中色素成分很多，依据不同标准可将色素进行以下分类。

（一）根据来源进行分类

1. 天然色素 包括动物色素（如血红素、类胡萝卜素、虫胶色素等）；植物色素（如叶绿素、花青素、胡萝卜素等）；微生物色素（如核黄素、红曲色素）。

2. 人工合成色素 如胭脂红、柠檬黄、赤藓红和亮蓝等。

（二）根据化学结构进行分类

1. 四吡咯衍生物类色素 如叶绿素、血红素、胆红素等。

2. 异戊二烯衍生物类色素 如叶黄素、类胡萝卜素、辣椒红色素等。

3. 多酚类色素 如花青素、花黄素、儿茶素等。

4. 酮类衍生物色素 如姜黄素、红曲色素等。

5. 醌类衍生物色素 如虫胶色素、胭脂红色素等。

（三）根据色泽进行分类

1. 红紫色系列 如花青素、红曲色素、醌类色素等。

2. 黄橙色系列 如胡萝卜色素、姜黄素、核黄素等。

3. 蓝绿色系列 如叶绿素、藻蓝素、栀子蓝色素等。

此外，根据溶解性的不同，天然色素可分为水溶性和油溶性两类。

由于天然色素种类繁多，色泽自然，安全性高，不少品种还有一定的营养价值，有的品种还具有药用疗效，如姜黄素、栀子黄色素、多酚类等，因此，食品色素的开发与应用近年来发展迅速，其品种和用量不断扩大。随着社会的发展、国民经济的增长和国民素质的提高，我国天然色素工业定会有更广阔的发展空间。

第二节 四吡咯色素

四吡咯色素是以4个吡咯环的α-碳原子通过次甲基相连成卟啉环作为基础结构的一类天然色素。4个吡咯可与金属元素以共价键和配位键结合。生物组织中天然四吡咯类色素有两大类，即存在于植物组织中的叶绿素和存在于动物组织中的血红素。

一、叶绿素

（一）结构和物理性质

叶绿素是高等植物和其他能进行光合作用的生物体内所含有的一类绿色色素，存在于叶绿体中类囊体的片层膜上，在植物光合作用中进行光能的捕获和转换。叶绿素是由叶绿酸、叶绿醇和甲醇构成的二醇酯，绿色来自叶绿素酸。高等植物中的叶绿素有 a、b 两种类型，其区别仅在于 3 位碳原子（图 8-1 中的 R）上的取代基不同。取代基是甲基时为叶绿素 a（蓝绿色），是醛基时为叶绿素 b（黄绿色），二者的比例一般为 3∶1。其分子结构如图 8-1 所示。

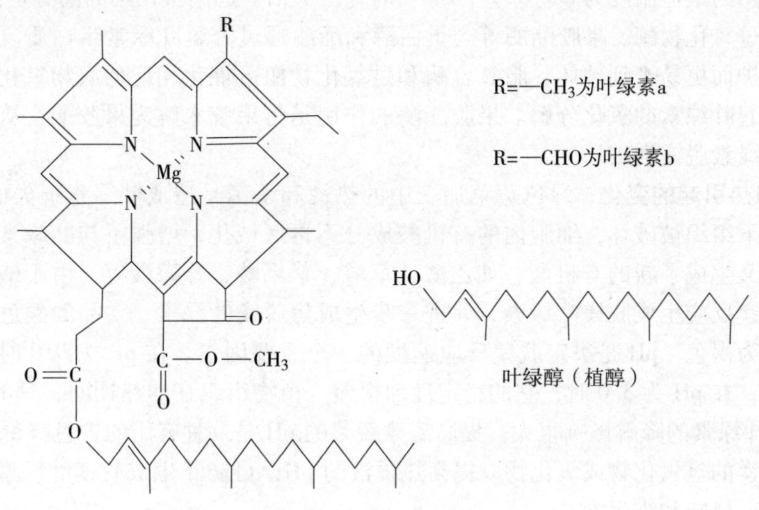

图 8-1　叶绿素的结构

叶绿素不溶于水，易溶于乙醇、乙醚、丙酮等有机溶剂。纯的叶绿素 a 是具有金属光泽的蓝黑色粉末状物质，熔点为 117~120℃，其乙醇溶液呈蓝绿色并伴有深红色荧光，叶绿素 b 为深绿色粉末，熔点为 120~130℃，其乙醇溶液呈绿或黄绿色并伴有红色荧光。叶绿素 a 和叶绿素 b 均为脂溶性色素并具有旋光性。

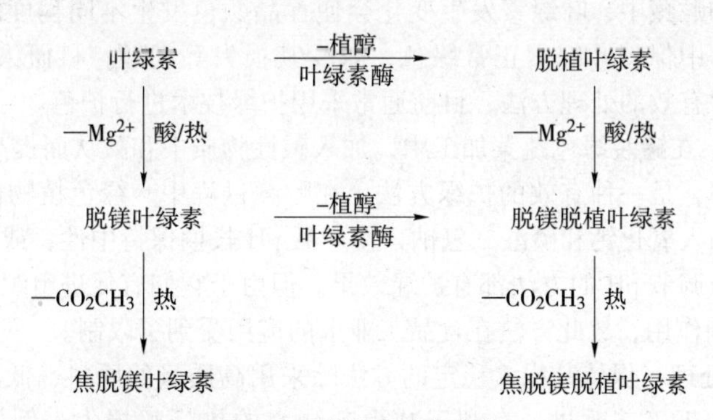

图 8-2　叶绿素的衍生物

在活体植物细胞中，叶绿素与类胡萝卜素、类脂物及脂蛋白结合成复合体，共同存在于叶绿体中。当细胞死亡后，叶绿素就游离出来，游离的叶绿素对光、酸、碱等敏感，很不稳定。因此，在食品加工和贮藏中会发生多种反应，生成不同的衍生物，如图 8-2 所示。在酸性条件下，叶绿素分子中的镁离子被两个质子取代，生成橄榄色的脱镁叶绿素，依然是脂溶性的。在叶绿素酶作用下，分子中植醇由羟基取代，生成水溶性的脱植叶绿素，仍然为绿色的。焦脱镁叶绿素的结构中除镁离子被取代外，甲酯基也脱去，同时该环的酮基转为烯醇式，颜色比脱镁叶绿素更暗。

（二）叶绿素在食品加工和贮藏中的变化

1. 酶促变化 叶绿素酶是目前已知的唯一能使叶绿素降解的酶。许多酶存在于植物衰老和贮藏过程中，酶能引起叶绿素的分解破坏。这种酶促变化可分为直接作用和间接作用两类。直接作用以叶绿素为底物的酶只有叶绿素酶，催化叶绿素中植醇酯键水解而产生脱植醇叶绿素。脱镁叶绿素也是它的底物，产物是水溶性的脱镁脱植叶绿素，它是橄榄绿色的。叶绿素酶的最适温度为60~82℃，100℃时完全失活。起间接作用的酶有蛋白酶、酯酶、脂氧合酶、过氧化物酶、果胶酯酶等。蛋白酶和酯酶通过分解叶绿素蛋白质复合体，使叶绿素失去保护而更易遭到破坏。脂氧合酶和过氧化物酶可催化相应的底物氧化，其间产生的物质会引起叶绿素的氧化分解。果胶酯酶的作用是将果胶水解为果胶酸，从而提高质子浓度，使叶绿素脱镁被破坏。

2. 酸和热引起的变化 绿色蔬菜加工中的热烫和杀菌是造成叶绿素损失的主要原因。在加热条件下组织被破坏，细胞内的有机酸成分不再区域化，增强了与叶绿素的接触。更重要的是，又生成了新的有机酸，如乙酸、草酸、苹果酸、柠檬酸等。由于酸的作用，叶绿素发生脱镁反应生成脱镁叶绿素，并进一步生成焦脱镁叶绿素，食品的颜色转变为橄榄绿，甚至变为褐色。pH是决定脱镁反应速度的一个重要因素。在pH为9.0时，叶绿素对热非常稳定；在pH为3.0时，它的稳定性却很差。植物组织在加热期间，其pH大约会下降1，这对叶绿素的降解影响很大。提高罐藏蔬菜的pH是一种有用的护色（绿）方法，加入适量钙、镁的氢氧化物或氧化物以提高热烫液的pH，可防止生成脱镁叶绿素，但会破坏植物的质地、风味和维生素C。

3. 光解 在活体绿色植物中，叶绿素既可发挥光合作用，又不会发生光分解。但在加工和贮藏过程中，叶绿素经常会受到光和氧气作用，被光解为一系列小分子物质而褪色。光解的产物是乳酸、柠檬酸、琥珀酸、马来酸以及少量丙氨酸。因此，正确选择包装材料和方法以及适当使用抗氧化剂，可防止光氧化褪色。

（三）护绿技术

在果蔬加工和贮藏中，叶绿素发生变化会使食品颜色发生不同程度的改变。对于如何在果蔬热加工过程中保持叶绿素正常绿色，减少其损失等问题，科研人员做过大量研究，但至今尚未有非常有效的处理方法，目前通常采用护绿技术进行护色。

1. 酸碱中和 在罐装绿色蔬菜加工中，加入碱性物质中和酸从而提高罐藏蔬菜pH，提高叶绿素的保留率，是一种有效的护绿方法。在贮藏过程中，绿色植物内部会不断产生酸性物质，因此要加入氧化钙和磷酸二氢钠，使产品pH长期保持中性；或采用碳酸镁或碳酸钠与磷酸钠相结合调节pH的方法都有护绿效果。但由于它们有促进组织软化、产生碱味和减少维生素C的副作用，故此方法在食品工业上的应用受到了限制。

2. 高温瞬时处理 保持叶绿素稳定的方法除采用高质量的原料、低温贮藏并尽快加工以外，对传统的加工工艺改进，有利于减少叶绿素的热降解损失。例如，采用高温瞬时（HTST）加工蔬菜，不仅能杀灭微生物，也能显著减轻植物性食品在商业杀菌中发生的绿色破坏程度。但由于在贮藏过程中pH降低，导致叶绿素降解，因此在食品贮藏两个月后，效果不再明显。

3. 利用金属离子衍生物 将铜或锌离子添加到蔬菜的热烫液中，脱镁叶绿素衍生物可与铜或锌形成绿色络合物，这是一种有效护绿的方法。

4. 气调保鲜技术　该技术属于生理护色，由于降低了环境中氧气含量，可有效缓解酶促反应。水分活度较低时，H^+转移受到限制，难以置换叶绿素中的Mg^{2+}，同时微生物的生长和酶的活性受到抑制，因此脱水蔬菜能长期保持绿色。驱氧、避光可防止叶绿素的光氧化褪色。因此，适当使用抗氧化剂与正确选择包装材料相结合，就能长期保持食品的绿色。

5. 多种技术联合应用　该方法是目前保持叶绿素稳定性最好的方法，即挑选品质好的原料，尽快进行加工，缩短贮藏时间，采用高温瞬时灭菌，并辅以碱式盐、脱植醇的方法，且在低温、避光条件下贮藏。

二、血红素

（一）血红素存在状态和结构

血红素是高等动物血液、肌肉中的红色色素，是影响肉制品颜色的主要色素。在肌肉中主要以肌红蛋白的形式存在，在血液中主要以血红蛋白的形式存在。肌红蛋白和血红蛋白都是血红素与球状蛋白结合而成的球状蛋白。肌红蛋白是球状蛋白，是由1分子多肽链和1分子血红素结合而成（图8-3），而血红蛋白所结合的血红素为肌红蛋白的4倍。

血红素是一种铁卟啉化合物，中心铁离子有6个配位键，其中4个分别与卟啉环的4个氮原子配位结合。还有一个与肌红蛋白或血红蛋白中的球蛋白以配价键相结合，结合位点是球蛋白中组氨酸残基的咪唑基氮原子。第六个键则可以与任何一种能提供电子对的原子结合。

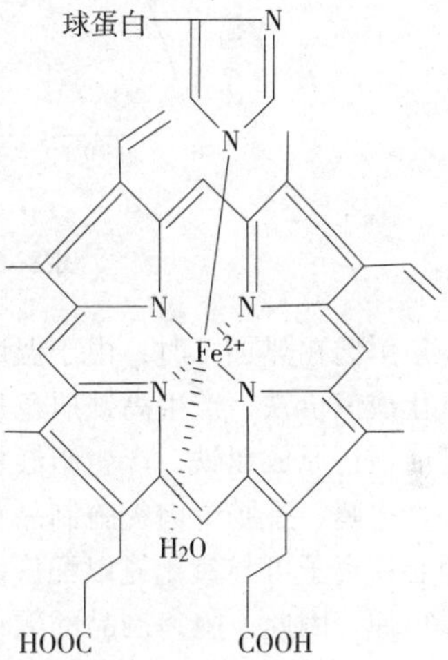

球蛋白　N　N　N　N　Fe^{2+}　N　N　H_2O　HOOC　COOH

图8-3　肌红蛋白的结构

动物屠宰放血后，对肌肉组织的供氧停止，新鲜肉中的肌红蛋白则保持还原状态，肌肉的颜色呈稍暗的紫红色。当鲜肉存放在空气中，肌红蛋白向两种不同的方向转变，部分肌红蛋白与氧气发生氧合反应生成鲜红色的氧合肌红蛋白，部分肌红蛋白与氧气发生氧化反应，生成褐色的高铁肌红蛋白。这两种反应可用图8-4来表示。

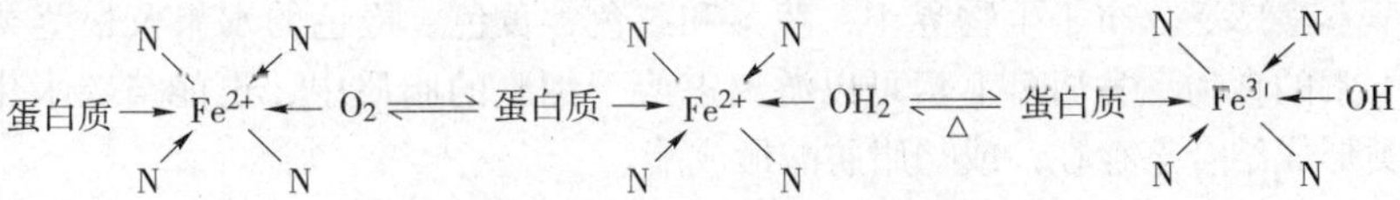

蛋白质 → Fe^{2+} ← O_2 ⇌ 蛋白质 → Fe^{2+} ← OH_2 ⇌(△) 蛋白质 → Fe^{3+} ← OH

图8-4　肌红蛋白的相互转化

（二）肉色在生肉贮藏和肉品加工中的变化

在肉品的加工与贮藏中，肌红蛋白会转化为多种衍生物，包括氧合肌红蛋白、高铁肌红蛋白、氧化氮肌红蛋白、氧化氮高铁肌红蛋白、肌色原、高铁肌色原、氧化氮肌色原、亚硝酰高铁肌红蛋白、亚硝酰高铁血红素、硫肌红蛋白和胆绿蛋白。这些衍生物的颜色各异，氧合肌红蛋白为鲜红，高铁肌红蛋白为褐色，氧化氮肌红蛋白和氧化氮肌色原为粉红色，氧化氮高铁肌红蛋白为深红，肌色原为暗红，高铁肌色原为褐色，亚硝酰高铁肌红蛋白为红褐色，最后三种物质为绿色。

新鲜肉放置空气中，表面会形成很薄一层氧合肌红蛋白的鲜红色泽。而在中间部分，由于肉中原有的还原性物质存在，肌红蛋白就会保持还原状态，故为深紫色。当鲜肉在空气中放置过久时，还原性物质被耗尽，高铁肌红蛋白的褐色就成为主要色泽。图8-5显示出这种变化受氧气分压的影响，氧气分压高时有利于氧合肌红蛋白的生成，氧气分压低时有利于高铁肌红蛋白的生成。

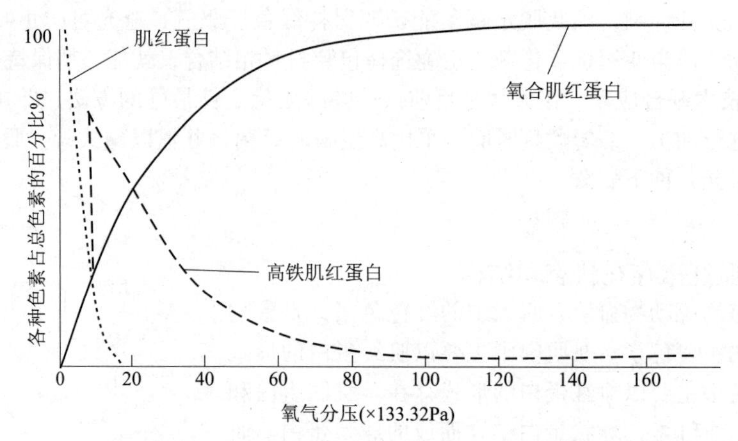

图 8-5 氧气分压对肌红蛋白相互转化的影响

鲜肉在热加工时，由于温度升高以及氧分压降低，肌红蛋白的球蛋白部分变性，铁被氧化成三价铁，产生高铁肌色原，熟肉的色泽呈褐色。当其内部有还原性物质存在时，铁可能被还原成亚铁，产生暗红色的肌色原。

火腿、香肠等肉类腌制品在加工中经常使用硝酸盐或亚硝酸盐作为发色剂。血红素的中心铁离子可与氧化氮以配价键结合而转变为氧化氮肌红蛋白，加热则生成鲜红的氧化氮肌色原，因此，腌肉制品的颜色更加诱人，并对加热和氧化表现出更大的稳定性。但可见光可促使氧化氮肌红蛋白和氧化氮肌色原重新分解为肌红蛋白和肌色原，并被继续氧化为高铁肌红蛋白和高铁肌色原，这就是腌肉制品见光褐变的原因。

第三节 类胡萝卜素

类胡萝卜素广泛分布于生物界中，蔬菜和红色、黄色、橙色的水果及根茎类作物是富含类胡萝卜素的食物。类胡萝卜素可以游离态溶于细胞的脂质中，也能与碳水化合物、蛋白质或脂类形成结合态存在，或与脂肪酸形成酯。

一、类胡萝卜素的结构

类胡萝卜素是萜类化合物，由 8 个异戊二烯单位，中间两个尾尾连接，两端的两个首尾相连，形成一个链状的共轭结构。类胡萝卜素按结构可归为两大类：一类是称为胡萝卜素的纯碳氢化合物，包括 α-胡萝卜素，β-胡萝卜素，γ-胡萝卜素及番茄红素；另一类是结构中含有羟基、环氧基、醛基、酮基等含氧基团的叶黄素类，如叶黄素、玉米黄素、辣椒红素、虾黄素等。图 8-6 是一些常见类胡萝卜素的结构，从中可以看出，类胡萝卜素的基本结构是多个异戊二烯结构首尾相连的大共轭多烯，多数类胡萝卜素的结构两端都具有环己烷。

类胡萝卜素是脂溶性色素，胡萝卜素类微溶于甲醇和乙醇，易溶于石油醚；叶黄素类却易溶于甲醇或乙醇中。由于类胡萝卜素具有高度共轭双键的发色基团和含有—OH 等助色基团，故呈现不同的颜色，但分子中至少含有 7 个共轭双键时才能呈现出黄色。食物中的类胡萝卜素一般是全反式构型，偶尔也有单顺式或二顺式化合物存在。全反式化合物颜色最深，若顺式双键数目增加，会使颜色变浅。类胡萝卜素在酸、热和光作用下很易发生顺反异构化，所以颜色常在黄色和红色范围内轻微变动。

α-胡萝卜素

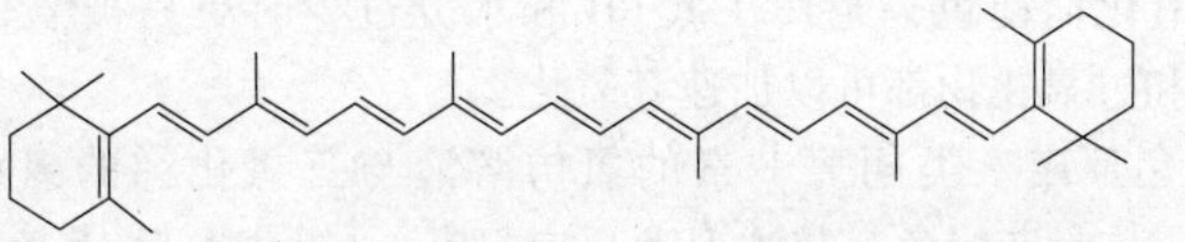

β-胡萝卜素

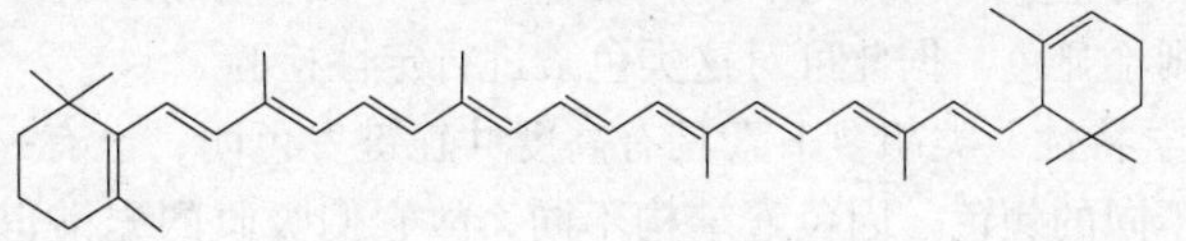

γ-胡萝卜素

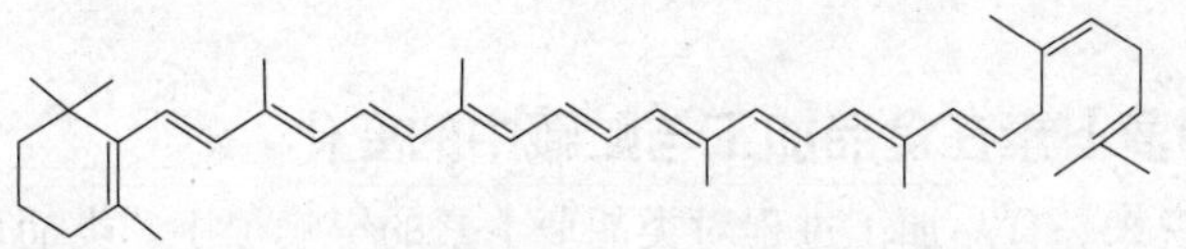

番茄红素

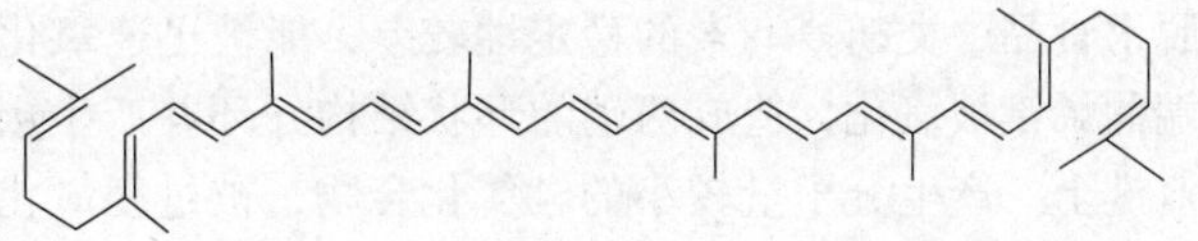

叶黄素

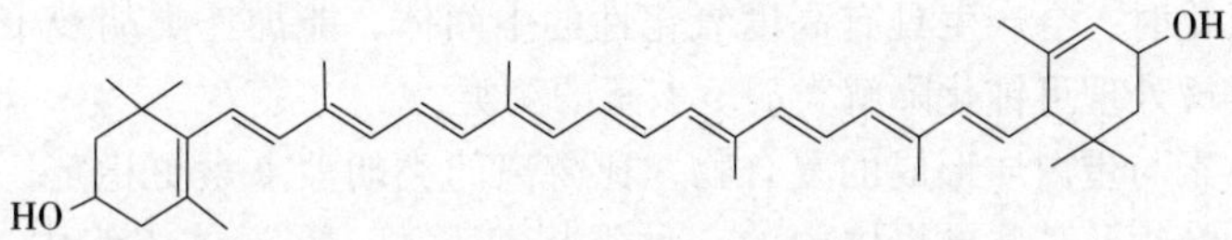

玉米黄素

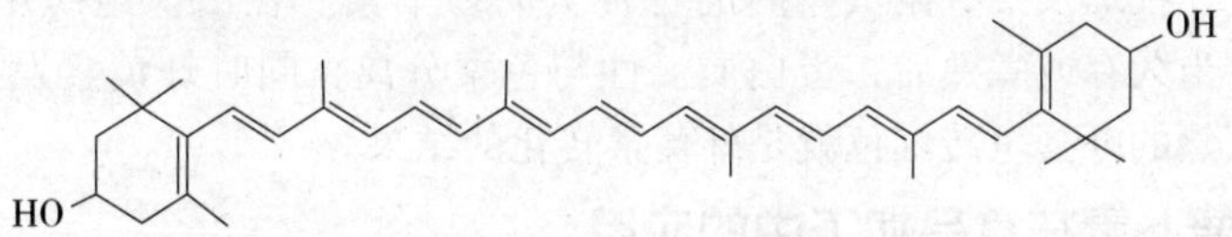

隐黄素

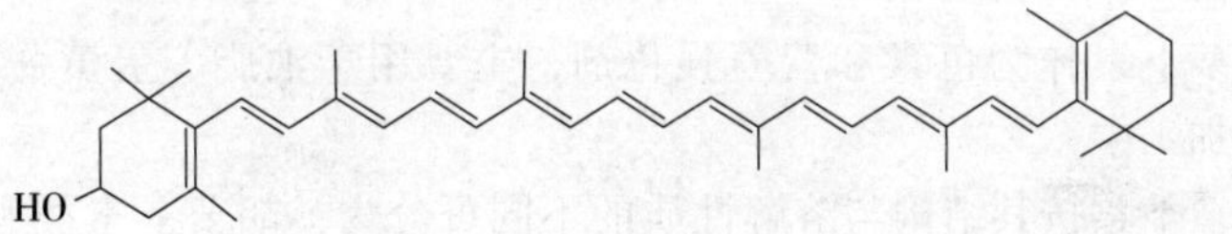

虾黄素

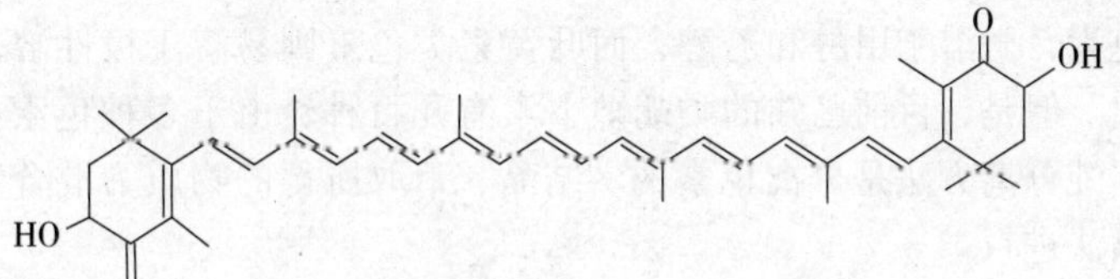

辣椒红素

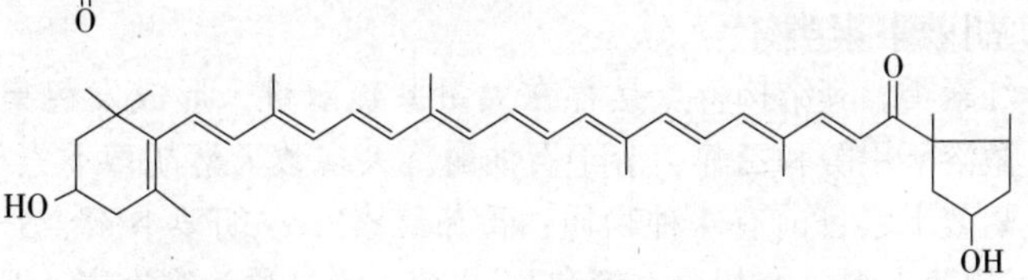

藏红花素

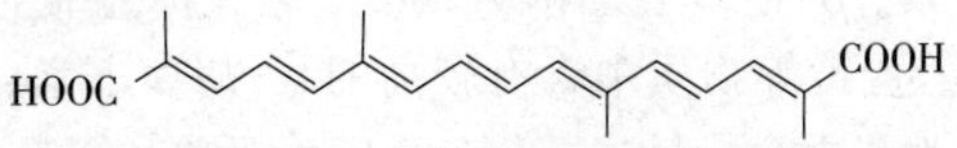

图 8-6　常见类胡萝卜素的结构

二、类胡萝卜素的性质

1. 亲脂性　类胡萝卜素都具有较强的亲脂性，几乎不溶于水、乙醇而易溶于石油醚或乙烷。在石油醚中的溶解度降低，在乙醇中的溶解度增大。由于它们是脂溶性的，所以提取、分离时水洗损失不大。

2. 稳定性 类胡萝卜素对热较稳定，但因含有许多双键，因此易被氧、脂肪氧化酶、氧化剂所氧化而褪色，尤其在低 pH 和水分过少时更易被氧化，光照、金属元素（如铜、锰、铁）和过氧化物都可以加速其氧化。

3. 呈色反应 类胡萝卜素的氯仿溶液与三氯化锑的氯仿溶液反应多呈蓝色，与浓 H_2SO_4 反应均呈蓝绿色，与浓 HCl 反应只有 α-胡萝卜素-5,6-环氧化物生成灰绿色。其他胡萝卜素则不显色，据此可对这类色素进行定性检验。

4. 光学特性 类胡萝卜素具有高度共轭键发色团，也有一些含有—OH 基团的助色团，所以具有不同的颜色。因色素结构不同，故它们吸收的光谱也不同，根据吸收峰位可对其进行鉴定。

三、类胡萝卜素在食品加工与贮藏中的变化

一般说来，食品加工过程对类胡萝卜素的影响很小。类胡萝卜素耐 pH 变化，对热较稳定。但在脱水食品中类胡萝卜素的稳定性较差，能被迅速氧化褪色。首先是处于类胡萝卜素结构两端的烯键被氧化，造成两端的环状结构开环并产生羰基。进一步的氧化可发生在任何一个双键上，产生分子量较小的含氧化合物，被过度氧化时，完全失去颜色。脂氧合酶催化底物氧化时，会产生具有高度氧化性的中间体，能加速类胡萝卜素的氧化分解。食品加工中，热烫处理可钝化降解类胡萝卜素的酶类。

类胡萝卜素与蛋白质形成的复合物，比游离的类胡萝卜素更稳定。例如，虾黄素是存在于虾、蟹、牡蛎及某些昆虫体内的一种类胡萝卜素。在活体组织中，其与蛋白质结合，呈蓝青色；当久存或煮熟后，蛋白质变性与色素分离，同时虾黄素发生氧化，变为红色的虾红素。烹熟的虾蟹呈砖红色就是虾黄素转化的结果。

四、类胡萝卜素在食品加工中的应用

类胡萝卜素作为色素和营养强化剂，主要用于油脂、蛋黄酱、饮料、冰淇淋、糕点、面包等的加工中。

类胡萝卜素按其结构与溶解性质的不同可分为：胡萝卜素类和叶黄素类。胡萝卜素类为脂溶性色素，微溶于甲醇和乙醇，而叶黄素类色素则易溶于极性溶剂，利用这个性质可将两者分离。但是，目前已知的类胡萝卜素有几百种，由于多种色素共存，结构相似，所以一般的提纯分离方法是分离色素的。结晶、萃取所得的物质为混合物，色素进一步的分离要用色谱法进行。

（一）胡萝卜素类

也称叶红素类，其结构特点是存在大量共轭双键，形成发色集团，呈红色及橙红色，不溶于水，微溶于甲醇和乙醇，溶于石油醚。大多数天然胡萝卜素类都可看作是番茄红素的衍生物。胡萝卜素目前有 4 种物质：番茄红素、α-胡萝卜素、β-胡萝卜素和 γ-胡萝卜素。其中 α-胡萝卜素、β-胡萝卜素和 γ-胡萝卜素又称为维生素 A 原。

胡萝卜、甘薯、蛋黄等物质中含有较高的 α-胡萝卜素、β-胡萝卜素和 γ-胡萝卜素，且 β-胡萝卜素在自然界中含量最多、分布最广。而番茄红素是番茄的主要色素成分，在西瓜、柑橘、杏等水果中也广泛存在。

β-胡萝卜素是一种脂溶性化合物，在人体内可以转化成维生素 A。另外大量实验表明，β-胡萝卜素是一种优良的抗氧化剂，它对防止食品体系氧化、清除人体内自由基以及防止由此引起的氧化衰老有明显作用。也有研究表明，β-胡萝卜素还具有增强机体免疫力、抗癌等功能。

如无氧存在，在酸、光、热作用下，只可能发生几何异构化，颜色变化并不大。如遇氧化存在，易受氧化和光化学氧化形成加氧化产物或进一步分解为更小的分子。在受强热时可分解为多种挥发性小分子化合物，从而改变颜色和风味。

由胡萝卜素类作为主要色素的食品在多数加工和贮藏条件下的变化极其轻微，颜色相当稳定。例如，加热胡萝卜会使金黄色变为黄色，加热番茄会使红色变为橘黄。但有些加工条件，会使植物中的胡萝卜素从有色体内转出而溶于脂类中，从而在组织中改变存在形式和分布，在氧气、酸性和加热条件下胡萝卜素可能降解或者影响色感。

作为维生素 A 原，食品中的胡萝卜素类在加工和贮藏中发生上述变化有一部分是破坏性变化，会造成维生素 A 原减少。

（二）叶黄素类

叶黄素类是共轭多烯烃的含氧衍生物，含氧的取代基包括羟基、环氧基、醛基和酮基，溶于甲醇、乙醇和石油醚，个别溶于水。叶黄素类比胡萝卜素类的种类更多，广泛存在于食物中，常为黄色和橙黄色，如叶黄素存在于柑橘、南瓜和蛋黄中；玉米黄存在于玉米、南瓜和柑橘中；柑橘黄素存在于柑橘中。叶黄素类少数为红色，如辣椒红素。

1. 玉米黄 是从玉米淀粉的副产品黄蛋白中提取出的玉米黄素，分子式 $C_{40}H_{56}O$，玉米黄素的化学名 3,3-二羟基-β-胡萝卜素，隐黄素的化学名称为 3-羟基-β-胡萝卜素。玉米黄色素是许多植物中广泛存在的一类天然色素，也是人体所必需的一类物质。

玉米黄色素是一种天然的食品色素，它既是一种天然色素，又是生产保健食品的添加剂，作为天然色素已被欧美等许多国家批准为食用色素。

玉米黄色素的形态和颜色与温度有关，高于 10℃时为血红色油状液体，低于 10℃时为橘黄色半凝固油状物，不溶于水，溶于乙醚、石油醚、丙酮和油脂，可被磷脂、甘油单脂肪酸酯等乳化剂所乳化，溶液 pH 偏酸、偏碱对玉米黄的颜色无影响，耐金属离子性也好（如铁、铅离子）。稀溶液为柠檬黄色，耐光性较差，在 40℃以下稳定，高温易褪色。

玉米黄为非极性色素，适用于油脂成分高的食品着色。在人造黄油中添加，可使制品表观更接近天然黄油，而且色调稳定。

玉米黄是脂溶性的，可使用丙酮、石油醚、乙醇作为溶剂。麸质粉原料应烘干后再进行提取，因为湿法生产淀粉的麸质粉含有 40% 以上的水分，水的存在对于有机溶剂的提取效果影响很大，而且还会使产品中混入杂质，提取后的产品经水洗、干燥后可得橙红色的固体粉末色素。

玉米黄不溶于冷水和热水，在不同的有机溶剂中色调差别很大。在苯中呈亮黄，甲醇中呈浅黄，氯仿中呈橙黄，这样的特性在其使用和检测时应注意。玉米黄在 100℃条件下加热 4 小时，吸光值基本不变，在室内存放 50 天后，吸光值下降 6% 左右，但日光直射 10 天，色素吸光值下降 90%。玉米黄随所在体系 pH 的增加，吸收值向长波方向移动。氧化剂、还原剂对其都有影响，但比其他类型的天然色素稳定性好。

近年来，有关玉米黄色素功能的研究越来越引起人们的兴趣，主要集中在有关玉米黄色素与眼部疾病、心脏疾病和癌症的关系上。同时，它们的抗氧化性质也是人们所关注的。流行病学研究显示摄入富含类胡萝卜素（包括玉米黄色素）的蔬菜与癌症的发生呈现负相关，摄入富含类胡萝卜素的食物可以增进健康，降低癌症、心血管疾病、眼部疾病和白内障的发病率。

2. 南瓜黄 南瓜是一种高产农作物，在我国大面积种植，南瓜子已制作成商品并部分出口。南瓜除食用外还可以提取色素，其中脂溶性成分主要为 γ-胡萝卜素、β-胡萝卜素、α-胡萝卜素（β-胡萝卜素占 50% 以上）、番茄红素和叶黄素。南瓜黄的提取方法与玉米黄的提取方法不太一样，首先使用乙醇等极性较大的溶剂将南瓜粉中的部分水溶性色素和醇溶蛋白提出，其中水溶性色素约占7%，然后再用石油醚等有机溶剂将脂溶性色素提出，得率4%，产品为橙红色固体。在天然色素中，色烯类分布很广，但在动植物中含量不高，开发这类色素要注意综合利用。

3. 辣椒红 辣椒红是存在于干辣椒中的类胡萝卜色素，分子式 $C_{40}H_{56}0_3$，相对分子质量584. 85。辣椒红性状类似β-胡萝卜素，为深红色晶体粉末或膏体，熔点176℃；不溶于水，溶于乙醇、油脂及有机溶剂；乳化分散性、耐热性和耐酸性均好，耐光性较差；Fe^{3+}、Cu^{2+}、Co^{2+}能促使其褪色；与铅离子能形成沉淀。

由于辣椒红色素油溶性好，乳化分散性、耐热性及耐酸性均好，故应用于经高温处理的肉类食品中有良好的着色能力，如用于酱肉、辣味鸡等罐头食品有良好的着色效果。辣椒红是从辣椒中提取出的天然色素，提取的方法有两种：一种是用植物油萃取，然后分离，这种方法简单，得率较高，但油与色素不易分离；另一种是现在常用的方法，用有机溶剂提取。

常用的有机溶剂以丙酮萃取效果最好，得率可达4%，皂化以20%的烧碱溶液进行，皂化后加入 $CaCO_3$使色素沉淀下来，用水洗去部分辣味和水溶性杂质，得到固形物，再用丙酮提取。用此法得到的色素是多种成分的混合物，若进一步提纯，可用柱层析法，吸附剂可选用三氧化二铝，用氯仿洗脱，可以分出红色、橙色两个谱段，进行分段收集，干燥后得红色晶体。

辣椒红无毒无味，具有较好的热稳定性、耐酸性和乳化性，是维生素A原之一。耐光性差，易褪色，不溶于水，使用时加入芦丁或其他抗氧化剂以助其稳定。辣椒红的溶液因浓度不同可呈现出淡黄、深黄、橘红、深红等颜色，可用于糖果、巧克力产品、冰淇淋、果酱、饮料、糕点、水产品、肉制品中，其中使用效果较好的是饮料，辣椒红应避光保存。

辣椒籽中含亚油酸、油酸、棕榈酸等，有一定营养价值，饼粕可以提辣味剂，最后的剩余物可作饲料，故辣椒红的下脚料可利用率很高。现在我国已大规模生产辣椒红，产品已打入国际市场。

第四节 多酚类色素

多酚类色素是自然界中存在十分广泛的一类化合物，其最础是2-苯基苯并吡喃阳离子，同时在苯环上具有两个或两个以上的羟基，因此可看做是多元酚的衍生物，故名多酚类色素。多酚类色素是植物中主要存在的水溶性色素，包括花青素、类黄酮色素、儿茶素和单宁。

一、花青素

（一）结构

花青素是一类水溶性色素。许多花、果实、茎和叶具有鲜艳的颜色，就是因为在其细胞液中存在花青素。已知花青素有20多种，存在于食物中重要的有6种，即天竺葵色素、矢车菊色素、飞燕草色素、芍药色素、牵牛色素和锦葵色素。自然状态的花青素都以糖苷形式存在，称花青苷，很少有游离的花青素存在。花青素的基本结构是带有羟基或甲氧基的2-苯基苯并吡喃环的多酚化合物，称为花色基原。花色基原可与一个或几个单糖结合成花青苷，糖基部分一般是葡萄糖、鼠李糖、半乳糖、木糖和阿拉伯糖。这些糖基有时被有机酸酰化，主要的有机酸包括对香豆酸、咖啡酸、阿魏酸、丙二酸、对羟基苯甲酸等。花青苷比花青素的稳定性强，且花色基原中甲氧基多时稳定性比羟基多时高。

花青素可呈蓝、紫、红、橙等不同的色泽，主要是受结构中的羟基和甲氧基的取代作用的影响。由图 8-7 可见，随着羟基数目的增加，颜色向紫蓝方向增强；随着甲氧基数目的增加，颜色向红色方向增强。

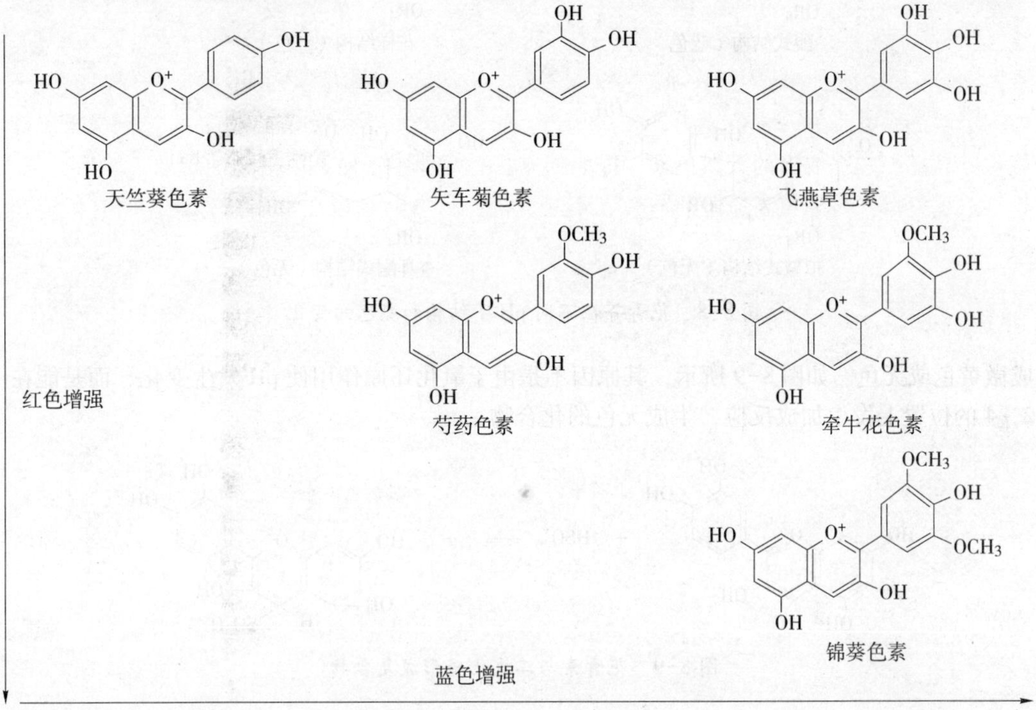

天竺葵色素　矢车菊色素　飞燕草色素

芍药色素　牵牛花色素

锦葵色素

红色增强　蓝色增强

图 8-7　食品中常见花青素及取代基对其颜色的影响

（二）在食品加工与贮藏中的变化

花青素和花青苷的化学稳定性不高，在食品加工和贮藏中经常因化学作用而变色。影响变色反应的因素包括 pH、温度、光照、氧、氧化剂、金属离子、酶等。

1. pH 的影响　在花青苷分子中，其吡喃环上的氧原子是四价的，具有碱的性质，而其酚羟基则具有酸的性质。这使花青苷在不同 pH 下出现 4 种结构形式，如图 8-8 所示，花青苷的颜色随之发生相应改变。以矢车菊色素为例，在酸性 pH 中呈红色，在 pH 8~10 时呈蓝色，而 pH>11 时吡喃环开裂，形成无色的查尔酮。

2. 温度和光照的影响　高温和光照会影响花青苷的稳定性，加速花青苷的降解变色。一般来说，花色基原中含羟基多的花青苷的热稳定性不如含甲氧基或含糖苷基多的花青苷。光照下，酰化和甲基化的二糖苷比非酰化的二糖苷稳定，二糖苷又比单糖苷稳定。

3. 抗坏血酸的影响　果汁中抗坏血酸和花青苷的量会同步减少，且促进或抑制抗坏血酸和花色苷氧化降解的条件相同。这是因为抗坏血酸在被氧化时可产生 H_2O_2，H_2O_2 对花色基原的 2 位碳进行亲核进攻，裂开吡喃环而产生无色的醌和香豆素衍生物，这些产物还可进一步降解或聚合，最终在果汁中产生褐色沉淀。

4. 二氧化硫的影响　水果在加工时常添加亚硫酸盐或二氧化硫，使其中的花青素褪色

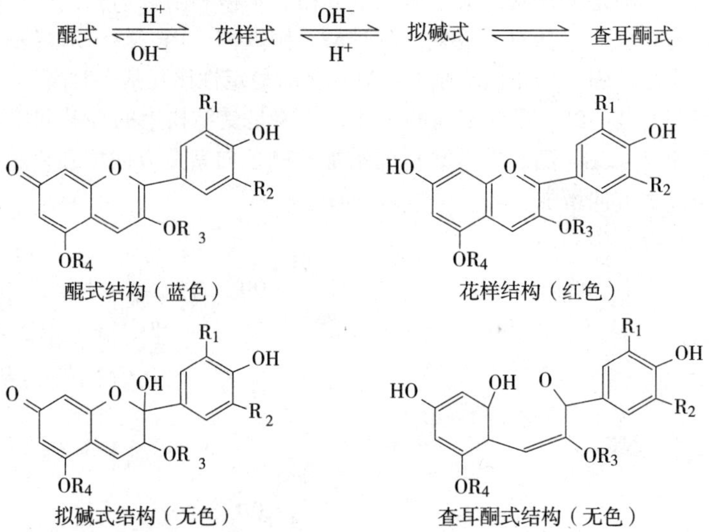

醌式 $\underset{OH^-}{\overset{H^+}{\rightleftharpoons}}$ 花样式 $\underset{H^+}{\overset{OH^-}{\rightleftharpoons}}$ 拟碱式 $\rightleftharpoons$ 查耳酮式

R_1 OH O O R_2 OR_3 OR_4

醌式结构（蓝色）

R_1 OH HO O R_2 OR_3 OR_4

花样结构（红色）

R_1 OH O O OH R_2 OR_3 OR_4

拟碱式结构（无色）

R_1 OH HO OH O R_2 OR_3 OR_4

查耳酮式结构（无色）

图 8-8 花青苷在不同 pH 下结构和颜色的变化

成微黄色或无色。如图 8-9 所示，其原因不是由于氧化还原作用使 pH 发生变化，而是能在 2，4 的位置上发生加成反应，生成无色的化合物。

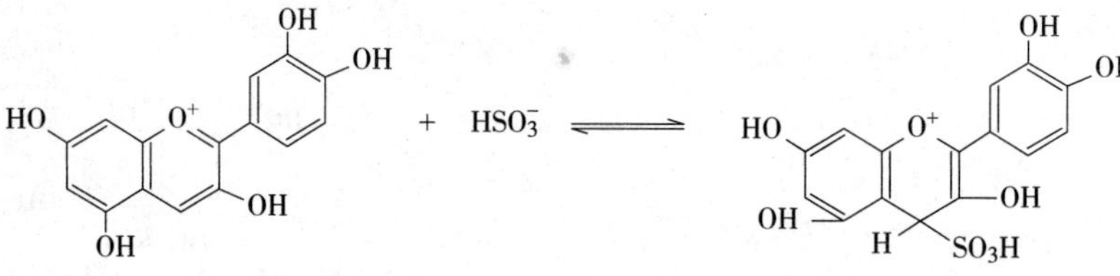

OH OH HO O^+ OH OH $+ HSO_3^- \rightleftharpoons$ OH OH HO O^+ OH OH H SO_3H

图 8-9 花青素与二氧化硫形成复合物

5. 金属元素的影响 花青苷可与 Ca、Mg、Mn、Fe、Al 等金属元素形成络合物，如图 8-10 所示，产物通常为暗灰色、紫色、蓝色等深色色素，使食品失去吸引力。因此，含花青苷的果蔬在加工时不能接触金属制品，并且最好用涂料罐或玻璃罐包装。

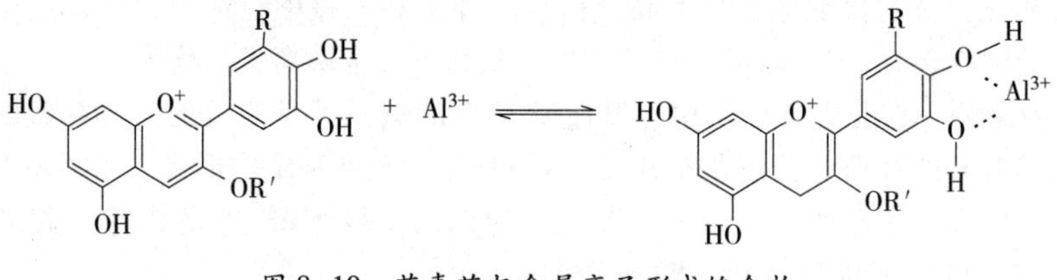

R OH HO O^+ OH OR′ OH $+ Al^{3+} \rightleftharpoons$ R H O Al^{3+} HO O^+ O H OR′ HO

图 8-10 花青苷与金属离子形成络合物

6. 糖及糖的降解 当糖浓度高时，由于水分活度的降低，花青苷生成拟碱式结构的速度减慢，故花青苷的颜色较稳定。在果汁等食品中，糖的浓度较低，花青苷的降解加速，生成褐色物质。果糖、阿拉伯糖、乳糖和山梨糖的这种作用比葡萄糖、蔗糖和麦芽糖更强。上述现象在果汁中相当明显，这种反应的机理尚未充分阐明。

7. 酶促变化 花青苷的降解与酶有关。糖苷水解酶能将花青苷水解为稳定性差的花青素，加速花青苷的降解。多酚氧化酶催化小分子酚类氧化，产生的中间产物邻醌能使花青苷转化为氧化的花青苷及降解产物。

最新研究证实，花青素类色素有较好的抗氧化功能，有益于预防冠心病和动脉硬化。其中多数色素（如紫苏色素，主要成分为紫苏青 $C_{36}H_{29}O_{15}$、紫苏宁 $C_{36}H_{28}O_{20}$ 等）有解毒、散寒等作用。

二、儿茶素

儿茶素是一类黄烷醇的总称。儿茶素是白色结晶，易溶于水、乙醇、甲醇、丙酮及乙酐，部分溶于乙酸乙酯及乙酸中，难溶于三氯甲烷和无水乙醚中。儿茶素分子中酚羟基在空气中容易氧化，生成黄棕色胶状物质，尤其是在碱性溶液中更易氧化。在高温、潮湿条件下容易氧化成各种有色物质，也能被多酚氧化酶和过氧化酶氧化成各种有色物质。

三、黄酮类色素

食用天然高粱色素、洋葱皮色素和可可壳色素是黄酮类的天然色素。黄酮类色素属于水溶性色素，常为浅黄或橙黄色。此类色素广泛分布于植物的花、果、茎、叶中，包括各种衍生物，已发现有数千种。在自然界中常见的黄酮色素是芹菜素、橙皮苷、皂草苷、芳香苷、椒皮苷等。

黄酮类色素具有吡喃酮环，组成生色的基本结构，另一方面它具有酚类化合物的通性，分子中助色团羟基的数目和位置对显色有重要影响。黄酮类色素遇铁离子变绿色，黄酮类、黄酮醇类溶于浓硫酸后，多形成黄色溶液，并常有荧光。

黄酮类色素化合物的 pH 特性比较差，在 pH 不同的溶液中，有的显现出不同的颜色。以橙皮苷为例：当 pH 在 11~12 时为金黄色，在酸性条件下颜色消失。黄酮类化合物也能发生氧化还原反应，黄酮类化合物的乙醇溶液可被镁粉与浓 HCl 还原，同时变色，黄酮变成橙红色，黄酮醇变成红色，黄烷酮和黄烷酮醇变成紫色。

多酚类色素虽然种类多，颜色艳丽，但坚牢度差，有些对酸、碱环境所产生的变色大体相同，因而限制了它们在食品中的应用。红花黄色素是这类色素中使用性能较好的一种色素，其色调在酸性范围中稳定、耐光性好，可用于饮料、糖果、糕点、乳制品、水产品的着色，最大用量为 0.2g/kg，使用中可添加维生素 C 提高其稳定性。

第五节 食品着色剂

在食品加工时，往往要添加食品着色剂。食品着色剂按其来源可分为天然着色剂和人工合成着色剂。天然食品着色剂是从天然原料中提取的有机物，安全性高，资源丰富。近年来天然食品着色剂发展很快，各国许可使用的品种和产量不断增加，国际上已开发的天然食品着色剂在 100 种以上。我国天然食品着色剂年产 1 万吨左右，其中焦糖色素 600 多吨，虫胶红、叶绿素铜钠盐、辣椒红、红曲素、栀子黄、高粱红、姜黄素等都有一定的生产量。人工合成的着色剂主要是依据某些特殊化学基团或生色团进行合成的，色泽鲜艳，化学性质稳定，着色力强。我国允许使用的着色剂只有 8 种，分别为苋菜红、胭脂红、赤藓红、柠檬黄、日落黄、亮蓝、靛蓝、新红。

一、天然色素

（一）甜菜色素

甜菜色素是存在于食用红甜菜中的天然植物色素，由红色的甜菜红素和黄色的甜菜黄素组成。甜菜红素的主要成分为甜菜红苷，占红色素的 75%~95%，其余尚有异甜菜苷、前甜菜苷等。甜菜黄素包括甜菜黄素Ⅰ和甜菜黄素Ⅱ。其结构如图 8-11 所示，是一种吡啶衍生物。

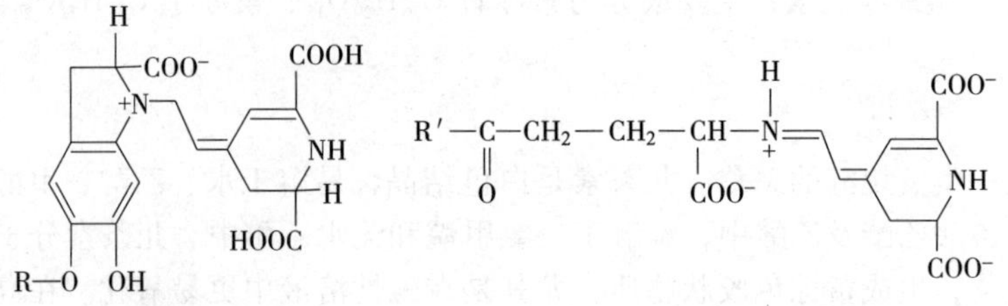

甜菜红素甜菜黄素

甜菜红素：R═H　　甜菜黄素Ⅰ：R′=—NH_2

甜菜红苷：R═β-葡萄糖甜菜黄素Ⅱ：R′=—OH

前甜菜红素：R═6-硫酸葡萄糖

图 8-11　甜菜红的结构

甜菜红素一般以糖苷的形式存在，有时也有游离的甜菜红素。甜菜红素分子在缺氧、酸性或碱性条件下很容易在 C_{15} 位上发生差向异构形成异甜菜红素。

甜菜色素易溶于水呈红紫色，在 pH 4.0~7.0 范围内不变色；pH 小于 4.0 或大于 7.0 时，溶液颜色由红变紫；pH 超过 10.0 时，溶液颜色迅速变黄，此时甜菜红素转变成甜菜黄素。

甜菜色素的耐热性不高，在 pH 4.0~5.0 时相对稳定，光、氧、金属离子等可促进其降解。水分活性对甜菜色素的稳定性影响较大，其稳定性随水分活性的降低而增大。

甜菜色素对食品的着色性好，能使食品具有杨梅或玫瑰的鲜红色泽，我国允许用量按正常生产需要而定。

（二）红曲色素

红曲色素是由红曲霉菌产生的色素，有 6 种结构相似的组分，均属于酮类化合物，其化学结构如图 8-12 所示。

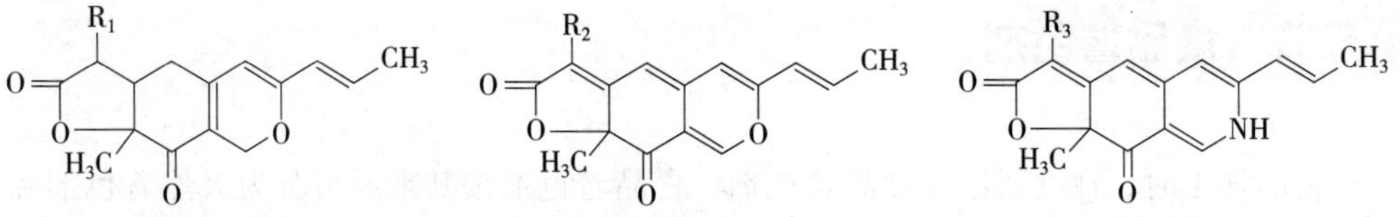

（黄色）　　（橙色）　　（紫色）

R_1=—COC_5H_{11}　红曲素　　R_2=—COC_5H_{11}　红斑红曲素　　R_3=—COC_5H_{11}　红斑红曲胺

R_1=—COC_7H_{15}　黄红曲素　　R_2=—COC_7H_{15}　红曲玉红素　　R_3=—COC_7H_{15}　红曲玉红胺

图 8-12　红曲色素的结构

红曲色素系用水将米浸透、蒸熟，接种红曲霉菌发酵而成。用乙醇提取得到红曲色素溶液，进一步精制结晶可得红曲色素。红曲色素具有较强的耐光、耐热性，对 pH 稳定，几乎不受金属离子的影响，也不易被氧化或还原。

红曲色素安全性高，稳定性强，着色性好，广泛用于畜产品、水产品、豆制品、酿造食品和酒类的着色。我国允许按正常生产需要量添加于食品中。

（三）姜黄素

姜黄素是从草本植物姜黄根茎中提取的一种黄色色素，属于二酮类化合物，其分子结构如图 8-13 所示。

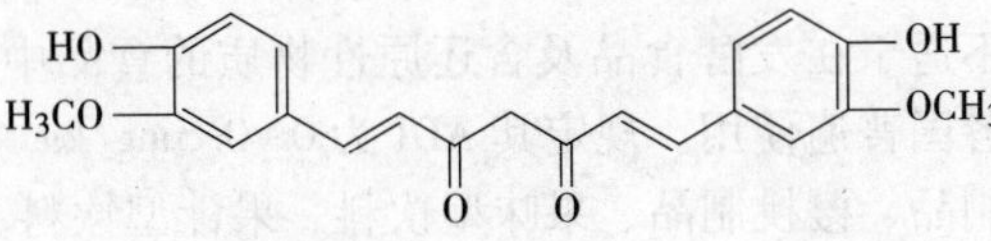

图 8-13 姜黄素的结构

姜黄素为橙黄色粉末，具有姜黄特有的香辛气味，味微苦；在中性和酸性溶液中呈黄色，在碱性溶液中呈褐红色；不易被还原，易与铁离子结合而变色；对光、热稳定性差；着色性较好，对蛋白质的着色力强，可以作为糖果、冰淇淋等食品的增香着色剂。我国允许的添加量因食品而异，一般为 0.01g/kg。

（四）虫胶色素

虫胶色素是一种动物色素，它是紫胶虫在蝶形花科黄檀属、梧桐科芒木属等寄生植物上分泌的紫胶原胶中的一种色素成分。在我国主要产于云南、四川、台湾等地。

虫胶色素有溶于水和不溶于水两大类，均属于蒽醌衍生物。溶于水的虫胶色素称为虫胶红酸，包括 A、B、C、D、E 五种组分，结构如图 8-14 所示。

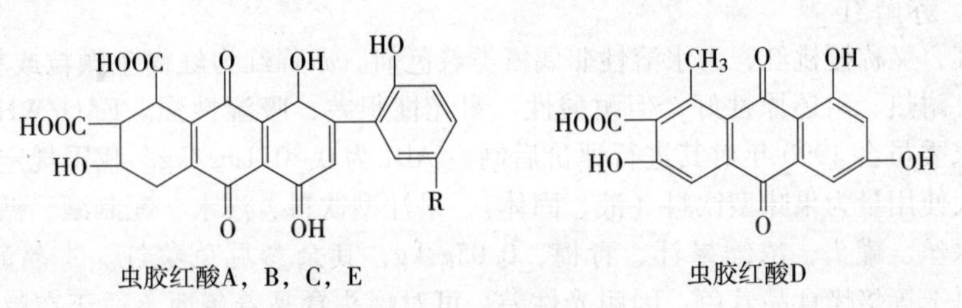

A：R = $—CH_2CH_2NHCOCH_3$

B：R = $—CH_2CH_2OH$

C：R = $—CH_2CH(NH_2)COOH$

E：R = $—CH_2CH_2NH_2$

图 8-14 虫胶红酸结构图

虫胶红酸为鲜红色粉末，微溶于水，易溶于碱性溶液。溶液的颜色随 pH 而变化，pH 小于 4 为黄色，pH 4.5~5.5 为橙红色，pH 大于 5.5 为紫红色。虫胶红酸易与碱金属以外的金属离子生成沉淀，在酸性时对光、热稳定，在强碱性溶液（pH>12）中易褪色。常用于饮料、糖果、罐头着色，我国允许的最大使用量为 0.5g/kg。

（五）焦糖色素

焦糖色素也称酱色，是蔗糖、饴糖、淀粉水解产物等在高温下发生不完全分解并脱水聚合而形成的红褐色或黑褐色的混合物。如蔗糖，在 160℃ 下形成葡聚糖和果聚糖，在 185~190℃ 下形成异蔗聚糖，在 200℃ 左右聚合成焦糖烷和焦糖烯，200℃ 以上则形成焦糖块，酱色即上述各种脱水聚合物的混合物。

焦糖色素具有焦糖香味和愉快的苦味，易溶于水，在不同 pH 下呈色稳定，耐光、耐色性均好，但当 pH 大于 6 时易发霉。焦糖色素用于罐头、糖果、饮料、酱油、醋等食品的着色，其用量无特殊规定。

二、人工合成着色剂

（一）苋菜红

苋菜红，又名蓝光酸性红，为水溶性偶氮类着色剂，紫红色均匀粉末，耐细菌性差，有良好的耐光性、耐热性、耐盐性、耐酸性，对柠檬酸、酒石酸等稳定，遇碱变为暗红色，但耐氧化、还原性差，不适于在发酵食品及含还原性物质的食品中使用。苋菜红被公认为安全性很高，且被世界各国普遍使用。规定其 ADI 为 0~0.5mg/kg。我国规定，本品使用范围和最大使用量为山楂制品、樱桃制品、果味型饮料、果汁型饮料、汽水、配制酒、糖果、糕点上彩妆、红绿丝、罐头、浓缩果汁、青梅、对虾片，0.05g/kg。人工合成着色剂混合使用时，应根据最大使用量按比例折算，红绿丝的使用量可加倍，果味粉着色剂加入量按稀释倍数的50%加入。

（二）胭脂红

胭脂红，又称丽春红 4R，为水溶性偶氮类着色剂，红色至深红色粉末，有较好的耐光性、耐酸性、耐盐性，但耐热性、耐还原性相当弱，耐细菌性也较弱。本品经动物试验证明无致癌、致畸作用，ADI 为 0~4mg/kg。目前除美国不许使用外，绝大多数国家均可使用。我国规定，胭脂红的使用范围和最大使用量与苋菜红相同，还可用于糖果色衣、豆奶饮料、红肠肠衣，其中对红肠肠衣的残留量为 0.01g/kg。

0.1%水溶液为红色的澄清液，在盐酸中呈棕色，发生黑色沉淀。由于对氧化和还原敏感，不适用于发酵食品及还原性物质的食品，着色力较弱。

（三）赤藓红

赤藓红，又称樱桃红，为水溶性非偶氮类着色剂。赤藓红为红褐色颗粒或粉末，无臭。着色力强，耐热、耐还原性好，但耐酸性、耐光性很差，吸湿性强。FAO/WHO 联合食品添加剂专家委员会 1990 年对其进行评价后制定 ADI 为 0~0.1mg/kg。我国规定，本品使用范围和最大使用量为果味型饮料（液、固体）、果汁型饮料、汽水、配制酒、糖果、糕点上彩妆、红绿丝、罐头、浓缩果汁、青梅，0.05g/kg，其余参见苋菜红。本品耐热、耐碱，故适于对饼干等焙烤食品着色。因耐光性差，可对罐头食品着色而不适于在汽水等饮料中添加，尤其是本品在酸性（pH=4.5）条件下易变成着色剂酸沉淀，不适于对酸性强的液体食品和水果糖等着色。

（四）新红

新红属水溶性偶氮类着色剂，为红色粉末，易溶于水，水溶液呈红色，微溶于乙醇，不溶于油脂，具有酸性染料特性，是上海染料研究所研制成的新型食品合成红着色剂。经长期动物试验，除偶见有肾盂移行上皮增生外，未见致癌、致畸、致突变性，大鼠 MNL（最大无作用量）为 0.5%。我国规定，本品的使用同赤藓红。

（五）柠檬黄

柠檬黄，又称酒石黄，为水溶性偶氮类着色剂，橙黄色粉末，耐酸性、耐热性、耐盐性、耐光性均好，但耐氧化性较差，遇碱稍变红，还原时褪色。柠檬黄经长期动物试验表明安全性高，为世界各国普遍许可使用。本品 ADI 为 0~7.5mg/kg。我国规定，使用范围和最大使用量为果味型饮料（液、固体）、果汁型饮料、汽水、配制酒、糖果、糕点上彩妆、红绿丝、罐头、浓缩果汁、青梅、对虾片，0.1g/kg；豆奶饮料，0.05mg/kg。红绿丝的使用量可加倍，果味粉着色剂加入量按稀释倍数的 50% 加入。冰淇淋中最大使用量为 0.01965mg/kg。

（六）日落黄

日落黄，又称橘黄，为水溶性偶氮类着色剂，橙色的颗粒或粉末，对光、热和酸都很稳定，但遇碱呈红褐色，还原时褪色。本品经长期动物试验表明安全性高，为世界各国普遍许可使用，本品ADI为0~2.5mg/kg。我国规定，本品使用范围和最大使用量为果味型饮料（液、固体）、果汁型饮料、汽水、配制酒、糖果、糕点上彩妆、红绿丝、罐头、浓缩果汁、青梅、对虾片，0.1g/kg；风味酸乳饮料，0.05g/kg；糖果色衣，0.165g/kg；冰淇淋0.0887g/kg。红绿丝的使用量可加倍，果味粉着色剂加入量按稀释倍数的50%加入。

（七）亮蓝

亮蓝属水溶性非偶氮类着色剂，为有金属光泽的深紫色至青铜色颗粒或粉末，无臭。耐光性、耐热性、耐酸性、耐盐性和耐微生物性均很好，耐碱性和耐氧化还原特性也好。本品经动物试验证明安全性高，ADI为0~12.5mg/kg。我国规定，本品使用范围和最大使用量为果味型饮料（液、固体）、果汁型饮料、汽水、配制酒、糖果、糕点上彩妆、红绿丝、罐头、浓缩果汁、青梅、对虾片，0.025g/kg；冰淇淋，0.021999g/kg。红绿丝的使用量可加倍，果味粉着色剂加入量按稀释倍数的50%加入。

（八）靛蓝

靛蓝又称酸性靛蓝、磺化靛蓝，为水溶性非偶氮类着色剂，蓝色粉末，无臭，0.05%水溶液呈深蓝色。对光、热、酸、碱、氧化都很敏感，耐盐性及耐细菌性亦较差，还原时褪色，但着色力好。本品经动物试验，认为安全性高，为世界各国普遍许可使用，ADI为0~5mg/kg。我国规定，本品使用范围和最大使用量为果味型饮料（液、固体）、果汁型饮料、汽水、配制酒、糖果、糕点上彩妆、红绿丝、青梅，0.1g/kg。红绿丝的使用量可加倍，果味粉着色剂加入量按稀释倍数的50%加入。

此外，我国还许可使用上述8种食品合成着色剂的铝色淀。色淀是由可溶于水的着色剂沉淀在许可使用的不溶性基质上所制备的一种特殊的着色剂，即在同样条件下不溶于水的着色剂制品。若用于制造色淀的基质为氧化铝即为铝色淀。其使用范围同各自的食品合成着色剂。

三、食品着色剂使用注意事项

（一）食品着色剂注意事项

1. 食品着色剂安全性 无论是食品天然着色剂还是合成着色剂在使用时必须首先考虑着色剂的安全性。任何食品企业在使用过程中都必须严格按照国家标准规定的使用范围和使用量进行。

从安全性考虑，使用食品天然着色剂，特别是那些来自食品动、植物组织的天然着色剂比较好，这也是目前食品着色剂发展的方向。其着色剂含量低、着色差、稳定性也较差，以及有异味、异臭等缺点，通过改进提取、精制技术可以逐步克服。其色调随pH改变和与基质反应变色等缺点，则可通过充分了解着色剂本身的性质和所添加食品的组成成分等，予以合理使用。目前，许多天然食品着色剂的质量及应用已明显提高。

当然天然着色剂也并非绝对安全，有的天然色素也具有毒性，如藤黄有剧毒，不能用。另外，天然着色剂成分较复杂，提取过程中其化学结构也可能变化，还有污染的危险，如溶剂残留。因此，使用天然着色剂时，必须与合成着色剂一样，首先应考虑其安全无害，使用前需要经过各种毒性实验，进行安全评价。天然着色剂使用时应选择溶解度较高、着色性较强、稳定性较好，无异味、异臭的天然着色剂。由于天然着色剂遇金属离子容易变色或形成不溶的盐类，所以所用加工设备最好采用不锈钢材料等。

2. 着色剂溶液的配制 食品着色剂的使用，一般分为混合法与涂刷法两种。混合法适用于液态、酱状或膏状食品，即将欲着色的食品与色素溶液混合并搅拌均匀，如生产饮料时，可先将着色剂用少量水溶解后再加到配料罐中进行充分混匀。生产糖果时，可在熬糖后冷却时把色素溶液加入糖膏中混匀。涂刷法适于不可搅拌的固态食品，这可将着色剂溶液涂刷在欲着色的食品表面，糕点上彩妆常用此法。由此可见，无论是采用混合法还是涂刷法，均需要将色素用适当的溶剂溶解，配制成溶液应用，以保证色素在食品中或食品表面均匀分布，不至于出现色素斑点。

着色剂粉末直接使用时，可能在食品中分布不均匀，形成色素斑点，经常需要配置成溶液使用。合成着色剂溶液一般使用的浓度为1%～10%，浓度过高则难于调节色调。

配制时，着色剂的称量必须准确。此外，溶液应该按每次的用量配制，因为配制好的溶液久置后易析出沉淀。由于温度对着色剂溶解度有影响，着色剂的浓溶液在夏天配好后，贮存在冰箱或是到了冬天，亦会有着色剂析出。胭脂红的水溶液在长期放置后会变成黑色。

配制着色剂水溶液所用的水，通常先将水煮沸，冷却后再用，或者应用蒸馏水，或用离子交换树脂处理过的水。

配制溶液时应尽可能避免使用金属器具，剩余溶液保存时，应避免日光直射，最好在冷暗处密封保存。

3. 色调的选择 拼色色调选择应该与食品原有色泽相似或与食品的名称一致。为丰富合成食品着色剂的色谱，满足食品加工生产中的着色需要，在使用合成着色剂时我国规定允许使用8种食品合成着色剂拼色，它们分属红、黄、蓝3种基本色，可以根据不同需要来选择其中2种或3种拼配成各种不同的色谱。基本方法是由基本色拼配成二次色，或再拼成三次色，其过程如图8-15所示，不同的色调由不同的着色剂按不同比例拼配而成。

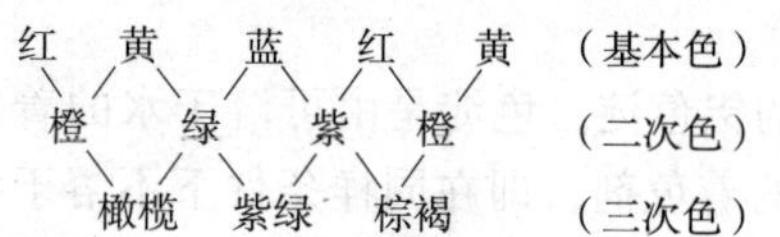

图8-15 不同的色调比例拼配示意图

各种食品合成着色剂溶解在不同溶剂中，可以产生不同的色调和颜色强度，尤其当使用两种或数种食品合成着色剂拼色时，情况更为显著。例如某一比例的红、黄、蓝三色的混合物，在水溶液中色泽较黄，而在50%乙醇中色泽较红。酒类因含量不同，着色剂溶解后的色调也不同，故需要按乙醇含量及色调强度的需要进行拼色。此外，食品在着色时是潮湿的，当水分蒸发逐渐干燥时，着色剂亦会集中于表层，造成所谓“浓缩影响”，特别是在食品和着色剂之间的亲和力低时更为明显。应该注意天然色素由于其坚牢度低、易变色和对环境的敏感性强等因素，不易于拼色。

重点小结

把食品中能够吸收或反射可见光进而使食品呈现各种颜色的物质统称为食品色素。食品色素又称为食品着色剂，是以食品着色为目的，经过严格的毒理实验证明其安全性，并经官方严格审批后才能在食品中使用的一类天然的或人工合成的染料。

食品色素按照其来源可分为天然色素和人工合成色素，天然色素按来源分为动物色素、植物色素和微生物色素；按照化学结构进行分类分为四吡咯衍生物类色素、异戊二烯衍生物类色素、多烯色素、多酚类色素、酮类衍生物色素和醌类衍生物色素；按照色泽进行分类分为红紫色系列色素、黄橙色系列色素和蓝绿色系列色素；此外，根据溶解性的不同，天然色素可分为水溶性色素和油溶性色素两类。

叶绿素、血红素、类胡萝卜素等天然色素的变化是食品色泽变化的基础，掌握它们之间的变化条件并适当控制，是保持食品色泽的重要方面。当需要借助人工合成色素保证食品颜色时，需严格按照食品添加剂的要求添加，严防滥用食品着色剂。

目标检测

1. 天然色素按来源、溶解性分类可分为哪些类型？并分别列举色素说明。
2. 叶绿素在食品处理、加工和贮藏中会发生哪些变化？在食品加工和贮藏中如何进行护绿？
3. 食品中的类胡萝卜素有哪些类型？类胡萝卜素在食品中有哪些功能？
4. 食用色素中包括哪些合成色素？
5. 肌红蛋白与空气接触可能发生哪些变化？如何在食品加工和贮藏中对肉和肉制品进行护色？

第九章

食品风味物质

学习目标

1. **掌握** 常见风味物质的特点；食品加工和贮藏中风味的调控。
2. **熟悉** 味觉的生理基础、嗅感现象和味感的相互作用。
3. **了解** 食品风味物质的分离及分析方法。

案例导入

案例：汉口新华路的胡女士反映，她买香蕉时，发现有些香蕉看起来黄澄澄的，可剥开一吃，又涩又硬。听说这些香蕉是用乙烯催熟的，所以她想知道乙烯对人体是否有害，而且怎样才能买到好吃的香蕉。

在武昌一水果批发市场，记者见一箱箱香蕉被拖下货车时，有的青涩有的淡黄，都用塑料袋包着。商贩介绍，香蕉容易烂，经不起长途运输，只能在快成熟时采摘装箱，再密封用乙烯催熟，这是行业惯例，已存在几十年了。

对此，有关部门作出解释，像香蕉、芒果、木瓜等热带水果，其成熟过程中，都会使用乙烯利或乙烯催熟。如果不进行催熟，等到香蕉成熟时再采摘，那么，等果品运到目的地时，就会腐烂。但乙烯用量超出规定值，将有损人体健康。

专家提醒，市民选购香蕉时，可“一看二捏”，避免挑选外表金黄鲜亮的香蕉，那些果皮呈深黄色、有“皱纹”、稍带黑斑、果皮棱角处较圆润、没有边角的香蕉口味更佳；手捏香蕉有绵软感的，成熟得更好；买回香蕉后，最好用绳索悬挂在通风处。

讨论：1. 食用生的香蕉为什么会有生涩感？
2. 为什么催熟后的香蕉吃起来还是又涩又硬？

第一节 概述

一、食品风味的概念

风味是一种感觉现象，每一种食物，都有其特有的风味。“风”指的是飘逸的、挥发性物质，一般引起嗅觉反应；“味”指的是水溶性或油溶性物质，在口腔引起味觉反应。因此，广义上说，食品的香气、滋味和入口获得的香味，统称为食品的风味；狭义上说，食品风味是指摄入口腔的食品，刺激人的各种感觉受体，使人产生短时的、综合的生理感觉。这类感觉主要包括：味觉、嗅觉、触觉、视觉等。

二、食品风味的分类

根据风味产生的刺激方式不同，可将其分为化学感觉、物理感觉和心理感觉。食品的感官刺激分类和特点，见表9-1。

表9-1 食品风味的感官刺激分类和特点

分类名称	感觉器官	刺激类别	特点
物理味	触觉 听觉	物理的 化学的	冷热、软硬、咀嚼感、黏稠度、弹性和平滑性等
化学味	嗅觉 听觉 触觉	化学的	甜味、酸味、咸味、苦味等
心理味	视觉	物理的	色泽、形状和光泽等

食品的化学感觉是指各种化学物质在感受器上产生的感官效果，主要指味觉和嗅觉，是食品风味化学研究的主要领域，感受的是酸、甜、咸、苦、鲜、香、臭等的感觉。食品的物理感觉主要是指食品的质构及温度等，感受的是软硬、黏弹性、松脆性、颗粒大小、温度等；不同含水量食物在咀嚼过程中引起唾液分泌的感觉也属于物理感觉的一种。心理感觉主要是指食品的色泽、形状、品种，以及地区、饮食文化、既往历史（包括个人受教育的程度、饮食经历与习惯）等。

各种感觉并不存在严格的区分，比如食物在咀嚼过程中被压碎时产生的听觉是物理感觉和心理感觉的综合。在近代食品科学中，风味仅指口味和人的嗅觉感受。由于食品风味是一种主观感觉，因此对风味的理解和评价往往会带有强烈的个人、地区或民族的特殊倾向性和习惯性。

三、食品风味物质的特点

食品中体现风味的化合物称为风味物质。食品的风味物质一般有多种并相互作用，其中几种风味物质起主导作用，其他则为辅助作用。如果以食品中的一个或几个化合物代表其特定的食品风味，这一个或几个化合物称为食品的特征效应化合物。风味物质一般具有以下特点。

1. 种类繁多，相互影响 如在调配的咖啡中，风味物质达到500多种。另外，风味物质之间的相互拮抗或协同作用，使得用单体成分很难简单重组其原有的风味。

2. 含量极微，效果显著 除少数几种味感物质作用浓度较高以外，大多数风味物质作用浓度都很低，但产生的风味却很明显。如香蕉的香味特征物在每千克水中仅5×10^{-6}mg就会具有香蕉味。

3. 稳定性差，易被破坏 很多风味物质容易被氧化、加热等分解，如风味较浓的茶叶，会因其风味物质的自动氧化而变劣。因此，在食品加工中，哪怕是工艺过程很微小的差别，也将导致食品风味很大的变化。食品贮藏期的长短对食品风味也有极显著的影响。

因此，正确认识和准确检测风味物质的种类和含量相当困难。尽管分析检测技术有长足的发展，但对风味物质的认识仍有局限性，还有很多难解之谜。随着分离技术和检测手段的提高，对风味物质的认识会越来越深入。

四、食品风味的评价

感官评定是评定食品风味的重要方法。通过有经验的感官评定专家和专门研究人员直接依靠感官进行评定，并经过科学统计分析，获得较为可靠的结果，能反映大多数人的接受程度和喜好程度。由于人们的感觉受心理、生理、经验、知识、健康状况和客观环境等因素的影响，对食品风味的评价具有强烈的个人、地区、民族倾向，因此评定方法要精心设计、科学规范。人们的嗅觉器官非常灵敏，对某些风味的感受灵敏度可以超过仪器分析，但感官评定和理化分析各有特色，不可相互取代，二是相互补充、相辅相成。

五、食品风味的研究意义

对风味的感知是人类在自然界进化过程中为选择摄食、躲避危害而形成的一种本能，通过感觉器官的感知可以判别食物的好坏与优劣。比如味觉方面，不同的味感有着不同的生理含义，甜味代表着能量，鲜味代表着营养，酸味代表着腐败（变质），咸味代表着矿物质，而苦味则更多意味着有毒有害。在此基础上逐渐培养成一种与环境相关的嗜好，“南淡、北咸、东甜、西酸”的口味偏好实际上与环境有着密不可分的关系。目前，人类对风味的需要已经超越了只为进食的目的，现已成为一种对生活品位的追求。如何适应经济发展带来的变化，为食品风味研究提出了新的课题。

第二节　风味物质的分离及分析方法

食品风味前体物质大部分以水溶性的形式存在于天然原料中，其中一小部分分布在食品的脂类成分中。因此，选择适当的分离提取技术，尽可能地从食品材料中分离出所有的风味物质，才能较全面地反映出食品本身具有的风味特征。选择分离提取方法的基本原则是根据食品风味物质的挥发性、极性和稳定性来选择提取方式、提取剂和加热方式或减压方式。

一、风味物质的分离方法

（一）溶剂萃取法

利用大部分食品中风味物质在某些有机溶剂中具有良好的溶解性，通过溶剂萃取，把风味物质从食品中有效地分离提取出来的方法。该方法设备简单、操作方便，能得到比较理想的分离效果。

一般情况，含乙醇的食品选用非极性溶剂；不含乙醇的食品则选用极性溶剂。常用的溶剂包括乙醚、二氯甲烷、戊烷等。溶剂的纯度要求较高，避免导致分析结果出现误差，一般选用色谱纯。

溶剂萃取有多种方法，适用于食品风味分析的主要包括液液萃取、连续液液萃取、脂质食品风味物质提取等。

（二）蒸馏提取法

蒸馏提取法是食品风味分析中普遍应用的提取技术。利用食品中风味物质在加热时蒸发的特点，将其从食品中分离出来，所获得的风味物质中没有不挥发性的物质。蒸馏提取法主要包括常压蒸馏法和同时蒸馏提取法。

常压蒸馏法是一种简单、应用广泛的风味物质提取方法。样品中的液体在加热过程中随着温度的升高，蒸汽压增大，由液态转变成气态，风味物质与蒸汽不断地从液面逸出，上升到冷凝管中，经过冷凝实现提取分离。

同时蒸馏提取法简称 SDE 法，在食品风味分析中应用也比较广泛，可分离蔬菜、水果、油脂、蘑菇、肉、禽等食品中的挥发性风味物质。其优点是收集的风味提取液中不含高沸点和不挥发的物质，不会污染检测设备；溶剂使用量小，效率高。但也存在一些问题，极性较强的物质如酸、醇等收集较少；不适合提取新鲜食品中的风味物质，如新鲜果蔬等；

热处理可导致风味物质降解，产生其他化合物；产生泡沫的食品在提取分离中要加抗泡剂，可能产生硅树脂的污染。

（三）超临界流体萃取法

超临界流体萃取是一种以超临界流体代替常规有机溶剂对食品中风味物质进行提取分离的新技术，是一种最具创新技术的溶剂萃取方法。可以作为超临界萃取的溶剂很多，由于CO_2超临界温度（31.1℃）接近室温，且性质稳定，无毒性，能进行选择性萃取，萃取时间短，也不会因为加热和易氧化产生其他物质等优点，被广泛应用于食品风味物质的提取分离。在提取低沸点、易挥发的风味物质时显示出较高的选择性，特别适用于提取低分子量的脂类、醛类、酮类及醇类物质。主要用于提取分离固体或黏性食品中的风味物质。如果是液体物质，需要与固体支撑物结合，进行包埋萃取。

二、风味物质的分析方法

在食品风味研究中，提取、分离只完成了对混合风味物质的分离和定量任务，而对混合物质的鉴定主要依据现代仪器分析，包括气相色谱、紫外光谱、红外光谱、核磁共振和质谱。后四种称为经典四大分析光谱，综合他们的图谱信息进行分析可以获得准确的鉴定结果。

（一）气相色谱法

气相色谱法是采用气体作为流动相的一种色谱方法。利用样品中被分离物质在两相（固定性和流动相）间分配系数的差异，使那些分配系数只有很小差异的物质产生出较大的分离效果，从而将复杂的物质分离。因此，气相色谱法是食品风味物质研究中普遍采用的定性和定量分析方法。

（二）紫外光谱法

紫外光谱是四大光谱之一，其突出特点是可测定和分析在紫外区范围有吸收峰的物质。有机化合物含有生色基团、助色基团、共轭双键和芳香烃等结构，紫外光谱对这些结构的物质及其衍生物具有特定的结构鉴别能力。因此，紫外光谱法是食品风味物质研究中常用的分析方法和手段。

用紫外光谱鉴定有机化合物时，通常是在相同的测定条件下，比较未知物与已知标准物的紫外光谱图，若两者的谱图相同，则可以认为待测物质与已知化合物具有相同的生色团。如果没有标准物，则可以借助与标准谱图或有关电子光谱数据进行比较。如果待测物质和标准物的吸收波长相同、吸光系数也相同，则可认为两者是同一物质。

物质的紫外吸收光谱是其分子中生色基团及助色基团的特征，而不是整个分子的特征。所以，紫外光谱不能完全决定物质的分子结构，还必须与红外光谱、核磁共振、质谱以及其他化学和物理化学的方法相结合，才能得出可靠的结论。

（三）红外光谱法

红外光谱法是利用物质对红外辐射的吸收产生出特征吸收光谱，并进行结构和组成分析的一种方法。产生的光谱能提供分子中可能存在的官能团。环和双键的特征结构信息，根据光谱中吸收峰的位置和形状可推断待测物的结构，根据特征峰的强度可测定物质的含量。因此，红外光谱也是重要的结构分析方法之一。

每种物质都具有特定的红外吸收光谱，其吸收峰的数目、位置、形状和强度均由物质及其性质决定，根据物质的红外光谱，就可以像辨别人的“指纹”一样，确定该物质或其官能团是否存在。因此，红外光谱的定性分析可分为官能团和结构分析两方面，即根据化合物官能团红外光谱的特征频率，将被测样品的红外光谱图与标准谱图所提供的信息进行对比，由此判断该物质的类型。而结构分析则需要将该物质的红外光谱与其他鉴定信息（质谱、核磁共振、紫外光谱等）相结合来推断其化学结构。

（四）核磁共振波谱法

核磁共振波谱法是研究磁性原子核对射频能的吸收来分析物质结构的方法。具有磁性的原子核处在磁场中，受到相应频率的电磁波作用，在其磁能级之间发生共振跃迁，检测电磁波被原子核吸收的情况就能得到核磁共振图谱，根据图谱共振峰的位置、强度和结构可以分析其分子结构。

处于不同化学环境的原子核所吸收的辐射频率不同，通常用化学位移表示；而每个特定频率吸收峰的强弱则表示处在该化学环境原子核的数目，以峰积分线表示；处在不同化学环境的原子核的磁矩会相互偶合，产生自旋分裂，用偶合常数表示。因此，NMR 图谱上记录的化学位移、偶合常数和峰积分线就是结构分析的信息。与大多数有机化合物一样，借助核磁共振，可以确定食品风味物质常见官能团的化学环境，由此跟踪风味形成的进程。

（五）质谱法

质谱是现代物理和化学方面极为重要的仪器。早期的质谱仪主要是用于测定原子质量、同位素的相对丰度等。由于高分辨率的双聚焦质谱仪的出现，能够分析复杂的有机化合物，并且分辨率高，重现性好，因而成为有机化合物定性分析的重要手段。随后由于色谱-质谱仪联用技术的出现，发挥了气相色谱法能分离复杂混合物和质谱鉴定化合物的高分辨能力，提高了质谱分析的工作效率，扩大了应用领域。目前，质谱法在食品风味物质的鉴定中扮演了十分重要的角色。

第三节　食品的味觉和呈味物质

一、味觉

味感是食物在人的口腔内对味觉器官刺激并产生的一种感觉。目前，世界各国对味感的分类并不一致，见表 9-2。

表 9-2　味感分类

国家或地区	内容与特点
中国	酸、甜、苦、辣、咸、涩、鲜
日本	酸、甜、苦、辣、咸
印度	酸、甜、苦、辣、咸、涩、淡、不正常味
欧美	酸、甜、苦、辣、咸、金属味

味觉也有四种原味的说法，从生理角度出发，把酸、甜、苦、咸四种基本味觉称之为“四原味”。目前认为，其他味是四种基本味相互作用产生的。四种基本味在舌头上都有与之对应的、专一性较强的味感受器。

（一）味觉的生理基础

味觉的形成是呈味物质作用于舌面上的味蕾而产生的。味蕾由 30~100 个变长的舌表皮细胞组成，味蕾深度为 50~60μm，宽 30~70μm，嵌入舌面的乳突中，顶部有味觉孔，敏感细胞连接着神经末梢，呈味物质刺激敏感细胞，产生兴奋作用，由味觉神经传入神经中枢，进入大脑皮质，产生味觉，味觉一般在1.5~1.0毫秒内完成。人的舌部有2000~3000个味蕾。

由于舌部的不同部位味蕾结构有差异，因此，不同部位对不同的味感物质灵敏度不同，舌尖和边缘对咸味较为敏感，而靠腮两边对酸敏感，舌根部对苦味最敏感。通常把人能够感受到某种物质的最低浓度称为阈值。物质的阈值越小，表示其敏感性越强。除上述情况外，人的味觉还有很多影响因素。俗话说："饥不择食。"当人处于饥饿状态时，吃什么都感到格外香；当情绪欠佳时，总感到什么都没有味道，这是心理因素在起作用。经常吃鸡鸭鱼肉，即使美味佳肴也不感觉新鲜，这是味觉疲劳现象。

（二）味觉的主要影响因素

1. 呈味物质的结构是影响味感的主要因素 一般说来，糖类如葡萄糖、蔗糖等多呈甜味，酸类如醋酸、柠檬酸等多呈酸味，盐类如氯化钠、氯化钾等多呈咸味，而生物碱、重金属则多呈苦味。但也有例外，如糖精钠、乙酸铅等非糖有机盐也呈甜味，草酸并无酸味而有涩味，碘化钾不呈咸味而呈苦味。总之，物质结构与其味感间的关系很复杂，有时分子结构上的微小改变会使其味感发生极大的变化。

2. 温度对味觉的灵敏度有显著的影响 一般随温度的升高，味觉增强，最能刺激味感的温度在10~40℃，其中以30℃时最敏感，温度过高或过低都会导致味觉减弱，例如在50℃以上或0℃以下，味觉便显著迟钝。

3. 浓度对味觉有一定的影响 味感物质在适当浓度时通常会使人有愉快的感觉，而不适当的浓度则会使人产生不愉快的感觉。人们对各种味道的反应是不同的，一般来说，甜味在任何被感觉到的浓度下都会给人带来愉快的感受，单纯的苦味总是产生令人不快的感觉，而酸味和咸味在低浓度时使人有愉快感，在高浓度时则会使人感到不愉快。这说明呈味物质的种类和浓度、味觉以及人的心理作用的关系是非常微妙的。

4. 溶解度与味觉也有一定的关系 呈味物质只有在溶解后才能刺激味蕾。因此，其溶解度大小及溶解速度快慢，也会使味感产生的时间有快有慢，维持时间有长有短。例如，蔗糖易溶解，产生甜味快，消失也快；而糖精较难溶解，则味觉产生慢，维持时间也长。

5. 呈味物质的相互作用 两种相同或不同的呈味物质进入口腔时，会使二者呈味味觉都有所改变的现象，称为味的相互作用。

（1）味的对比现象 两种或两种以上的呈味物质，适当调配，可使某种呈味物质的味觉更加突出的现象，称为味的对比现象。如在味精中加入一定的食盐，能使味精的鲜味增强；在醋酸中添加一定量的氯化钠可以使酸味更加突出。同样的道理，粗砂糖之所以感觉比纯砂糖甜是因为粗砂糖中存在少量杂质，在西瓜上撒点食盐再吃会感到甜度明显提高。

（2）味的相乘作用 两种具有相同味感的物质进入口腔时，其味觉强度超过两者单独使用的味觉强度之和，称为味的相乘作用，也称协调作用。例如在饮料、果汁中加入麦芽酚会使甜味增强；味精与核苷酸共同使用时，鲜味会成倍增加。

（3）味的消杀作用 一种呈味物质能够减弱或抑制另一种呈味物质味感的现象，称为味的消杀作用或拮抗作用。在砂糖、奎宁、食盐、柠檬酸之中任选两种以适当比例混合后的味感，都比其单独使用时味感更弱。在热带植物匙羹藤的叶子里含有匙羹藤酸，嚼过这种叶子后，再吃甜的或苦的食物便不知其味，抑制时间达数小时，但对酸味、咸味无抑制作用。

（4）味的变调作用 两种呈味物质相互影响而导致其味感发生改变，特别是先摄入的味给后摄入的味造成质的变化，这种现象称为变调作用或阻碍作用。刚尝过食盐或奎宁以后，立刻饮无味的清水，会感到有些甜味。在西非的热带森林里，生长着一种灌木叫神秘果，其深红色的卵圆形小浆果中含有一种碱性蛋白质，只要吃下少许，4 小时左右，如果再吃柠檬、大黄、杨梅等酸苦味的食物，都会觉得是甜的，这种变化 30 分钟后逐渐消失。

（5）味的疲劳　当长期受到某种呈味物质的刺激后，再吃相同味感的物质时，往往会感到味感强度下降，这种现象称为味的疲劳现象。味的疲劳现象与人们的心理有关，比如吃第一块糖时感觉很甜，再吃第二块时会感觉不如第一块糖甜。

（6）味的掩蔽现象　有两种或两种以上的刺激同时作用于一个受体时，强的刺激会抑制弱的刺激，使感觉器官对弱的刺激的敏感性下降或消失的现象，称为掩蔽现象。

二、甜味与甜味物质

（一）甜味

甜味是人们最喜欢的基本味感，常作为饮料、糕点、饼干等焙烤食品的原料，用于改进食品的可口性。除了糖及其衍生物外，还有许多非糖的天然化合物、天然化合物的衍生物和合成化合物也都具有甜味，有些已成为正在使用的或潜在的甜味剂。

1. 甜度及其影响因素　甜味的强弱称为甜度。甜度只能靠人的感官品尝进行评定，通常是以 5% 或 10% 的蔗糖水溶液在 20℃ 时的甜度为 1.0（或 100），其他甜味剂在相同温度相同浓度下与它比较，根据浓度关系确定甜度，这样得到的甜度称为相对甜度。这种比较测定法人为的主观因素很大，所得的结果也往往不一致，在不同的文献中有时差别很大。

评定甜度的方法有极限法和相对法。前者是品尝出各种物质的阈值浓度，与蔗糖的阈值浓度相比较得出相对甜度；后者是选择蔗糖的适当浓度，品尝出其他甜味剂在该相同甜味下的浓度，根据浓度大小求出相对甜度。

（1）糖的结构对甜度的影响　①聚合度的影响。单糖和低聚糖都具有甜味，其甜度顺序是葡萄糖>麦芽糖>麦芽三糖。淀粉和纤维素虽然基本构成单位都是葡萄糖，但无甜味。②糖异构体的影响。异构体之间的甜度不同，如 α-D-葡萄糖>β-D-葡萄糖。③糖环大小的影响。如结晶的 β-D-吡喃果糖的甜度是蔗糖的 2 倍，溶于水后转化为 β-D-呋喃果糖，甜度降低。④糖苷键的影响。如麦芽糖是由 2 个葡萄糖通过 α-1,4-糖苷键形成的，有甜味；同样由 2 个葡萄糖组成而以 β-1,6-糖苷键形成的龙胆二糖不但无甜味，而且还有苦味。

（2）结晶颗粒对甜度的影响　商品蔗糖结晶颗粒大小不同，可分为细砂糖、粗砂糖、绵白糖。一般认为绵白糖的甜度比白砂糖甜，细砂糖又比粗砂糖甜。实际上这些糖的化学组成相同，产生甜度的差异是结晶颗粒大小对溶解速度的影响造成的。糖与唾液接触，晶体越小，表面积越大，与舌的接触面积越大，溶解速度越快，能很快达到甜度高峰。

（3）温度对甜度的影响　在较低的温度范围内，温度对大多数糖的甜度影响不大，尤其对蔗糖和葡萄糖影响很小。但果糖的甜度随温度的变化较大，在浓度相同的情况下，当温度低于 40℃ 时果糖的甜度较蔗糖大，而在温度大于 50℃ 时甜度反而比蔗糖小。这主要是由于高甜味的果糖分子向低甜味的异构体转化的结果。甜度随温度变化而变化，一般温度越高，甜度越低。

（4）浓度的影响　糖类的甜度一般随浓度增加而升高，但各种甜味物质甜度提高的程度不同，大多数糖的甜度随浓度提高的程度都比蔗糖大，尤其以葡萄糖最为明显。如蔗糖与葡萄糖的含量小于 40% 时蔗糖的甜度大，但当两者的含量大于 40% 时甜度却无差别。在相等的甜度下，几种糖的浓度从小到大的顺序是：果糖<蔗糖<葡萄糖<乳糖<麦芽糖。

（5）味感物质的相互作用　各种糖类混合使用时，表现有相乘现象。若将 26.7% 的蔗糖溶液和13.3%的DE（葡萄糖值）为42的淀粉糖浆组成混合糖溶液，尽管糖浆的甜度远低于相同浓度的蔗糖溶液，但混合糖溶液的甜度与40%的蔗糖溶液相当。在糖液中加入少量多糖增稠剂，如在1%~10%的蔗糖溶液中加入2%的淀粉或少量树胶，也能使其甜度和黏度稍有提高。

2. 呈甜机理 1967年Shallen Berger提出的甜味学说被广泛接受。该学说认为：甜味物质的分子中都含有一个电负性大的A原子（通常是N、O），与氢原子以共价键形成AH基团（如—OH、═NH、—NH_2）。在距离AH基团0.25~0.4nm处同时还具有另外一个电负性原子B（通常是N、O、S、Cl），为质子接受基团。在人体的甜味感受器内，也存在着类似的AH/B结构单位，当甜味化合物的AH/B结构单位通过氢键与味觉感受器中的AH/B结构单位结合时，便对味觉神经产生刺激，从而产生了甜味。

Shallen Berger理论不能解释具有相同AH/B结构的糖或D-氨基酸甜度相差数千倍的现象。后来Kier对Shallen Berger理论进行了补充，认为在距离A基团0.35nm和B基团0.55nm处，若有疏水基团γ存在，能增强甜度。此疏水基易与甜味感受器的疏水部位结合，加强了甜味物质与感受器的结合。甜味理论为寻找新的甜味物质提供了方向和依据。

（二）甜味物质

1. 糖类甜味物质

（1）葡萄糖广泛分布与自然界，甜度为蔗糖的60%~75%，甜味有凉爽感。葡萄糖液能被多种微生物发酵，是发酵工业的重要原料，工业上生产葡萄糖都用淀粉为原料，经酸法或酶法水解制成。

（2）果糖多存在于瓜果和蜂蜜中，比糖类中其他糖都甜。果糖易消化，不需要胰岛素作用就能被人体代谢利用，适合糖尿病人食用，食品工业中通过异构酶使葡萄糖转化为果糖。

（3）蔗糖广泛存在于植物中，尤其在甘蔗和甜菜中含量较多，食品工业中以甘蔗和甜菜为原料生产蔗糖。常温下100g蔗糖可溶于50ml水中，溶解度随温度升高而增加。蔗糖容易被酵母发酵。

（4）麦芽糖在植物体内存在很少，当种子发芽时酶分解淀粉形成，在麦芽中含量较多。麦芽糖的甜度为蔗糖的三分之一，味爽口，不刺激胃黏膜，在糖类中营养价值最高。

（5）蜂蜜为淡黄色至红黄色的强黏性透明浆状物，在低温下有结晶。较蔗糖甜，全部糖分约为80%，含果糖多，不易结晶，易吸收空气中的水分，可防止食品干燥，多用于糕点、丸药的加工。

2. 非糖天然甜味物质 这是一类天然的、化学结构差别很大的甜味物质。主要有甘草苷（相对甜度100~300）、甜叶菊苷（相对甜度200~300）、苷茶素（相对甜度400），其中甜叶菊苷的甜味最接近蔗糖。

3. 天然衍生物甜味物质 该类甜味剂是指本来不甜的天然物质，通过改性加工而成的安全甜味剂。主要有氨基酸衍生物（6-甲基-D-色氨酸，相对甜度1000）、二肽衍生物阿斯巴甜（相对甜度20~50）、二氢查耳酮衍生物等。二氢查耳酮衍生物是柚苷、橙皮苷等黄酮类物质在碱性条件下还原生产的开环化合物，具有很强的甜味。

三、苦味与苦味物质

（一）苦味

苦味是食品中很普遍的味感，许多无机物和有机物都具有苦味。相对其他味觉而言，苦味会产生令人不愉快的感觉，但当它与酸、甜等味感适当调配时，能形成一种特殊的风味，例如苦瓜、白果、咖啡、茶等都具有一定的苦味，但均被视为美味食品。苦味物质可以刺激味感受器，从而调整人们的食欲及改善消化功能。

（二）苦味物质

1. 奎宁 奎宁是一种苦味标准物质，盐酸奎宁的阈值大约是 10mg/kg。一般来说，苦味物质比其他呈味物质的味觉阈值低，且更难溶于水。食品卫生法允许奎宁作为饮料添加剂使用，例如在有酸甜味特性的软饮料中，苦味能同其他味感调和，使这类饮料具有清凉兴奋的作用。

2. 柚皮苷和新橙皮苷 是柑橘类果实中的主要苦味物质，尤其在未成熟的果皮中含量更高。若用酶水解法去除二者分子中呈苦味的鼠李糖基，即可除去橙汁、柚汁的苦味。

3. 苦杏仁苷 存在于许多蔷薇科植物如桃、李、杏、樱桃、苹果等的果核、种仁及叶子中。苦杏仁苷具有镇咳作用，但生食过多杏仁或桃仁会引起中毒，原因是摄入的苦杏仁苷在体内苦杏仁酶的作用下，分解为葡萄糖、苯甲醛和氢氰酸。

4. 咖啡碱、可可碱和茶碱 是食品中主要的生物碱类苦味物质，属于嘌呤类衍生物。咖啡碱存在于咖啡、茶叶和柯拉坚果中；可可碱类似于咖啡因，在可可中含量最高；茶碱主要存在于茶叶中，含量极微，是可可碱的同分异构体。这 3 种物质在冷水中微溶，易溶于热水，化学性质较稳定，都具有兴奋中枢神经的作用。

5. 苦味酒花 大量用于啤酒工业，使啤酒具有特征风味。苦味酒花的苦味物质是葎草酮或蛇麻酮的衍生物，葎草酮在麦芽汁煮沸时，通过异构化反应转变为异葎草酮。

四、酸味与酸味物质

（一）酸味

酸味是由于舌黏膜受到氢离子的刺激而产生的味觉。许多动物对酸味剂刺激都很敏感，人类由于早已适应酸性食物，适当的酸味能给人以爽快的感觉，并促进食欲。在食品中适当添加酸味剂，还具有一定的防腐作用，能延长食品的保质期。一般食品加工制品中含有的有机酸，有些来自于原料本身；有些是加工过程中人为加入的；有些则是在发酵过程中形成的。

（二）酸味物质

1. 食醋 是我国常用的调味酸，是用淀粉或糖作为原料发酵而成，含有 3%～5% 的醋酸和其他有机酸、氨基酸、糖、酚类、酯类等。食醋的酸味比较柔和，在烹调中除了用作调味酸之外，还有去腥臭的作用。

2. 乙酸 俗称醋酸，无色有刺激性液体，可与水、乙醇、甘油、醚任意混合，具有腐蚀性和杀菌能力。乙酸可以调配合成醋，用于食品的防腐和调味。

3. 柠檬酸 是果蔬中分布最广的一种有机酸，无水柠檬酸为白色结晶，可溶于水和乙醇。其酸味圆润、滋美、爽快可口，入口即达最高酸感，后味延续时间短。广泛应用于清凉饮料、水果罐头、糖果等，还可用于配制果汁粉，作为抗氧化剂的增效剂。柠檬酸具有良好的防腐性能和抗氧化性能，安全性高。

4. 乳酸 主要存在于酸奶、泡菜等发酵食品的肉汁中，是世界公认的三大有机酸之一，溶于水及乙醇，具有防腐杀菌的功效，酸味略强于柠檬酸。可用作清凉饮料、合成酒、合成醋、酱菜等食品的酸味剂，且风味独特并有一定的保健作用。

5. 苹果酸 多与柠檬酸共存，易溶于水及乙醇，吸湿性强，保存中易受潮。其酸味为柠檬酸的 1.2 倍，且呈味时间明显长于柠檬酸，但稍有涩感。食品加工中常用作饮料、糕点、果冻等的酸味剂。

6. 抗坏血酸 为白色结晶，易溶于水，有爽快的酸味，易被氧化。在食品中作为酸味剂和维生素 C 添加剂，还具有抗氧化和褐变的作用，可作为辅助酸味剂使用。

7. 酒石酸 存在于各种水果的果汁中，尤其以葡萄含量居多，易溶于水及乙醇。其酸味比柠檬酸和苹果酸都强，稍有涩感。其用途与柠檬酸同，多与其他酸配合使用，但不适用于配制起泡的饮料或用作食品膨胀剂。

五、咸味与咸味物质

（一）咸味

咸味是由中性盐所呈现的味觉，在食品的调味中极为重要。盐类物质在溶液中解离后，阳离子被味感受器上的蛋白质分子中的羧基或磷酸吸附而呈咸味。咸味与盐解离出的阳离子关系密切，而阴离子则影响咸味的强弱和风味。盐类中氯化钠是公认的具有最纯正咸味的物质。日常使用的调味料，基本上都是用食盐（主要成分是氯化钠）来产生咸味。具有咸味的无机盐大多在呈咸味的同时伴有不同程度的苦味。0.1mol/L 的各种盐溶液的味感特点见表 9-3。

表 9-3 各种盐的味感特点

味感	盐的种类
咸味	NaCl，KCl，NH_4Cl，NaBr，NaI，$NaNO_3$，KNO_3
咸苦味	KBr，NH_4I
苦味	$MgCl_2$，$MgSO_4$，KI，CsBr
不愉快味兼苦味	$CaCl_2$，$Ca(NO_3)_2$

（二）咸味物质

氯化钠是主要的食品咸味剂，但食盐的过量摄入会对人体产生不良影响。近年来，食盐替代物品种较多，如葡萄糖酸钠、苹果酸钠等，可满足无盐酱油和肾脏病人的特殊需要。氯化钾也是一种咸味较纯正的咸味物质，食品工业中利用它在运动员饮料中和低钠食品中部分代替氯化钠以提供咸味和补充体内的钾。

六、其他味感物质

（一）鲜味和鲜味物质

鲜味是一种复杂的综合味感，能使食品风味更为柔和、协调。我国将谷氨酸一钠、5′-鸟苷酸二钠、天门冬酰胺钠、琥珀酸二钠、谷氨酸-亲水性氨基酸二肽（或三肽）及水解蛋白等的综合味感归为鲜味。当鲜味剂的用量高于其阈值时，会使食品鲜味增加；但用量少于其阈值时，则仅是增强风味，故欧美国家常将鲜味剂称为风味增强剂或呈味剂。

谷氨酸钠是最早被发现和实现工业生产的鲜味剂，在自然界中广泛分布，海带中含量丰富，是味精的主要成分；5′-鸟苷酸二钠是以香菇为代表的蕈类鲜味的主要成分；5′-肌苷酸广泛分布于鸡、鱼、肉汁中；琥珀酸一钠广泛分布于自然界中，在鸟、兽、禽、畜、软体动物等中都有较多存在，特别是贝类中含量最高，是贝类鲜味的主要成分，由微生物发酵的食品如酱油、酱、黄酒等中也有少量存在，天冬氨酸一钠也有较好的鲜味，强度比谷氨酸钠弱，是竹笋等植物中的主要鲜味物质。

（二）辣味和辣味物质

辣味是辣味物质刺激口腔黏膜、鼻腔黏膜、皮肤和三叉神经而引起的刺痛感和特殊的灼烧感的总和。适当的辣味有助于增进食欲、促进消化液分泌及杀菌，被广泛用于烹调及一些风味食品中。天然的辣味物质，可以分为以下三类。

1. 芳香性辣味物质 又称为辛辣味物质，是一类除辣味外还伴随有较强烈的挥发性芳香味，是具有味感和嗅感双重作用成分的物质。由于挥发性比较大，并具有香味，所以也将含有此类辣味物质的调料称为香辛料，如姜、丁香、肉豆蔻等。

2. 无芳香性辣味物质 又称为热辣味物质或火辣味物质，在口中能引起灼热感觉。该类辣味物质分子中均含有氮，其中有一些是生物碱物质，主要的三种代表性物质为类辣椒素（存在于辣椒和胡椒中）、花椒素（存在于花椒中）和胡椒碱（存在于胡椒中）。

3. 刺激性辣味物质 是一类除能刺激舌和口腔黏膜外，还能刺激鼻腔和眼睛，具有味感、嗅感和催泪性的物质。此类辣味物质中大多含有硫元素，且容易被降解。常见的此类辣味物质包括二硫化物和异硫氰酸酯类化合物。

（三）涩味和涩味物质

涩味可使口腔有干燥感觉，同时能使口腔组织粗糙收缩。涩味通常是由于单宁或多酚与唾液中的蛋白质缔合而产生沉淀或聚集体而引起的。另外，难溶解的蛋白质与唾液的蛋白质和黏多糖结合也会产生涩味。涩味常与苦味混淆，这是因为许多酚或单宁都可以引起涩味和苦味的感觉。

未成熟柿子的涩味是典型的涩味，其涩味成分是以五色花青素为基本结构的配糖体，属于多酚类化合物，易溶于水。当涩柿及未成熟柿的细胞膜破裂时，多酚类化合物溶于水而呈涩味。在柿子成熟过程中，分子间呼吸或氧化，使多酚类化合物氧化、聚合而形成水不溶性物质，涩味即随之消失。

茶叶中也含有较多的多酚类物质。一般来说，绿茶中多酚类含量较多，而红茶经过发酵后多酚类被氧化，其含量较少，涩味也就不及绿茶浓烈。

（四）清凉味

清凉味是由一些化合物对鼻腔和口腔中的特殊味感受器刺激而产生。典型的清凉味为薄荷风味，包括留兰香和冬青油的风味。以薄荷醇和D-樟脑为代表物，既有清凉嗅感，又有清凉味感。其中薄荷醇是食品加工中常用的清凉风味剂，在糖果、清凉饮料中广泛使用。

一些糖的结晶入口后也产生清凉感，是因为它们在唾液中溶解时要吸收大量的热量所致。

（五）金属味

金属味是指舌头与食品或金属接触，因电化学作用而引起的不愉快的味。已有研究表明，在人的舌头和口腔部位确实存在着一个能感知金属味的区域。

（六）碱味

蒸馒头时，加入的碱过量，就会出现这种味觉。碱味被认为是氢氧根离子的呈味物质，所以稀的氢氧化钠溶液是典型的碱味物质。

第四节 食品的香气和香气物质

一、嗅觉

（一）嗅感现象

嗅感是指挥发性物质刺激鼻黏膜，再传到大脑的中枢神经而产生的综合感觉。产生令人喜爱感觉的挥发性物质叫香气，产生令人厌恶感觉的挥发性物质叫臭气。嗅感物是指能在食物中产生嗅感并具有确定结构的化合物。在人的鼻腔前庭部分有一块嗅感上皮区域，也叫嗅黏膜。黏膜上密集排列着许多嗅细胞，即嗅感受器，它由嗅纤毛、嗅小胞、细胞树突和嗅细胞体等组成。人类鼻腔每侧约有2000万个嗅细胞，挥发性物质的小分子在空气中扩散进入鼻腔，人们从嗅到气味到产生感觉时间很短，仅需0.2~0.3秒。

人们的嗅觉是非常复杂的生理和心理现象，具有敏锐、易疲劳、适应与习惯等特点，嗅觉比味觉更复杂。不同的香气成分给人的感受各不相同，薄荷、菊花散发的香气使人思维活跃、思路清晰；玫瑰花的香气使人精神倍爽、心情舒畅；而紫罗兰和水仙花的香气能唤起美好的回忆。食品的香气给人愉快的感受，能诱发食欲，增加人们对营养物质的消化吸收，唤起购买欲望。

人对嗅感物质的敏感性个性差异大，若某人的嗅觉感受体越多，则对气味的识别越灵敏、越正确。若缺少某种嗅觉受体，则对某些气味感觉失灵。嗅感物质的阈值也随人的身体状况变化，身体状况好，嗅觉灵敏。

（二）嗅觉的主要特性

1. 敏锐 敏锐人的嗅觉非常敏锐，某些风味化合物即使在很低的浓度下也会被其感觉到。某些动物的嗅觉更为突出，如犬类嗅觉的灵敏性很高；鳝鱼的嗅觉也几乎能与犬相匹敌，它们比普通人的嗅觉灵敏100万倍。

2. 易疲劳、适应和习惯性 嗅觉细胞容易产生疲劳，从而失去对气味的感觉，但对其他气味并不疲劳。在某些气味的长期刺激下，嗅觉中枢神经处于负反馈状态，嗅觉便受到抑制，产生适应性。当嗅觉细胞长时间处于某种气味刺激下，便对该气味形成习惯而感觉不到该气味的存在。疲劳、适应和习惯这3种现象会共同发挥作用，很难区别。

3. 个性差异大 人的嗅觉差别很大，味觉敏锐的人对不同气味的感觉也不同；对气味不敏感的极端情况便形成嗅盲；女性的嗅觉一般比男性强。

4. 受身体状态影响 处于身体疲劳或营养不良时，能引起嗅觉功能降低；生病时，对风味物质的灵敏性会降低；女性在月经期、妊娠期或更年期可能会发生嗅觉减退或过敏现象等。

（三）嗅感理论

关于产生嗅觉的理论有多种，这些理论主要解释了闻香过程的第一个阶段，即香基与鼻黏膜之间所引起的变化，至于下一阶段的刺激传导和嗅觉等还没得到解释。这些嗅觉理论可以归纳为3个方面。

1. 立体化学理论 又称为“锁和钥匙学说”，具有相同气味的分子，其外形上也有很大的共同性；而分子的几何形状改变较大时，嗅感也就发生变化。物质气味的主要决定因素可能是整个分子的几何形状，而与分子结构或成分的细节无关；有些气味取决于分子所带的电荷。根据这种理论，把气味分成七种基本气味：樟脑气味、麝香气味、花香气味、薄荷气味、醚类气味、辛辣气味和腐败气味。

2. 微粒理论 包括香化学理论、吸附理论、象形的嗅觉理论等。这三种理论都涉及香物质分子微粒在嗅觉器官中由于在短距离中经过物理作用或化学作用而产生嗅觉。

3. 振动理论 又称为电波理论，当嗅感分子的固有振动频率与受体分子的振动频率相一致时，受体便获得气味信息。

二、植物性食品的香气物质

（一）水果的香气成分

水果的香气清爽宜人，比较单纯，香气成分主要包括酯、醛、醇、萜烯类化合物、醚类和挥发酸。它们随着果实的成熟而增加，不同水果中的香气成分各不相同。

柑橘的特征风味物质主要是萜烯类、醛类、醇和酯类；苹果中的主要香气成分包括醇、醛和酯类，苹果的不同部位香气成分不同，果皮中含有的香气成分比果肉多；桃类中已知的香气成分有70多种，主要包括酯、醇、醛和萜烯类化合物，桃的香气成分中6-戊基-α-吡喃酮具有椰子香气，目前尚未发现其他水果中含有该成分；葡萄的香气成分主要是萜烯类、C_6醇、醛和羟基化合物等，其特征性芳香化合物是邻氨基苯甲酸甲酯，醇、醛和酯类是各种葡萄中的共有香气物类别；西瓜、哈密瓜等果实的气味由两大类气味物质组成，一是顺式烯醇和烯醛，二是酯类；香蕉的主要香气成分包括酯、醇、芳香族化合物和羰基化合物，特征风味化合物是以乙酸异戊酯为代表的乙酸、丙酸、丁酸与C_4-C_6醇构成的酯；菠萝的香气成分中酯类化合物较多，特征风味化合物是己酸甲酯和乙酸乙酯；芒果的特征香气成分是萜烯类物质。

（二）蔬菜的香气成分

蔬菜类的香气不如水果类的香气浓郁，但有些蔬菜具有特殊的气味，如韭菜、蒜、洋葱等百合科蔬菜，主要是一些含硫化合物。当细胞受损时，风味酶释放出来，与细胞质中的香味前体底物结合，催化产生挥发性香气物质。风味酶常为多酶复合体或多酶体系，具有作物种类差异，如用洋葱中的风味酶处理干制的甘蓝，得到的是洋葱气味而不是甘蓝气味；如用芥菜风味酶处理干制的甘蓝，则可产生芥菜气味。

十字花科蔬菜最主要的气味物质也是含硫化合物，如卷心菜中的硫醚、硫醇和异硫氰酸酯及不饱和醇与醛为主体风味物，异硫氰酸酯也是萝卜、芥菜和花椰菜中的特征风味物。

伞形花科的胡萝卜和芹菜中，萜烯类气味物突出，与醇类和羰基化合物共同形成刺鼻气味。黄瓜和番茄具有青鲜气味，其特征气味物是C_6或C_9的不饱和醇与醛；青椒、莴苣和马铃薯也具有青鲜气味，其特征气味物为嗪类；鲜蘑菇中3-辛烯-1-醇或庚烯醇的气味最大，香菇中以香菇精为最主要的气味物。

（三）茶叶的香气成分

已从成品茶叶中分离鉴定的香气物质种类达600多种，主要有醇、醛、酮、酯、酸、含氮化合物与含硫化合物，而新鲜茶叶中的香气物质种类只有80多种。因此，茶叶的绝大部分香气物质是在加工过程中形成的。不同品种的茶叶由于加工工艺各异，因而香气差别也甚远。

绿茶中的炒青茶具有栗香或清晰的香气，主要香气成分是吡嗪、吡咯等物质；蒸青茶中芳樟醇及其氧化物含量较高而具有明显的青草香。红茶普遍具有典型的花果香，主要香气物质是香叶醇、芳樟醇及其氧化物、苯甲醇、2-苯乙醇和水杨酸甲酯等。乌龙茶为半发酵茶，花香是其主要特点，茉莉酮酸甲酯、吲哚、芳樟醇及其氧化物、苯甲醇、苯乙醇、茉莉酮、茉莉内酯、橙花叔醇和香叶醇等是主要香气物质。

三、动物性食品的香气物质

（一）禽畜肉类的香气成分

新鲜生肉具有清淡的腥膻气味，风味物质包括硫化氢、硫醇、醛类、甲醇、乙醇和氨等挥发性化合物。鲜肉经过加工后产生浓郁的香气，对各种熟肉风味起主要作用的有三大类风味物质：硫化物、呋喃类和含氮化合物，此外还包括羰基化合物、脂肪酸、脂肪醇、内酯、芳香族化合物等。

牛肉香气的特征成分主要包括硫化物、吡嗪类、呋喃类和吡啶化合物；猪肉加热时的特征香气成分是γ-内酯、2-甲基-3-巯基呋喃、2-甲基-3-四氢呋喃等；羊肉风味物质的主要成分是3,5-二甲基-1,2,4-三硫杂环戊烷、2,4,6-三甲基全氢-1,3,5-二噻嗪，羊肉中的脂肪酸不饱和度很低，一些特殊的支链脂肪酸形成羊肉的特殊风味；鸡肉香气成分中有较多的中等碳链长度的不饱和羰基化合物，其特征风味物质是反，顺-2,4-癸二烯醛和反，顺-2,5-十一碳二烯醛等。

（二）水产品的香气成分

新鲜鱼和海产品具有很淡的清鲜气味，这些气味是与多不饱和脂肪酸受内源酶作用生成的C_6、C_8、C_9不饱和羰基化合物产生的。其中1-辛烯-3-醇是由亚油酸的一种氢过氧化物的降解产物，具有类似蘑菇的气味，普遍存在于淡水鱼及海水鱼的挥发性香味物质中。

四、焙烤食品的香气成分

许多焙烤食品都散发出浓郁的香气，主要是由于食物在高温环境中发生美拉德反应、油脂分解和含硫化合物的分解等反应生成许多香气物质。主要香气物质包括吡嗪类、吡咯类、呋喃类和噻唑类等。

氨基酸和糖类发生的美拉德反应是焙烤食品香气的主要组成成分。产物随着参加反应的氨基酸与还原糖的种类和反应温度而变化，反应产生大量羰基化合物、吡嗪类化合物、呋喃类化合物及少量含硫有机物。

五、发酵食品的香气成分

发酵食品及调味料的香气成分主要是由微生物作用于蛋白质、糖、脂肪及其他物质而产生的，主要有醇、醛、酮、酸和酯类物质。由于微生物代谢产物繁多，各种成分比例各异，使发酵食品的香气各有特色。

酒类的芳香成分非常复杂，因品种而异。白酒的香气成分有300多种，主要包括醇、醛、酮、酸、酯、芳香族化合物等，其中乙酸乙酯、乳酸乙酯、己酸乙酯、丁酸乙酯是许多白酒的主体香气成分。啤酒中已鉴定出300多种挥发性成分，但总体含量较低，主要包括醇、酯、羰基化合物、酸和硫化物。葡萄酒中含有350多种香气物质，除了醇、酯、羰基化合物外，萜类和芳香族化合物含量比较丰富。

酱油中的香气物质近300种，有醇、醛、酮、酸、酯、酚、羰基化合物和含硫化合物，从而使酱油具有独特的酱香和酯香。食醋中酸、醇和羰基化合物较多，其中乙酸含量高达4%左右。

第五节　加工和贮藏对食品风味的影响

从营养学的观点考虑，食品在加工和贮藏过程中发生的风味物质改变的反应是不利的，这些反应不但使食品的营养成分造成损失，而且还会使那些人体必需而自身不能或不易合成的氨基酸、脂肪酸和维生素得不到充分利用。当反应控制不当时，甚至还会产生有毒物质。而从食品工艺角度考虑，食品在加工过程中产生风味物质的反应既有有利的一面，也有不利的一面。前者增加了食品的多样性和商业价值，后者降低了食品的营养价值和产生不希望的褐变等。因此很难定论，要根据食品的种类和工艺条件的不同具体分析。例如，花生、芝麻在烘炒时，在营养成分尚未受到较大破坏前已经获得良好风味，因而这种加工受到消费者欢迎。咖啡、可可、茶叶、酒类、酱油等在发酵、烘烤过程中其营养成分和维生素虽然受到了较大破坏，但同时也形成了良好的风味特征，而且消费者一般不会对其营养变化感到不安，所以这些变化也是有利的。有些烘烤或油炸食品，其独特风味虽然受到人们喜爱，但如果长时间高温烘烤或油炸，会使其营养价值大为降低，尤其是重要氨基酸的减少。水果经过加工后，其风味和维生素等也受到很大损失，远不如食用鲜果。

为了解决或减轻营养成分与风味间可能存在的矛盾，加强食品的香气，可采用适当的措施对食品香气进行控制、稳定或增强。

一、食品香气的控制

（一）酶的控制

酶促反应产生香气物质主要有以下两个途径：一是在食品加工中加入特定的酶，可以促使食品生成特定的香气成分，例如在蔬菜脱水加工时黑芥子硫苷酸酶、蒜氨酸酶等失去了活性，导致香气损失，可以将黑芥子硫苷酸液加入干燥的蔬菜中，就能得到和加工前大致相同的香气；二是在食品中加入特定的去臭酶，除去有些食品中含有的少量具有不良气味的成分，以达到改善食品香气的目的。例如，大豆制品中的豆腥气味，用化学或物理方法完全除掉相当困难，而利用醇脱氢酶和醇氧化酶处理将这些物质氧化，便有可能完全除去豆腥味。

（二）微生物的控制作用

可以利用微生物的作用来抑制某些气味的生产。例如，脂肪和家禽肉在贮藏过程中会生产气味不良的低级脂肪醛类化合物，如一种叫假单胞菌的微生物，能抑制部分低级脂肪醛的生成，并且还会使过氧化物的含量降低。

二、食品香气的增强

食品香气的增强主要有两种途径。一种是加入食用香精以达到直接增加香气成分的目的；另外一种是加入香味增效剂，提高和改善嗅细胞的敏感性，加强香气信息的传递。香味增效剂类型多样，呈现出的增香效果也不同。有的增香效果较为单一，只对某种食品有效果；有的增香范围广泛，对各类食品都有增香效果。目前在实践中应用较多的主要有麦芽酚、乙基麦芽酚、MSG、IMP、GMP 等。

麦芽酚和乙基麦芽酚都是白色或微黄色针状结晶，易溶于水。等量的乙基麦芽酚和麦芽酚，乙基麦芽酚的增香作用是麦芽酚的 6 倍。麦芽酚和乙基麦芽酚目前在各种食品中都已得到广泛应用。作为食品香料使用，一般用量较大，常在 200mg/kg 以上，若用量增至 500mg/kg，效果更显著，它会使食品产生麦芽酚固有的香蜜饯般的香气和水果香气；用量在 5~150mg/kg 之间，能对某一主要成分的香气起增效作用。

重点小结

风味是评价食品质量的一个重要指标，它不仅能够增进摄食者的食欲，而且对人体的心理和生理有着潜在的影响。由于食品风味物质具有微量性、多样性和复杂性，需要采用一套较完善的综合分析方法，在分离鉴定的同时减少风味物质的损失。

味觉一般是食品中的水溶性化合物刺激舌黏膜中的化学感受器产生的，而嗅觉主要是由食品中的一些挥发性化合物刺激鼻腔内的嗅觉神经元而产生的。在大多数情况下，食品所产生的味觉或嗅觉是众多呈味物质或呈香物质共同作用的结果。从生理的角度来看，只有酸、甜、苦、咸属于基本味觉。不同类型的物质具有不同的呈味机理，而不同的味觉之间会相互作用。

与味觉相比，嗅觉更为复杂，这不仅体现在嗅觉产生的机理非常复杂，更为重要的是，对食品香气贡献的一个化合物的数量几乎无法确定。

食品呈香物质主要通过生物合成、酶的作用、发酵作用、高温分解作用和食物调香而形成。不同的食品具有不同的特征香气，可以归功于不同的食品含有不同的呈香物质，包括数量和含量。食品加工和贮藏过程对食品香气的形成有重大影响，采取一定的措施增强食品的香气或使食品的香气得以长久是可能的，也是非常必要的。

目标检测

1. 食品风味物质的特点是什么？
2. 风味物质的分离及分析方法有哪些？
3. 味感物质的代表物质及呈味机理是什么？
4. 味觉的主要影响因素有哪些？
5. 食品加工中香气的变化应如何控制？

第十章

食品添加剂

学习目标

1. **掌握** 食品添加剂的定义、分类；防腐剂、乳化剂、增稠剂、抗氧化剂、着色剂、漂白剂、膨胀剂、甜味剂的概念。
2. **熟悉** 食品添加剂的要求，各类食品添加剂的品种及性能。
3. **了解** 食品添加剂的作用、使用标准、在食品中的应用

案例导入

案例：2005年3月4日，北京有关部门检测出亨氏中国某批号的辣椒酱中含有“苏丹红一号”。3月9日，浙江省工商局发布消费警示，浙江已经发现三种食品里含有“苏丹红”。从广东到河南，“苏丹红”的踪迹开始逐步显露，很多是在辣椒酱、酱菜等小食品中添加“苏丹红”作为色素。

讨论：1. 苏丹红是食品添加剂吗？
2. 什么是食品添加剂？

第一节 概述

一、添加剂的定义

（一）食品添加剂

1. 定义 我国《食品卫生法》规定食品添加剂的定义是：为改善食品品质和色、香、味以及为防腐、保鲜和加工工艺的需要而加入食品中的人工合成或者天然物质。

营养强化剂、食品用香料、胶基糖果中基础剂物质、食品工业用加工助剂也包括在内。

2. 特点

（1）食品添加剂可以是一种物质，也可以是由多种物质组成的混合物。

（2）大多数食品添加剂不是食品原料固有的物质，而是为达到某一目的而在生产、储存、包装、使用等过程中有意添加的物质。

（3）食品添加剂一般不能单独作为食品来食用。

（4）食品添加剂的添加量很少，且添加量有严格的控制。

（二）营养强化剂

1. 定义 营养强化剂是为增强营养成分而加入食品中的天然的或者人工合成的属于天然营养素范围的食品添加剂。

我国、日本、美国规定的食品添加剂包括营养强化剂。

拓展阅读

食品添加剂在食品中的应用

现代食品工业的发展已离不开食品添加剂。如方便面中含有二丁基羟基甲苯(BHT)、丁基羟基甲苯（BHA）等抗氧化剂，海藻酸钠等增稠剂，味精、肌苷酸等风味剂，磷酸盐等品质改良剂；豆腐中含有 $CaCl_2$、$MgCl_2$、$CaSO_4$、葡萄糖酸-δ-内酯等凝固剂，单甘酯等消泡剂；酱油中含有尼泊金酯、苯甲酸钠等防腐剂，酱色等食用色素；饮料中含有柠檬酸等酸味剂，甜菊苷、阿斯巴甜等甜味剂，橘子香精等香精，胭脂红、亮蓝、柠檬黄、β-胡萝卜素等色素。从某种意义上讲，没有食品添加剂，就没有近代的食品工业。

二、食品添加剂的作用

1. 有利于食品的保存，防止食品腐败变质 防腐剂可以防止由微生物引起食品的腐败变质，抗氧化剂可防止或推迟食品的氧化变质。

2. 改善食品的感官性状 色、香、味、形、质地是衡量食品质量的重要指标，适当使用着色剂、香料及乳化剂、增稠剂等添加剂，可明显提高食品的感官质量。

3. 保持或提高食品的营养价值 在食品加工时适当地添加某些属于天然营养素范围的营养强化剂，可以大大提高食品的营养价值。

4. 增加食品的品种和方便性 市场有多达20000种以上的食品可供消费者选择。大都取决于防腐、抗氧化、乳化、增稠以及不同的着色、增香调味乃至其他各种食品添加剂配合使用的结果。

5. 有利于食品加工操作，适应生产过程中的机械化和自动化需要 在食品加工中使用消泡剂、助滤剂、稳定剂和凝固剂等，可有利于食品的加工操作。

6. 满足其他特殊需要

拓展阅读

糖尿病人不能吃糖，则可用无营养甜味剂或低热能甜味剂，如三氯蔗糖或天门冬酰苯丙氨酸甲酯制成无糖食品。

缺碘地区的居民可食用碘强化食盐，防止缺碘性甲状腺肿。

三、食品添加剂的分类

（一）按来源分类

1. 天然食品添加剂 天然食品添加剂主要来自动物、植物、微生物的代谢产物及一些矿物质。一般认为天然食品添加剂的毒性较小，食用较安全，但天然食品添加剂品种少，价格高。

2. 人工合成食品添加剂 人工合成食品添加剂是通过化学反应合成制得的，毒性较大，尤其成分不纯时易对机体造成危害。但由于品种多，价格低，使用量较小，因而在食品工业中得到广泛的应用。

（二）按功能分类

目前我国食品添加剂有 23 个类别，2000 多个品种，包括酸度调节剂、抗结剂、消泡剂、抗氧化剂、漂白剂、膨松剂、胶姆糖基础剂、着色剂、护色剂、乳化剂、酶制剂、增味剂、面粉处理剂、被膜剂、水分保持剂、营养强化剂、防腐剂、稳定和凝固剂、甜味剂、增稠剂、香料、加工助剂等。

（三）依据其毒性分类

FAO（联合国粮农组织）/WHO（世界卫生组织）根据安全评价资料把食品添加剂分成三类。

A 类：是 FAO/WHO 联合食品添加剂专家委员会（JECFA）已制定 ADI 值（每人每日容许摄入量）和暂定 ADI 值者。

B 类：是 JECFA 曾进行过安全评价但未建立 ADI 值或者未进行过评价者。

C 类：是 JECFA 认为在食品中使用不安全，或应严格控制作某些食品的特殊使用者。

四、食品添加剂的要求

（一）食品添加剂使用时应符合的基本要求

GB 2760—2014《食品安全国家标准　食品添加剂使用标准》规定，食品添加剂使用时应遵循以下原则。

（1）不应对人体产生任何健康危害，长期摄入后对食用者不引起慢性中毒。

（2）不应掩盖食品腐败变质。

（3）不应掩盖食品本身或加工过程中的质量缺陷，不能以掺杂、掺假、伪造为目的而使用食品添加剂。

（4）不应降低食品本身的营养价值。

（5）在达到预期目的前提下尽可能降低在食品中的使用量。

（6）价格低廉，来源充足。

（二）可使用食品添加剂的情况

GB 2760—2014《食品安全国家标准　食品添加剂使用标准》规定，下列情况下可使用食品添加剂。

（1）保持或提高食品本身的营养价值。

（2）作为某些特殊膳食用品的必要配料或成分。

（3）提高食品的质量和稳定性，改进其感官特性。

（4）便于食品的生产、加工、包装、运输或者贮藏。

（三）食品添加剂使用中存在的问题

（1）使用《食品安全国家标准　食品添加剂使用标准》名单之外的物质。违法使用未经批准的化工产品，例如甲醛次硫酸氢钠即吊白块（粉丝）、苏丹红（辣椒酱、鸭蛋）、工业色素加工熟肉。

（2）提高附加值，掩盖变质。例如在肉制品中添加胭脂红等色素。

（3）超范围和超剂量使用。如用硫黄熏黄花菜，属于超范围使用；果脯中甜蜜素、熟肉制品中亚硝酸钠、饮料中防腐剂（苯甲酸钠）存在超剂量使用的情况。

五、食品添加剂的使用标准及安全性评价

（一）使用标准

我国现行的国家标准是《食品安全国家标准　食品添加剂使用标准》（GB 2760—2014）。该标准提供了安全使用食品添加剂的定量指标，包括食品添加剂的使用原则、食品

添加剂的品种、使用范围（对象食品）以及最大使用量或残留量。该标准的制定是以食品添加剂使用情况的实际调查与毒理学评价为依据，凡生产、经营、使用食品添加剂者均应严格执行。

（二）食品添加剂的毒性及其评价

科学实验表明，不管是天然的还是合成的食品添加剂，只要按照国家标准生产使用，对人体应是安全无害的。各国对食品添加剂的使用大都采用许可使用名单制，并通过一定的法规予以管理。要保证食品添加剂使用安全，必须对其进行安全性综合评价，尤其是毒理学评价。

1. 每日允许摄入量（ADI） 每日允许摄入量（ADI）是国内外评价食品添加剂安全性的首要和最终依据。ADI是指人每日摄入某物质直至终生而不产生明显危害的每日最大摄入量，以每公斤体重摄入的毫克数表示，单位是mg/kg。

对小动物（大鼠、小鼠等）进行近乎一生的毒性试验，取得动物最大无作用量（MNL），其1/100~1/500即为ADI值。

2. 食品中的最大使用量 最大使用量是指某种添加剂在不同食品中允许使用的最大添加量，以g/kg表示，是食品企业使用食品添加剂的重要依据。最大使用量是根据人们的膳食结构调查结果，以及膳食中含有该物质的各种食品的每日摄取量，制定出每种食品含有该物质的最高允许量，最大使用量略低于最高允许量，是制定使用标准的主要内容。

3. 半致死量（LD_{50}） 半致死量又称半数致死量，亦称致死中量，它是粗略衡量急性毒性高低的一个指标。一般指能使一群被试验动物中毒而死亡一半时所需的最低剂量，其单位是mg/kg（体重）。

试验食品添加剂的LD_{50}值，主要是经口的半数致死量。LD_{50}数值越小，毒物的毒性越强；LD_{50}数值越大，毒物的毒性越低。

拓展阅读

食品添加剂的滥用与使用非法添加剂

案例：《每周质量报告》2003年12月14日报道，浙江温州市的苍南县以生产卤制熟食闻名省内外，这里生产的卤制食品有鸡腿、鸡翅、鸡蛋等。有很多厂家的产品都叫“乡巴佬”。记者发现黑色的卤制熟食添加了来路不明的焦糖色素，而红色的卤制品则使用了化工染料酸性橙。这些产品销往南京、义乌和杭州等地，而且供不应求。

危害：焦糖色素中含有砷、铅、汞等有毒元素，长期食用危害健康。酸性橙是化工原料，不能添加在食品中，其可能含有重金属元素。

第二节 常用的食品添加剂

一、防腐剂

防腐剂是一类能抑制食品中微生物的生长繁殖，防止食品腐败变质，延长食品保存期的物质。根据防腐剂的来源和组成可分为无机防腐剂、有机防腐剂、生物防腐剂等。有机防腐剂主要有苯甲酸及其盐类、山梨酸及其盐类、对羟基苯甲酸酯类、丙酸及其盐类等；无机防腐剂主要指二氧化硫及亚硫酸盐类、亚硝酸盐等；生物防腐剂包括乳酸链球菌和那它霉素等。

我国公布的食品防腐剂允许使用的有 15 种，包括苯甲酸及其钠盐、山梨酸及其钾盐、二氧化硫、焦亚硫酸钠、焦亚硫酸钾、丙酸钠、丙酸钙、对羟基苯甲酸乙酯、对羟基苯甲酸丙酯、脱氢醋酸等。

（一）苯甲酸及其钠盐

1. 性状 苯甲酸又称为安息香酸，分子式 $C_7H_6O_2$，相对分子质量 122.12。纯品为白色有光泽的鳞片状或针状结晶，或单斜棱晶，质轻无味或微带安息香气味，100℃左右开始升华，在酸性条件下容易随着水蒸气挥发。苯甲酸的化学性质稳定，有吸湿性，常温下难溶于水，易溶于乙醇，多使用其钠盐。加入食品后，在酸性条件下，苯甲酸钠转变成具有抗微生物活性的苯甲酸。

苯甲酸及其盐在酸性条件下对细菌的抑制作用较强，pH 为 3 时抑菌作用最强，对酵母和霉菌的抑制作用较弱。苯甲酸进入人体后，能与体内甘氨酸结合生成马尿酸随尿液排出，不在体内蓄积，因而毒性很低，作为食品防腐剂被广泛地使用。

2. 使用 我国《食品安全国家标准 食品添加剂使用标准》（GB 2760—2014）规定的使用范围和最大使用量为（以苯甲酸计）：冰、果酱（除罐头外）、腌制的蔬菜、酱油、醋、果汁，1.0g/kg；低盐酱菜、酱类、蜜饯，0.5g/kg；碳酸饮料，0.2g/kg。

（二）山梨酸及其钾盐

1. 性状 山梨酸的化学名称为 2,4-己二烯酸，又名花楸酸，分子式 $C_6H_8O_2$，相对分子质量 112.13。山梨酸为无色针状结晶或白粉末状结晶，无臭或稍带刺激性气味，耐光，耐热，长期暴露在空气中易被氧化变色，从而降低防腐效果。山梨酸难溶于水，易溶于乙醇和冰醋酸，其钾盐易溶于水。

山梨酸对霉菌、酵母菌和好气性细菌均有抑制作用，但对嫌气性芽孢形成菌与嗜酸杆菌几乎无效。其防腐效果随 pH 升高而降低，pH 为 8 时丧失防腐作用，适用于 pH 在 5.5 以下的食品防腐。山梨酸是一种不饱和脂肪酸，在机体内正常地参加代谢作用，氧化生成二氧化碳和水，不在体内积累，所以几乎无毒。

2. 使用 FAO/WHO 专家委员会已确定山梨酸的每日允许摄入量（ADI）为 25mg/kg。我国《食品安全国家标准 食品添加剂使用标准》（GB 2760—2014）规定的使用范围和最大使用量（均以山梨酸汁）为：肉、鱼、蛋、禽类制品，0.075g/kg；果蔬类保鲜、碳酸饮料，0.2g/kg；酱油、醋、果酱、软糖、鱼干制品、面包、蛋糕、乳酸饮料等，1.0g/kg，酱菜、酱类、蜜饯、果冻，0.5g/kg。

（三）对羟基苯甲酸酯类

1. 性状 对羟基苯甲酸酯又叫尼泊金酯类，是苯甲酸的衍生物，我国允许使用的是尼泊金乙酯和丙酯。对羟基苯甲酸酯为无色结晶或白色结晶粉末，几乎无臭，稍有涩味。难溶于水，可溶于氢氧化钠溶液及乙醇、乙醚、丙酮、冰醋酸、丙二醇等溶剂，其防腐效力较山梨酸和苯甲酸大。

对羟基苯甲酸酯类对霉菌、酵母和细菌有广泛的抗菌作用，对霉菌、酵母菌的作用较强，但对细菌特别是对革兰阴性杆菌及乳酸菌的作用较差。对羟基苯甲酸酯类抑菌作用受 pH 的影响小，在 pH 为 7 或者更高的溶液中，仍具有活性。其抗菌作用一般在 pH 4~8 之间效果较好。对羟基苯甲酸酯具有很多与苯甲酸相同的性质，它们常常一起使用。

2. 使用 对羟基苯甲酸酯在烘焙食品、软饮料、啤酒、橄榄、酸、果酱和果冻以及糖浆中被广泛使用。我国《食品安全国家标准 食品添加剂使用标准》（GB 2760—2014）规定的使用范围和最大使用量（以对羟基苯甲酸计）为：经表面处理的新鲜水果、新鲜蔬菜，0.012g/kg；果酱（罐头除外）、醋、酱油、酱及酱制品、蚝油、虾油、鱼露、果蔬汁（肉）饮料（含发酵型产品）、风味饮料，0.025g/kg；焙烤食品馅料及表面用挂浆（仅限糕点馅），0.5g/kg；碳酸饮料、热凝固蛋制品，0.2g/kg。

（四）丙酸及丙酸盐

1. 性状 丙酸为一元羧酸，化学式为 CH_3CH_2COOH，分子量 74，无色油状液体，有刺激性气味，与水混溶，可混溶于乙醇、乙醚、氯仿。丙酸盐易溶于水，钠盐的溶解度大于钙盐。丙酸钙为白色结晶、白色颗粒或粉末，有轻微丙酸气味，对光、热稳定，有吸湿性，易溶于水，不溶于乙醇。在酸性条件下具有抗菌性，pH 小于 5.5 时抑制霉菌较强，但比山梨酸弱。丙酸钠为白色结晶、白色颗粒或粉末，无臭或微带特殊臭味，极易溶于水、乙醇，在空气中易潮解，水溶液碱性。

丙酸是人体正常代谢的中间产物，可以被代谢和利用，安全无毒。丙酸的抑菌作用较弱，但对霉菌、需氧芽孢杆菌或革兰阴性杆菌有效。丙酸钠对防霉菌有良好的效能，对细菌抑制作用较小，对酵母菌无作用。丙酸钠起防腐作用的是未解离的丙酸，故应在酸性范围内使用。丙酸钙的防腐性能与丙酸钠相同。

2. 使用 我国《食品安全国家标准 食品添加剂使用标准》（GB 2760—2014）规定，丙酸及其钠盐、钙盐的使用范围和最大使用量（以丙酸计）为：豆类制品，2.5g/kg；原粮，1.8g/kg；生湿面制品，0.25g/kg；面包、糕点、醋、酱油，2.5g/kg。

二、抗氧化剂

抗氧化剂是为防止或延缓食品及其成分原料氧化而导致变质所使用的添加剂。它主要用于阻止或延缓油脂的自动氧化，还可以防止食品在储存过程中发生氧化而导致的营养损失、褐变、褪色等。抗氧化剂根据其性质（溶解性）可分为油溶性和水溶性。油溶性抗氧化剂适宜脂类物质含量较多的食品，以避免其中的脂类物质、营养成分在加工和使用过程中被氧化而酸败或分解，使整体食品变味、变质，如丁基羟基茴香醚（BHA）、二丁基羟基甲苯（BHT）、倍酸丙酯（PG）、叔丁基氢醌（TBHQ）等。水溶性抗氧化剂多用于果蔬的加工或贮藏，来消除或减缓因氧化而造成的褐变等变质现象出现，如抗坏血酸、柠檬酸、酒石酸、卵磷脂等。

（一）丁基羟基茴香醚

1. 性状 丁基羟基茴香醚亦称叔丁基-4-羟基茴香醚、丁基大茴香醚，简称 BHA。分子式 $C_{11}H_{16}O_2$，相对分子量 180.25。丁基羟基茴香醚为无色至微黄色结晶或结晶粉末，具有酚类的特异臭味和刺激性味道，不溶于水，可溶于油脂和有机溶剂，溶于丙二醇，成为乳化态。BHA 对热稳定，没有吸湿性，在弱碱性条件下不容易破坏。BHA 具有挥发性，在直线光线长期照射下，色泽会变深。BHA 可以单独使用，与其他抗氧化剂混用，或与增效剂等并用，其抗氧化作用显著增大。BHA 除抗氧化作用外，还有相当强的抗菌性。

2. 使用 我国《食品安全国家标准 食品添加剂使用标准》（GB 2760—2014）规定，丁基羟基茴香醚的使用范围和最大使用量（以油脂中的含量计）为：脂肪、油和乳化脂肪制品、基本不含水的脂肪和油、熟制坚果及籽类、坚果与籽类罐头、油炸面制品、杂粮粉、方便米面制品、饼干、腌腊肉制品类、膨化食品，0.2g/kg；胶基糖果，0.4g/kg。

（二）二丁基羟基甲苯

1. 性状 二丁基羟基甲苯，简称 BHT，分子式 $C_{15}H_{24}O$，相对分子量 220.36。二丁基羟基甲苯为无色或白色结晶粉末，无臭、无味，不溶于水与甘油，可溶于乙醇和各种油脂。二丁基羟基甲苯化学稳定性好，对热稳定，抗氧化效果好，与金属反应不着色，具有单酚型特征的升华性，加热时能与水蒸气一起挥发。它与其他抗氧化剂相比，稳定性较高，耐热性较好，抗氧化作用较强，普通烹调温度对其影响不大。二丁基羟基甲苯没有没食子酸丙酯那样遇金属离子反应着色的缺点，也没有BHA的特异臭，并且价格低廉。但是它的毒性相对较高，为我国主要使用的合成抗氧化剂品种。

2. 使用　我国《食品安全国家标准　食品添加剂使用标准》（GB 2760—2014）规定，BHT的使用范围和最大使用剂量与BHA相同，可用于油脂、油炸食品、干鱼制品、饼干、速煮面、干制食品、罐头的最大使用量为0.2g/kg（以脂肪总量计）。一般与BHA合用，并同柠檬酸或其他有机酸作为增效剂。

（三）没食子酸丙酯

1. 性状　没食子酸丙酯简称PG，亦称桔酸丙酯，分子式$C_{10}H_{12}O$，相对分子质量212.1。没食子酸丙酯为白色至浅黄褐色晶体粉末，或乳白色针状结晶，无臭、微有苦味，水溶液无味，具有吸湿性。易溶于乙醇等有机溶剂，难溶于油脂和水。PG对热比较稳定，易与铜、铁离子发生呈色反应，变为紫色或暗绿色；对光不稳定易分解。PG对猪油的抗氧化效果较BHA、BHT强些，增效剂柠檬酸或与BHA，BHT复配使用抗氧化能力更强。

2. 使用　我国《食品安全国家标准　食品添加剂使用标准》（GB 2760—2014）规定，没食子酸丙酯的使用范围和最大使用量（以油脂中的含量计）为：脂肪、油和乳化脂肪制品、基本不含水的脂肪和油、熟制坚果及籽类、坚果与籽类罐头、油炸面制品、方便米面制品、饼干、腌腊肉制品类、膨化食品，0.1g/kg；胶基糖果，0.4g/kg。与其他抗氧化剂复配使用时，PG不得超过0.05g/kg。

因没食子酸丙酯有与铜、铁等金属离子反应变色的特性，所以在使用时应避免使用铜、铁等金属容器。具有螯合作用的柠檬酸、酒石酸与PG复配使用，不仅起增效作用，而且可以防止金属离子的呈色作用。

（四）L-抗坏血酸及其钠盐

1. 性状　L-抗坏血酸，亦称维生素C，分子式$C_6H_8O_6$，相对分子质量176.13。L-抗坏血酸为白色或略带淡黄色的结晶或粉末，无臭，味酸，遇光颜色逐渐变深，干燥状态比较稳定，但其水溶液很快被氧化分解，在中性或碱性溶液中尤甚。L-抗坏血酸易溶于水，不溶于苯、乙醚等溶剂。抗坏血酸的水溶液由于易被热、光等显著破坏，特别是在碱性及金属存在时更促进其破坏，因此在使用时必须注意避免在水及容器中混入金属或与空气接触。正常剂量的抗坏血酸对人无毒性作用。抗坏血酸及其钠盐不溶于油脂，而且对热不稳定，不能作为无水食品的抗氧化剂使用。

L-抗坏血酸钠为白色或略带黄白色结晶或结晶性粉末，无臭、稍咸；干燥状态下稳定，吸湿性强；较L-抗坏血酸易溶于水，其抗氧化作用与L-抗坏血酸相同。因L-抗坏血酸呈酸性，在不适宜添加酸性物质的食品中可使用本品，例如牛乳等制品。另外，对于肉制品还可以作为发色助剂，同时可以保持肉的风味、增加肉制品的弹性。

2. 使用　我国《食品安全国家标准　食品添加剂使用标准》（GB 2760—2014）规定，L-抗坏血酸作为抗氧化剂的使用范围和最大使用量为：啤酒，0.04g/kg；发酵面制品，0.2g/kg。实际使用中，L-抗坏血酸及其钠盐应用于许多食品中，包括水果、蔬菜、肉、鱼、干果、饮料及果汁等。应用于腌制肉制品，L-抗坏血酸作为发色助剂，使用范围是0.02%~0.05%的添加量。

三、漂白剂

漂白剂是指能破坏或抑制食品的发色因素，使食品褪色或使食品免于褐变的一类物质。漂白剂可分为氧化型漂白剂和还原型漂白剂。氧化型漂白剂是通过本身强烈的氧化作用使着色物质被氧化破坏，从而达到漂白的目的，作用比较强，会破坏食品中的营养成分，残留量也比较大，多用于食品加工设备和食品原料的洗涤，包括漂白粉、过氧化氢、次氯酸钠、高锰酸钾、过硫酸铵、过氧化苯甲酰、二氧化氯、过氧化丙酮等。还原型漂白剂能使着色物质还原而起漂白作用，我国一般实际使用的还原型漂白剂都属于亚硫酸类化合物，如亚硫酸氢钠、亚硫酸钠、低亚硫酸钠、焦亚硫酸钾、二氧化硫等。无论是氧化型漂白剂还是还原型漂白剂除了具有漂白作用外，大多数对微生物也有显著的抑制作用，所以又可把其看作防腐剂。由于还原型漂白剂的特殊性又可将其看作褐变抑制剂和抗氧化剂。

（一）硫磺

1. 性状　硫磺，分子式S，相对分子质量32。硫磺易燃，燃烧产生二氧化硫。熏硫可使果皮表面细胞破坏，促进干燥。在果蔬制品加工中，熏硫时由于二氧化硫的还原作用，可起到对酶氧化系统的破坏、阻止氧化，使果实中单宁类物质不致氧化而变成棕褐色，达到漂白的目的。熏硫可以保存果实中的维生素C，还有抑制微生物的作用。

2. 使用　我国《食品安全国家标准　食品添加剂使用标准》（GB 2760—2014）规定，硫磺的使用范围和最大使用量（只限于熏蒸，最大使用量以二氧化硫残留量计）为：水果干类、粉丝、粉条、食糖，0.1g/kg；蜜饯凉果，0.35g/kg；干制蔬菜，0.2g/kg；经表面处理的鲜食用菌和藻类，0.4g/kg。

（二）二氧化硫

1. 性状　二氧化硫又叫亚硫酸酐，分子式SO_2，相对分子质量64.07。二氧化硫在常温下是一种无色的气体，具有强烈刺激性气味，易溶于水和乙醇，溶于水时一部分与水化合生产亚硫酸，亚硫酸不稳定，加热则又挥发出SO_2。二氧化硫不但是漂白剂，还是防腐剂、抗氧化剂。二氧化硫是一种有害气体，在空气中浓度较高时，对于眼和呼吸道黏膜有强刺激性。

2. 使用　我国《食品安全国家标准　食品添加剂使用标准》（GB 2760—2014）规定，二氧化硫的使用范围和最大使用量（以二氧化硫残留量计）为：经表面处理的鲜水果、蔬菜罐头（仅限竹笋、酸菜）、调味糖浆、半固体符合调味料、干制的食用菌和藻类、食用菌和藻类罐头（仅限蘑菇罐头）、坚果与籽类罐头等，0.05g/kg；水果干类、粉丝、粉条、食糖、腌渍蔬菜、可可制品、糖果等，0.1g/kg；蜜饯凉果，0.35g/kg；干制蔬菜、腐竹类，0.2g/kg；啤酒和麦芽饮料，0.01g/kg。

（三）亚硫酸钠

1. 性状　亚硫酸钠，分子式Na_2SO_3，相对分子质量为129.06，分为无水物与七水合化合物两种。无水物（Na_2SO_3）为无色至白色六角形棱柱结晶或白色粉末；七水合化合物（$Na_2SO_3 \cdot 7H_2O$）为无色单斜晶体。易溶于水，微溶于乙醇，水溶性呈碱性，在空气中缓慢氧化成硫酸盐，与酸反应产生二氧化硫。亚硫酸钠呈碱性，与酸反应产生二氧化硫。亚硫酸钠有强还原性，在被氧化时，将着色物质还原，对氧化酶的活性有很强的阻碍作用，从而呈现强烈的漂白作用。它能消化果蔬组织中的氧，对防止果蔬中维生素C的氧化破坏很有效果。

2. 使用　我国《食品安全国家标准　食品添加剂使用标准》（GB 2760—2014）规定，亚硫酸钠的使用范围和最大使用量同二氧化硫。

（四）低亚硫酸钠和焦亚硫酸钠

1. 性状 低亚硫酸钠俗称保险粉，又称连二亚硫酸钠，分子式为 NaS_2O_4，相对分子质量为 174.11。焦亚硫酸钠又名偏重亚硫酸钠，分子式为 $Na_2S_2O_5$，相对分子质量为 190.09。低亚硫酸钠为白色结晶粉末，有二氧化硫的臭气，易溶于水，几乎不溶于乙醇，在空气中易氧化分解，潮解后析出硫磺。焦亚硫酸钠为白色或黄色结晶粉末或小结晶，带有强烈的 SO_2气味，溶于水，水溶液呈酸性，与强酸接触则放出 SO_2而生成相应的盐类，久置空气中，则氧化成 $Na_2S_2O_6$，故该产品不能久存。

低亚硫酸钠和焦亚硫酸钠在人体内的代谢途径与亚硫酸盐基本相似，但比一般亚硫酸盐有更强的还原性，漂白能力更强。

2. 使用 我国《食品安全国家标准　食品添加剂使用标准》（GB 2760—2014）规定，低亚硫酸钠、焦亚硫酸钠的使用范围和最大使用量同二氧化硫。

四、乳化剂和增稠剂

乳化剂是指具有表面活性，能够促进或稳定乳状液的食品添加剂。食品中常见的乳状液可分为水包油（油/水、O/W）型和油包水（水/油、W/O）型。乳化剂有亲水基团（极性，亲水性）和疏水基团（非极性，亲油性），这两部分分别处在分子的两端，形成不对称结构。亲水基团和亲油基团分别吸附在水和油两相相互排斥的相面上，降低两相的界面张力，使原来不相溶的物质得以混合均匀，形成均质状态的分散体系。乳化剂在食品体系中可以控制脂肪球滴聚集，增加乳状液稳定性；具有控制脂肪结晶，改善以脂类为基质的产品的稠度等多种作用。

（一）单硬脂酸甘油酯

1. 性状 单硬脂酸甘油酯又叫单甘油酯，分子式为 $C_{21}H_{42}O_4$，相对分子质量 358.57。单硬脂酸甘油酯为微黄色蜡状片形或珠形固体，不溶于水，在热水中强烈振荡时可分散在水中，属于 W/O 型乳化剂，本身的乳化性很强，也可与其他乳化剂混合用于 O/W 型乳状液中。可溶于热的有机溶剂，如丙酮、乙醇、油和烃类，在油中达 20% 以上时出现混浊。其酯键在酸、碱、酶催化下可以水解，和脂肪酸盐共存时，单酯率降低，这是因为发生了酰基转移反应。

2. 使用 单甘酯具有乳化、分散、稳定、起泡、消泡、抗淀粉老化等性能。通常应用于制造人造奶油、冰淇淋及其他冷冻甜食等。我国《食品安全国家标准　食品添加剂使用标准》（GB 2760—2014）规定，单、双甘油脂肪酸酯（油酸、亚油酸、柠檬酸、亚麻酸、棕榈酸、山嵛酸、硬脂酸）的使用范围和最大使用量为：发酵乳、香辛料类，5.0g/kg；其他糖和糖浆，6.0g/kg；生干面制品，30.0g/kg；黄油和浓缩黄油，为 20.0g/kg；稀奶油、生湿面制品、婴幼儿配方食品、婴幼儿辅助食品、咖啡饮料类按生产需要适量使用。

（二）硬脂酰乳酸钠

1. 性状 硬脂酰乳酸钠为白色或微黄色粉末或脆性固体，略有焦糖味。在水中不溶解，但能分散在热水中，吸湿性强，能溶于热的油脂中。硬脂酰乳酸钠的亲水性极强，能在油滴与水之界面上形成稳定的液晶相，生成稳定的 O/W 乳状液。由于它具有很强的复合淀粉的能力，因此通常应用于焙烤与淀粉工业。

2. 使用 我国《食品安全国家标准　食品添加剂使用标准》（GB 2760—2014）规定，硬脂酰乳酸钠、硬脂酰乳酸钙的使用范围和最大使用量为：调味乳、风味发酵乳、冰淇淋、雪糕类、果酱、干制蔬菜（仅限脱水马铃薯粉）、装饰糖果、专用小麦粉、生湿面制品、发酵面制品、面包、糕点、饼干、肉灌肠类、风味饮料等，2.0g/kg；稀奶油、调制稀奶油、稀奶油类制品、水油状脂肪乳化制品，5.0g/kg；植物油脂，0.3g/kg。

（三）大豆磷脂

1. 性状 大豆磷脂又叫作大豆卵磷脂，简称磷脂，实际上应用的是一些磷脂的混合物，它包括磷脂酰胆碱（卵磷脂，PC）、磷脂酰乙醇胺（脑磷脂，PE）、磷脂酰肌醇（PI）以及磷脂酰丝氨酸等，商品粗卵磷脂一般还含有少量甘油三酯、脂肪酸、色素、碳水化合物以及甾醇。大豆磷脂是精炼大豆油的副产品，为淡黄色、棕色透明或不透明黏稠物质，稍有特异臭，不溶于水，吸水膨润，溶于乙醚和石油醚，可溶于热的植物油，难溶于乙醇和丙酮。

2. 使用 磷脂是W/O及O/W两用类型都可使用的乳化剂，在食品配方中，卵磷脂添加量一般为0.1%~0.3%，广泛应用于制造糖果、人造奶油、饼干和糕点等。为了增强乳状液的能力，可将卵磷脂与其他乳化剂复合使用。

我国《食品安全国家标准　食品添加剂使用标准》（GB 2760—2014）规定，磷脂的使用范围和最大使用量为：稀奶油、氢化植物油、婴幼儿配方食品、婴幼儿辅助食品，按生产需要适量使用。

增稠剂就是指能提高食品黏稠度或形成凝胶，使其均匀分布的物质，俗称糊料。增稠剂是一类亲水胶体大分子。食品中用的增稠剂大多属多糖类，在水中有显著的溶解性，因而具有增加水相黏度的能力；亲水大分子之间的相互作用和与水相互作用的结果，使一些亲水大分子在某些条件下具有很强的凝胶形成能力。增稠剂分为天然的和合成的，天然来源的增稠剂大多数是由植物、海藻或微生物提取的多糖类物质，如明胶、卡拉胶、海藻胶、果胶等；合成的主要是一些化学衍生胶，如羧甲基纤维素钠、海藻酸丙二醇酯等。

（四）明胶

1. 性状 明胶为动物的皮、骨、软骨、韧带、肌膜等含有的胶原蛋白，经部分水解后得到的高分子多肽的高聚物，为白色或淡黄色、半透明、微带光泽的薄片或粉粒，有特殊的臭味，潮湿后易被细菌分解。明胶不溶于冷水，但加水后可缓慢吸收而膨胀软化，在热水中溶解，溶液冷却后即凝结成胶块。不溶于乙醇、乙醚、氯仿等有机溶剂，但溶于醋酸、甘油。

2. 使用 明胶在冰淇淋混合原料中的用量一般在0.5%左右，如用量过多可使冻结搅打时间延长。在软糖生产中，一般用量为1.5%~3.5%，个别的可高达12%。某些罐头中用明胶作为黏着剂，用量为1.7%。火腿罐头中加入明胶可形成透明度良好的光滑表面。我国《食品安全国家标准　食品添加剂使用标准》（GB 2760—2014）规定，明胶作为增稠剂按生产需要适量使用。

（五）海藻酸及其盐类

1. 性状 海藻酸又叫褐藻酸、海藻胶。海藻酸是存在于海藻细胞壁中的一种多糖类胶体。海藻酸和海藻酸钙不溶于水，其他盐是水溶性的。海藻酸钠为白色或淡黄色粉末，几乎无臭，缓慢地溶于水，形成黏稠状溶液，黏性在pH6~9稳定，加热至80℃以上黏性降低；水溶液放置时间过长，黏度会降低。海藻酸钠有吸湿性，是水合力强的亲水性高分子。

2. 使用 海藻酸盐与两价阳离子能在室温下形成凝胶，凝胶的强度取决于溶液的浓度、pH、钙浓度、温度等。海藻酸盐与淀粉的黏结力很强，当用于饼馅制作时，可产生一种松脆、不胶黏的口感；用于面条制作，可大大加强咀嚼力。我国《食品安全国家标准　食品添加剂使用标准》（GB 2760—2014）规定，海藻酸钠的使用范围和最大使用量为：稀奶油、黄油和浓缩黄油、生湿面制品、生干面制品、香辛料类，按生产需要适量使用；其他糖和糖浆，最大使用量为10.0g/kg。

（六）羧甲基纤维素钠

1. 性状 羧甲基纤维素钠又名纤维素胶，简称 CMC-Na，是由 2 个葡萄糖组成的多个纤维二糖构成的天然高分子化合物。羧甲基纤维素钠为白色纤维状或颗粒状粉末，无臭无味，有吸湿性，在水中分散可形成透明的胶体溶液，加热至226℃左右时颜色变成褐色，不溶于乙醇。羧甲基纤维素钠溶液的黏度受分子量、浓度、温度及 pH 的影响，与明胶、黄原胶、卡拉胶、海藻酸钠、果胶等绝大多数亲水胶配合时，具有明显的协同增效作用。

2. 使用 一般在 pH 5~10 范围内的食品中应用。面条、速食米粉中 0.1%~0.2%、冰淇淋中 0.1%~0.5%，还可在果奶等蛋白饮料、粉状食品、酱、面包、肉制品等中应用，价格比较便宜。我国《食品安全国家标准　食品添加剂使用标准》（GB 2760—2014）规定，羧甲基纤维素钠的使用范围和最大使用量为：稀奶油，按生产需要适量使用。

（七）琼脂

1. 性状 琼脂又称琼胶、冻粉和洋菜，其基本化学组成是以半乳糖为骨架的多糖，主要成分为琼脂糖和琼脂胶。琼脂为无色透明或类白色、淡黄色透明细长薄片，或为鳞片状无色或淡黄色粉末，无臭，味淡，口感黏滑，不溶于冷水，在沸水中可吸收 20 倍的水分而膨胀。在凝胶状态下不发生水解，也不降解，耐高温，其耐酸性比明胶和淀粉高，但比果胶和海藻酸丙二醇酯低。

2. 使用 琼脂所形成的凝胶是胶类中强度最高的，可制作许多坚韧而富有弹性的果冻食品。我国《食品安全国家标准　食品添加剂使用标准》（GB 2760—2014）规定，琼脂作为增稠剂，可在各类食品中按生产需要适量使用。

五、甜味剂

甜味剂是以赋予食品甜味为主要目的的食品添加剂。按其来源可分为天然甜味剂和合成甜味剂两类。天然甜味剂，如蔗糖、果糖、葡萄糖、甜菊糖苷、山梨糖醇等；人工合成甜味剂主要是一些具有甜味的化学物质，甜度一般比蔗糖高数十倍至数百倍，但不具任何营养价值，如糖精钠、环已基氨基磺酸钠等。

甜度的基准物质是蔗糖，以蔗糖的甜度为 1 时，得到其他甜味剂的相对甜度见表 10-1。

表 10-1　常见甜味剂的相对甜度表

甜味剂	相对甜度	甜味剂	相对甜度
蔗糖	1	阿斯巴甜	180~200
木糖醇	1.0	甘草（甘草甜素）	200~300
果糖	1.5	糖精	200~700
半乳糖	0.6	甜菊糖苷	300
环已基氨基磺酸钠	30~40	1,4,6-三氯代蔗糖	2000
葡萄糖	0.7	山梨糖醇	0.5~0.7

（一）糖精与糖精钠

1. 性状 糖精的化学名为邻-磺酰苯甲酰亚胺，糖精钠的分子式 $C_7H_4NNaO_3S \cdot 2H_2O$，相对分子质量为 241.21。糖精在水中溶解度极低，水溶液呈酸性。糖精钠为无色至白色结晶或晶体粉末，无臭或微有芳香气味，糖精钠易溶于水，稳定性好，在水中离解出来的阴离子具有极强的甜味，甜度为蔗糖的 200~700 倍，高浓度的水溶液有苦味，因此，糖精钠的使用浓度应低于 0.02%。糖精钠不参与体内代谢，食用后半小时即可从尿中排出，24 小时可排出90%，48小时可全部排出体外，但糖精在生产过程中产生的中间体对人体健康有危害。

2. 使用 糖精钠最大的优点是具有极高的稳定性，酸性食品、焙烤食品均可使用。糖精钠与其他甜味剂以适当的比例混合，可以调配出接近蔗糖的甜味。我国《食品安全国家标准 食品添加剂使用标准》（GB 2760—2014）规定，糖精钠的使用范围和最大使用量（以糖精计）为：冷冻饮品（除食用冰外）、面包、糕点、饼干、腌渍的蔬菜、复合调味料、饮料类、配制酒，0.15g/kg；水果干类（除芒果干、无花果干外）、蜜饯凉果、新型豆制品、熟制豆类，1.0g/kg；带壳熟制坚果及籽类，1.2g/kg；果酱，0.2g/kg。

（二）环己基氨基磺酸钠

1. 性状 环己基氨基磺酸钠，又称甜蜜素，分子式 $C_6H_{12}NNaO_3S$，相对分子质量为201.23。环己基氨基磺酸钠为白色结晶或白色晶体粉末，无臭，易溶于水，味甜，甜度约为蔗糖的30~40倍，使用浓度应大于0.4%时，溶液带苦味。环己基氨基磺酸钠对热、光、空气稳定，碱性条件下稳定，在酸性条件下略有分解。环己基氨基磺酸钠溶于亚硝酸盐、亚硫酸盐含量高的水中时，会产生石油或橡胶样的气味。环己基氨基磺酸钠进入人体后由尿（40%）和粪便（60%）排出，无营养作用，摄入过量对人体的肝脏和神经系统可能造成危害。

2. 使用 环己基氨基磺酸钠的优点是甜味好，有一定后苦味，因而常与糖精以9∶1或10∶1的比例混合使用，可使味质提高。我国《食品安全国家标准 食品添加剂使用标准》（GB 2760—2014）规定，环己基氨基磺酸钠（也可用环己基氨基磺酸钙）的使用范围和最大使用量（以环己基氨基磺酸计）为：冷冻饮品（除食用冰外）、水果罐头、腌渍的蔬菜、腐乳类、面包、糕点、饼干、复合调味料、饮料类、配制酒，0.65g/kg；果脯、蜜饯凉果，1.0g/kg；凉果类、话化类，8.0g/kg；带壳熟制坚果及籽类，6.0g/kg；脱壳熟制坚果及籽类，1.2g/kg。

（三）天门冬酰苯丙氨酸甲酯

1. 性状 天门冬酰苯丙氨酸甲酯，又称甜味素、阿斯巴甜、蛋白糖，分子式 $C_{14}H_{18}N_2O_5$，相对分子质量为294.31。天门冬酰苯丙氨酸甲酯为白色晶体粉末，无臭，微溶于水、乙醇。有很强的甜味，稀溶液甜度约为蔗糖的100~200倍。甜味和蔗糖接近，无苦后味，与糖、糖醇、糖精等合用有协同作用，其钠钾盐风味更好，溶解度更大。天门冬酰苯丙氨酸甲酯在低温和pH为3~5的条件下较稳定，干燥条件下可长期保存，但温度过高时稳定性较差，结构会发生破坏生成无甜味的三酮哌嗪。在水溶液中不稳定，易分解从而失去甜味。天门冬酰丙苯氨酸甲酯进入人体后会被小肠内的胰凝乳蛋白酶分解，ADI为0.4g/kg。

2. 使用 天门冬酰丙苯氨酸甲酯较适合用于偏酸性的冷饮制品。有防止肥胖症、糖尿病及防龋齿作用，常用于饮料、糖果、蜜饯、果冻、果酱、口香糖等。我国《食品安全国家标准 食品添加剂使用标准》（GB 2760—2014）规定，天门冬酰丙苯氨酸甲酯可在各类食品中按生产需要适量使用。

（四）甜菊糖苷

1. 性状 甜菊糖苷是从天然甜料植物甜叶菊中提取出来的一类物质，分子式 $C_{38}H_{60}O_{18}$，相对分子质量为804.88。甜菊糖苷为白色至浅黄色晶体粉末，热稳定性强，易溶于水和乙醇，有吸湿性，在酸性和碱性条件下都比较稳定。其甜度约为蔗糖的300倍，甜味纯正，残味存留时间较蔗糖长，后味可口。甜菊糖苷食用后不被人体吸收，较安全、无毒。

2. 使用 甜菊糖苷对其他甜味剂有改善和增强作用，与柠檬酸复配可改善甜味，主要用于糖果、糕点、调味品、饮料类（包装饮用水除外）、膨化食品，是肥胖症、糖尿病患者的良好天然甜味剂。我国《食品安全国家标准 食品添加剂使用标准》（GB 2760—2014）规定，甜菊糖苷可作为甜味剂按生产需要适量使用。

（五）木糖醇

1. 性状 木糖醇是木糖代谢的中间产物，分子式 $C_5H_{18}O_5$，相对分子质量为 152.15。木糖醇为白色粉末或白色晶体五碳糖醇。易溶于水，微溶于乙醇，有吸湿性，pH 为 3~8 时热稳定性好。木糖醇是糖醇中最甜的一种，具有清凉甜味，进入人体后不会产生热量，不被口腔中微生物代谢，有防龋齿作用。

2. 使用 木糖醇主要作为糖的替代物添加于口香糖、硬糖中，在人体内代谢时不产生胰岛素响应，可作为糖尿病患者的糖类替代品。我国《食品安全国家标准 食品添加剂使用标准》（GB 2760—2014）规定，木糖醇可作为甜味剂在各类食品中按生产需要适量使用。

六、膨松剂

膨松剂又称膨发剂、疏松剂，指在食品加工中能使面胚发起，形成致密多孔组织，使制品具有膨松、柔软或酥脆特征的一类物质。膨松剂又是糕点、饼干生产中主要的添加剂，通常在和面过程中加入，当烘烤加热时膨松剂受热分解，产生气体使面坯膨化，在内部形成均匀致密的多孔性组织，从而使成品具有酥脆疏松的特点。膨松剂可分为碱性膨松剂和复合疏松剂两大类，前者主要是碳酸氢钠、碳酸氢铵等，后者则通常由碳酸盐、酸性物质和淀粉等物质组成。

（一）碳酸氢钠

1. 性状 碳酸氢钠又称食用小苏打，分子式 $NaHCO_3$，相对分子质量为 84.01。碳酸氢钠为白色结晶性粉末，无臭，味咸，在潮湿和热空气中会缓慢分解产生 CO_2。遇酸会强烈分解产生 CO_2，水溶液呈碱性，易溶于水。碳酸氢钠分解后会产生碳酸钠，使食品的碱性增大，不但会影响口感，还会破坏某些维生素，使用不当会使食品发黄或者有黄色斑点。碳酸氢钠一般使用无毒，过量使用会造成碱中毒，损害肝脏。

2. 使用 碳酸氢钠用于饼干、糕点时，多与碳酸氢铵合用，溶于冷水后添加到食品中，可使膨松剂分散均匀，且可防止黄色斑点出现。碳酸氢钠还可以用作酸度调节剂、稳定剂。我国《食品安全国家标准 食品添加剂使用标准》（GB 2760—2014）规定，碳酸氢钠可在需要添加膨松剂的各类食品中按生产需要适量使用。

（二）碳酸氢铵

1. 性状 碳酸氢铵又称酸式碳酸铵，俗称食臭粉、臭碱，分子式 NH_4HCO_3，相对分子质量为 79.06。碳酸氢铵为白色结晶性粉末，略带氨臭，易溶于水，不溶于乙醇。室温下稳定，在空气中易风化，稍吸湿，对热不稳定，可分解为氨、CO_2和水，残留后可使食品带有异臭，影响口感，故适用于含水量较少的食品。碳酸氢铵在食品中残留较少，对人体健康无影响。

2. 使用 碳酸氢铵分解后产生的气体的量比碳酸氢钠多，容易造成成品内部或表面出现大的空洞，且产生刺激性的氨气，实际使用中，碳酸氢铵多与碳酸氢钠或发酵粉配合使用。我国《食品安全国家标准 食品添加剂使用标准》（GB 2760—2014）规定，碳酸氢铵可在各类食品中按生产需要适量使用。

（三）复合膨松剂

1. 性状 复合膨松剂一般由碳酸盐类、酸类物质和助剂等三部分物质组成。碳酸盐类常用碳酸氢钠20%～40%，其作用是产生CO_2；酸性盐或有机酸类，常用的酸性物质是柠檬酸、酒石酸、乳酸、酸性磷酸钙及明矾等，用量占35%～50%，作用是与碳酸盐反应产生气体，并降低成品的碱性，控制反应速度和膨松剂的作用效果；助剂包括淀粉、脂肪酸等，用量占10%～40%，作用是改善膨松剂的保存性，防止其吸潮、结块、失效，也可调节气体产生的速度，使气泡均匀产生。

膨松剂中的铝对人体健康不利，因而人们正在研究减少硫酸铝钾和硫酸铝铵等在食品生产中的应用。

2. 使用 我国《食品安全国家标准 食品添加剂使用标准》(GB 2760—2014) 规定，复合膨松剂可用于油炸食品、水产品、豆制品、发酵粉、膨化食品、虾片。在油炸食品中正常使用量为6g/kg，油条为10～30g/kg。

七、食品着色剂

食品着色剂又称食用色素，是使食品赋予色泽和改善食品色泽的食品添加剂。食用色素使食品有悦目的色泽，对增加食品的嗜好性及刺激食欲有重要意义。着色剂按来源可分为人工合成着色剂和天然着色剂。按结构，人工合成着色剂又可分类偶氮类、氧蒽类和二苯甲烷类等；天然着色剂又可分为吡咯类、多烯类、酮类、醌类和多酚类等。按着色剂的溶解性可分为脂溶性着色剂和水溶性着色剂。

天然着色剂直接来自动植物，除藤黄外，其余对人体无毒害。目前允许使用的天然色素有姜黄、红花黄色素、辣椒红色素、虫胶色素、红曲米、酱色、甜菜红、叶绿素铜钠盐和β-胡萝卜素。由于其对光、热、酸、碱等敏感，所以在加工、贮藏过程中很容易褪色和变色，影响了其感官性能。因此在食品中有时添加人工合成着色剂，人工合成着色剂种类繁多，我国允许使用的包括胭脂红、柠檬黄、日落黄、苋菜红、赤藓红、靛蓝、亮蓝等。

（一）苋菜红

1. 性状 苋菜红又称鸡冠花红、蓝光酸性红，相对分子质量604.48，属偶氮类着色剂。苋菜红为红棕色粉末或颗粒，无臭，易溶于水，0.01%水溶液呈玫瑰红色，可溶于甘油，微溶于乙醇，不溶于油脂。耐光、耐热，在柠檬酸、酒石酸中稳定，但在碱性条件下呈暗红色，在盐酸中发生黑色沉淀，对氧化-还原作用敏感，遇铜、铁离子易褪色，易被细菌分解，所以不适用于发酵食品。

2. 使用 最近几年对苋菜红进行的毒性慢性试验，发现它能使受试动物致癌致畸，因而对其安全性问题产生争议。我国和其他很多国家目前仍广泛使用这种色素，我国卫生法规定苋菜红在食品中的最大允许用量为50mg/kg，主要限用于糖果、汽水和果子露等食品种类中。

（二）胭脂红

1. 性状 胭脂红又叫丽春红4R，相对分子质量604.48，属偶氮类着色剂。胭脂红为红色颗粒或粉末，无臭，易溶于水，水溶液呈红色，微溶于乙醇，不溶于油脂。耐光性较好，对柠檬酸、酒石酸稳定，耐热性、耐还原性、耐细菌性较差，遇碱、强酸会变成褐色，对氧化-还原作用敏感。

2. 使用 我国《食品安全国家标准 食品添加剂使用标准》(GB 2760—2014) 规定胭脂红最大允许用量为50mg/kg，主要用于饮料、配制酒、糖果等食品中。

（三）柠檬黄

1. 性状 柠檬黄又称酒石黄，相对分子质量534.36，属偶氮类着色剂。柠檬黄为橙黄色颗粒或粉末，无臭，易溶于水，中性和酸性水溶液呈金黄色，微溶于乙醇、油脂。耐光、耐热性强，在柠檬酸、酒石酸中稳定，遇碱稍变红，还原时褪色。

2. 使用 柠檬黄是着色剂中最稳定的一种，可与其他合成着色剂复合使用，调色性能优良，易着色，且色牢度高。人体每日允许摄入量（ADI）<7.5mg/kg，最大允许使用量为100mg/kg 食品，主要用于饮料、配制酒、糖果等食品中。

（四）日落黄

1. 性状 日落黄又叫橘黄，晚霞黄，相对分子质量452.38，属偶氮类着色剂。柠檬黄为橙红色颗粒或粉末，无臭，易溶于水，中性和酸性水溶液呈橘黄色，微溶于乙醇，不溶于油脂。耐光、耐热性强，在柠檬酸、酒石酸中稳定，遇碱变为褐色，还原时褪色。

2. 使用 ADI 为0~2.5mg/kg，可用于饮料、配制酒、糖果等食品中，最大允许使用量为100mg/kg。

（五）靛蓝

1. 性状 靛蓝又叫酸性靛蓝，磺化靛蓝，食品蓝，相对分子质量466.35，属于靛类着色剂。靛蓝为蓝色至深紫褐色均匀粉末，无臭，溶解度较低，温度21℃时溶解度为1.1%，中性水溶液呈蓝色，酸性时呈蓝紫色，碱性时呈绿色至黄绿色。溶于甘油、丙二醇，稍溶于乙醇，不溶于油脂。耐热、耐光、耐酸、耐碱性差，易还原，吸湿性强，在中性或碱性水溶液中能被亚硫酸钠还原成无色，在空气中氧化后可复色。

2. 使用 靛蓝易着色，有独特的色调，染着力好，常与其他色素配合使用以调色。ADI<2.5mg/kg，我国规定最大允许使用量为100mg/kg。

（六）赤藓红

1. 性状 赤藓红又叫樱桃红，由荧光素经碘化而成，相对分子质量897.88，属氧蒽类色素。赤藓红为红到红褐色颗粒或粉末，无臭，易溶于水，溶于乙醇、甘油、丙二醇，不溶于油脂。耐热、耐碱、耐还原性，耐光性和耐酸性差，在酸性溶液中可发生沉淀，因而不宜用于酸性强的清凉饮料和水果糖着色，比较适合于需高温烘烤的糕点类等食品的着色。

2. 使用 赤藓红在消化道中不易吸收，即使吸收也不参与代谢，故被认为是安全性较高的合成色素。ADI<2.5mg/kg（FAD/WHO，1972），用于饮料、配制酒和糖果等食品中，最大允许使用量为50mg/kg。

重点小结

本章介绍了食品添加剂的定义及特点、食品添加剂的作用及分类、食品添加剂的使用标准，重点介绍了防腐剂、抗氧化剂、漂白剂、乳化剂和增稠剂、甜味剂、膨松剂、着色剂的概念、常见添加剂的形状及使用。

一、概述

1. 食品添加剂的定义 我国《食品卫生法》规定食品添加剂的定义是：为改善食品品质和色、香、味，以及为防腐、保鲜和加工工艺的需要而加入食品中的人工合成或者天然物质。

2. 食品添加剂的分类

（1）按来源分：天然食品添加剂、人工合成食品添加剂。

（2）按功能分：目前我国食品添加剂有23个类别，2000多个品种。

（3）依据其毒性分类：FAO（联合国粮农组织）/WHO（世界卫生组织）根据安全评价资料把食品添加剂分成A类、B类、C类。

3. 食品添加剂的使用标准

（1）使用标准：我国现行的国家标准是《食品安全国家标准　食品添加剂使用标准》（GB2760 —2014）。

（2）食品添加剂的毒性及其评价包括：每日允许摄入量（ADI）、食品中的最大使用量、半致死量（LD_{50}）。

二、常用的食品添加剂

主要介绍了以下常用食品添加剂的性状及使用情况。

1. 防腐剂　苯甲酸及其钠盐、山梨酸及其钾盐、对羟基苯甲酸酯类、丙酸及丙酸盐。

2. 抗氧化剂　丁基羟基茴香醚（BHA）、二丁基羟基甲苯（BHT）、没食子酸丙酯（PG）、L-抗坏血酸及其钠盐。

3. 漂白剂　硫黄、二氧化硫、亚硫酸钠、低亚硫酸钠和焦亚硫酸钠。

4. 乳化剂和增稠剂　单硬脂酸甘油酯、硬脂酰乳酸钠、大豆磷脂。

5. 增稠剂　明胶、海藻酸及其盐类、羧甲基纤维素钠、琼脂。

6. 甜味剂　糖精与糖精钠、环己基氨基磺酸钠（又称甜蜜素）、天门冬酰苯丙氨酸甲酯（又称甜味素、阿斯巴甜、蛋白糖）、甜菊糖苷、木糖醇。

7. 膨松剂　碳酸氢钠、碳酸氢铵、复合膨松剂。

8. 食品着色剂　苋菜红、胭脂红、柠檬黄、日落黄、赤藓红、靛蓝。

目标检测

一、填空

1. 按来源分，食品添加剂可分为 ________ 和 __________ 两类。
2. 可根据 LD_{50} 数据大小来判定受试物毒性大小，LD_{50} 数据愈小，则该受试物的毒性愈__________。
3. 食品添加剂是指为改善食品品质和__________，以及为________和 ________的需要而加入食品中的人工合成或者天然物质。

二、判断题

1. 食品添加剂指为改善食品品质和色、香、味以及为防腐、保鲜和加工工艺的需要而加入食品中的化学合成物质。(　　)
2. 食品添加剂是人为加入食品中的，不包括污染物。(　　)
3. 食品添加剂是人为加入食品中的，不包括污染物、营养强化剂。(　　)

实验指导

实验一　水分活度的测定

一、目的要求

1. 进一步理解水分活度的概念和扩散法测定水分活度的原理。

2. 学会测定食品中水分活度的基本方法。

二、实验原理

水分活度反映了食品中水的存在状态，可以作为衡量微生物利用食品水分的指标，控制水分活度对食品的贮藏具有重要意义。无论干燥或新鲜食品中的水分，都会随着环境条件的变动而变化，当环境空气干燥湿度低（空气相对湿度低于食品的水分活度）时，食品中的水分向空气蒸发，食品的质量减轻；反之，食品从空气中吸收水分，质量增加，直到食品与环境中水分达到平衡为止。

根据这一原理，食物在康维氏微量扩散皿的密封和恒温条件下，分别向 A_w 较高或较低的标准饱和溶液中扩散，当达到平衡后，依据样品在高 A_w 标准饱和溶液中质量的增加和在低 A_w 标准饱和溶液中质量的减少，则可计算出样品的 A_w。

三、仪器材料与试剂

1. 仪器材料　分析天平、恒温箱、康维氏微量扩散皿、方格坐标纸、小玻璃皿或小铝皿、凡士林、水果、蔬菜。

2. 试剂　三种标准饱和盐溶液及 A_w 值（25℃）：硝酸钾（KNO_3）0.924、碳酸钾（$K_2CO_3 \cdot 2H_2O$）0.427、氢氧化钠（NaOH）0.070。

四、实验方法

1. 在3个康维皿外室分别加入 A_w 高、中和低的3种标准饱和盐溶液5.0ml，并在磨口处涂一层凡士林。

2. 将3个小玻璃皿准确称重，然后分别称取1g的试样放入上述康维皿内，迅速依次地放入上述3个康维皿的内室中，立即加盖密封。记录每个扩散皿中小玻璃皿和试样的总质量。

3. 在25℃的恒温箱中放置（2±0.5）小时后，取出小玻璃皿准确称重。以后每隔30分钟称重一次，至恒重为止。记录每个扩散皿中小玻璃皿和试样的总质量。

4. 结果处理：

（1）计算每个康维皿中试样的质量增减值。

（2）以各种标准饱和盐溶液在25℃时的 A_w 为横坐标，被测试样的增减质量 Δm 为纵坐标作图。将各点连成一条直线，此线与横坐标的交点即为被测试样的 A_w 值。

例如：3种饱和盐为 $MgCl_2 \cdot 6H_2O$、$Mg(NO_3)_2 \cdot 6H_2O$、NaCl，试样在其中平衡后分别减少20.2mg、5.2mg和增加11.1mg。查出3种标准饱和盐溶液的 A_w 分别为0.33、0.53、

0.75。作图，交点 D 为试样的 A_w 值。

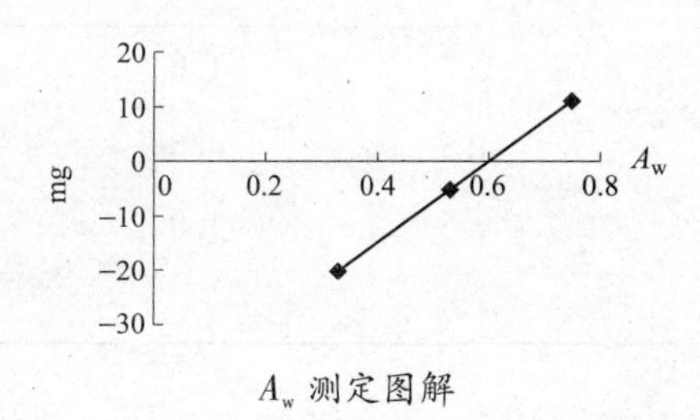

A_w 测定图解

五、说明

1. 称重要精确、迅速。
2. 扩散皿密封性要好。
3. 对试样的 A_w 值范围预先有一定估计，以便正确选择标准饱和盐溶液。

六、思考题

1. 水分活度的定义和表达式是什么？
2. 测定食品水分活度有何意义？

实验二　分光光度计对溶液浓度的测定

一、目的要求

1. 熟练掌握分光光度计的使用。
2. 学会用分光光度法测定溶液的浓度。

二、实验原理

依据朗伯-比耳定律，即当一束单色光通过溶液介质时，部分光能被溶液吸收，吸收的比值（透射光/入射光）和入射光的强度无关，但与溶液的厚度及溶液的浓度成正比。通过测定物质的吸光度，可以推测出被测物质的浓度。硫酸铜溶液显蓝色，在稀溶液的范围内，硫酸铜溶液的吸光度与其浓度成正比。

$$A = K \cdot c \cdot L$$

式中：A 是吸光度值；c 是溶液浓度；L 是溶液厚度；K 是吸光系数。

三、仪器与试剂

1. 仪器　721 型分光光度计，移液管。

2. 试剂　5% $CuSO_4$溶液（ml），蒸馏水，未知浓度的 $CuSO_4$溶液。

四、实验方法

1. 标准曲线法　首先配制一系列标准浓度由小到大的标准溶液，分别测出它们的吸光度。然后以各管的吸光度为纵坐标，各管的浓度为横坐标，在方格坐标纸上作图得出标准曲线。

取 5 支试管，按下表配制不同浓度的标准液。

加入试剂（ml）	空白管	1	2	3	4
5% $CuSO_4$	—	0.5	1.0	1.5	2.0
蒸馏水	5.0	4.5	4.0	3.5	3.0
相当浓度（%）	—	0.5	1.0	1.5	2.0
A_{650nm}	—				

将各管混匀，选用波长650nm比色，以空白管调零，记录各管的吸光度，以各管的吸光度A_{650nm}为纵坐标，硫酸铜浓度c为横坐标，在坐标纸上绘制标准曲线。

通过测定未知硫酸铜溶液的吸光度（A值），在标准曲线上查出未知硫酸铜溶液的浓度。

2. 公式计算法（标准对比法） 以一个已知的标准溶液和待测溶液，在同等实验条件下测得其吸光度值，根据朗伯-比耳定律，通过公式进行计算，求出待测溶液的浓度。

取3支试管，按下表操作。

试剂（ml）	空白管	标准管	测定（未知）
蒸馏水	4	—	—
1% $CuSO_4$	—	4	—
未知 $CuSO_4$	—	—	4
A_{650nm}			

将各管混匀，选用波长650nm比色，以空白管调零，记录各管的吸光度。利用公式计算未知硫酸铜浓度（g%）。

五、说明

1. 在制作标准曲线时，至少需配制4~5种浓度递增的标准溶液。测出的数据至少有3个点落在直线上，否则误差大。

2. 测定应在同一台仪器上进行。

六、思考题

1. 朗伯-比耳定律的内容及公式是什么？

2. 分光光度法对未知浓度物质进行比色测定时为什么要设置空白管？为什么要设置标准溶液？有什么意义？

实验三　美拉德反应初始阶段的测定

一、目的要求

1. 了解和掌握美拉德反应原理。

2. 加深对美拉德反应影响因素的认识。

二、实验原理

美拉德反应即蛋白质和氨基酸或胺与碳水化合物之间的相互作用。美拉德反应起始阶段以无紫外线吸收的无色溶液为特征，且随反应不断进行还原力增强。溶液颜色变黄，在近紫外区吸收增大，同时还有少量糖脱水变成5-羟甲基糠醛（HMF），以及发生键断裂形成二羰基化合物和色素的初产物，最后生成类黑精色素。本实验利用模拟实验：即葡萄糖与赖氨酸在一定 pH 缓冲液中加热反应，一定时间后测定 HMF 的含量和在 285nm 紫外吸光值。

HMF 的测定方法是根据 HMF 与对-氨基甲苯和巴比妥酸在酸性条件下的呈色反应。此反应的最大吸收波长为 550nm 的紫红色。

三、仪器材料与试剂

1. 仪器　分光光度计、水浴锅、试管。

2. 试剂

（1）巴比妥酸溶液：称取巴比妥酸 500g，加水约 70ml，在水浴上加热使其溶解，冷却后移入 100ml 容量瓶中，定容。

（2）对-氨基甲苯溶液：称取对-氨基甲苯 10. 0g，加 50ml 异丙醇，水浴上慢慢加热至溶解，冷却后移入 100ml 容量瓶中，加冰醋酸 10ml，然后用异丙醇定容。溶液置于暗处保存 24 小时后使用。

（3）1. 0mol/L 葡萄糖溶液；0. 1mol/L 赖氨酸溶液；亚硫酸溶液；冰醋酸；异丙醇。

四、实验内容方法

1. 取 5 支试管，分别加入 5ml 1. 0mol/L 葡萄糖溶液和 0. 1mol/L 赖氨酸溶液，编号为 A_1，A_2，A_3，A_4，A_5。A_2，A_4调 pH 9. 0，A_5加亚硫酸溶液。5 支试管置于 90℃ 水浴锅中并计时，反应 1 小时，取出 A_1、A_2、A_5管，冷却后测定他们的 258nm 紫外吸光值和 HMF 值。

2. HMF 的测定：A_1，A_2，A_5各取 2. 0ml 于 3 支试管中，加对-氨基甲苯溶液 5ml。然后分别加入巴比妥酸溶液 1ml，另取 1 支试管加前两种溶液（不加巴比妥酸），再加 1ml 水，充分震荡试管，测定再 550nm 的吸光值，比较 A_1，A_2，A_5中 HMF 的含量可看出美拉德反应与哪些因素有关。

3. A_3、A_4两试管继续加热反应，直到看出有深色为止，记下颜色出现时间。

五、说明

1. 对-氨基甲苯配制后放置时间不要太长，如呈色度增加要重配。

2. HMF 的测定试剂添加要快，因为呈色物对光、氧气不稳定，很快褪色。

六、思考题

1. 美拉德反应与哪些因素有关？

2. 美拉德反应一般分为几个阶段？每个阶段主要产物是什么？

实验四　非酶褐变实验

一、目的要求

通过焦糖的制备及羰氨反应来了解非酶褐变反应香味的产生及焦糖的性质和用途。

二、材料仪器和试剂

材料：蔗糖、酱油。

仪器：分光光度仪。

试剂：6%醋酸、95%乙醇、25%蔗糖、20%甘氨酸溶液、25%葡萄糖、10% NaOH 溶液、10%盐酸、饱和赖氨酸溶液、25%谷氨酸钠。

三、实验内容方法

1. 焦糖的制备 采用两种不同的方法和温度，制备两种焦糖。

（1）称取白糖 15g 放入蒸发皿中，加入 1ml 水，在电炉上加热到 150℃，关掉电源，温度上升到 190~195℃，恒温 5 分钟，呈深褐色。稍冷后加入少量蒸馏水溶解，冷却后倒入容量瓶中，定容至 250ml。

（2）称白糖 15g 放入蒸发皿中，加入 1ml 水，在电炉上加热到 150℃，加入酱油 0.5ml，再加热到 170~180℃，恒温 5 分钟，呈深褐色。稍冷后加入少量蒸馏水溶解，冷却后倒入容量瓶中，定容至 250ml。

2. 比色 分别吸取的 10%焦糖溶液 10ml，分别稀释至 100ml，成为 1%焦糖溶液。吸取上述 1%焦糖溶液一定量，按下表混合样品试剂，在 520nm 处测定吸光值。

编号＼试剂	1%焦糖（1）	1%焦糖（2）	水（ml）	NaCl（g）	6%HAC（ml）	95%乙醇	光密度
1	10		10				
2	10		10	3.6			
3	10				10		
4	10					10	
5		10	10				
6		10	10	3.6			
7		10			10		
8		10				10	

3. 简单组分之间的美拉德反应

（1）取 3 支试管，加入 25%葡萄糖液和 25%谷氨酸钠溶液 5 滴，第 1 支试管加入 10%盐酸 2 滴，第 2 支加入 10% NaOH 溶液 2 滴，第 3 支试管不加酸碱。3 支试管同时放入沸水浴中加热片刻（1~2 分钟），观察比较变色快慢，计时；观察颜色深浅，以无色、黄色、褐色、深褐色表述。

（2）取 3 支试管，第 1 支加入 20%甘氨酸溶液和 25%蔗糖溶液各 5 滴，第 2 支加 25%谷氨酸钠和 25%蔗糖溶液各 5 滴，第 3 支加入 20%甘氨酸和 25%葡萄糖各 5 滴，在 3 支试管中各加入 2 滴 10% NaOH 溶液，放入沸水浴中（1~2 分钟），比较变色快慢，计时；观察颜色深浅，以无色、黄色、褐色、深褐色表述。

（3）取 3 支试管，分别加入 3ml 20%甘氨酸溶液、3ml 25%谷氨酸钠、3ml 饱和赖氨酸溶液，然后分别加入 25%葡萄糖 1ml，加热至沸腾 1 分钟，观察颜色的变化和香气的产生。

四、说明

1. 焦糖化反应的温度是 140~170℃，在 pH 碱性条件下进行更快。本实验可加入稀碱处理后，比较酸和碱的不同结果。

2. 注意观察整个形成焦糖的过程，注意它反应的三个阶段。

五、思考题

1. 不同情况下焦糖色素的变化情况及原因。

2. pH 对美拉德反应的影响。
3. 美拉德反应与糖的关系。
4. 氨基化合物对美拉德反应的影响。
5. 焦糖作为色素一般有几种？应用在哪些食品中？

实验五　油脂氧化酸败的定性和定量检验

一、目的要求

1. 进一步掌握油脂氧化酸败的机理。
2. 学会油脂氧化酸败定性检验及酸价测定的操作。

二、实验方法

（一）油脂氧化酸败的定性检验

1. 实验原理　油脂氧化酸败是个极复杂的化学变化过程，对食品质量影响很大，酸败的油脂分解产生对人体有害的产物，如环氧丙醛。过氧化物是油脂自动氧化的主要初级产物，它可进一步分解生成低级的醛、酮和羧酸。通过油脂中醛和羧酸的检出，可定性判断油脂是否已发生氧化。

（1）过氧化物和饱和碘化钾溶液反应，析出的碘再用淀粉溶液来检验。

（2）环氧丙醛在酸败的油脂中不呈游离状态，成为缩醛。在盐酸作用下，它逐渐释出，释出的游离环氧丙醛与间苯三酚发生缩合反应，生成红色的凝聚物，由此可判断油脂是否已氧化酸败。

2. 仪器材料与试剂

仪器：恒温水浴、锥形瓶、试管及架、量筒、电子天平、胶塞、玻璃管。

材料：花生油、猪脂肪或其他脂肪类样品。

试剂：

（1）三氯甲烷-冰乙酸混合溶液：三氯甲烷 40ml，冰乙酸 60ml，混匀。

（2）饱和碘化钾溶液：碘化钾 10g，加水 5ml，贮于锥形瓶中。

（3）0.5%淀粉溶液。

（4）0.1%间苯三酚乙醚溶液。

3. 实验步骤

（1）过氧化物的检出：称取油脂 2~3g，溶于 30ml 三氯甲烷-冰乙酸混合溶液中，摇匀使其溶解，加饱和碘化钾溶液 1ml，3~5 分钟后，加 3ml 0.5%淀粉溶液，观察溶液的颜色。

不同颜色反映油的不同酸败程度

颜色	酸败程度
红、砖红色	+++
桃红	++
浅红色	+
黄、绿色	未酸败

判定标准：溶液中有蓝色生成，说明油脂已开始酸败，无蓝色生成，未酸败。

（2）间苯三酚-乙醚溶液法：取试样 5ml 于试管中，加入浓盐酸 5ml，用橡皮塞塞好管口，剧烈震荡10秒左右，加入0.1%间苯三酚乙醚溶液5ml，用橡皮塞塞好管口，剧烈震荡10秒左右，使酸分层，观察下层溶液颜色。

判定标准：变质油脂呈明显的桃红色或红色，呈橙色或黄色者为阴性。

（二）油脂酸价的测定

1. 实验原理 酸价是评定油脂酸败程度的指标之一。植物油中的游离脂肪酸用KOH标准溶液滴定，每克植物油消耗氢氧化钾的毫克数称酸价。它是指中和1克油脂中游离脂肪酸所消耗的氢氧化钾的质量。从氢氧化钾的消耗来计算出油脂的酸值。

2. 仪器材料与试剂

仪器：分析天平、滴定管、容量瓶、锥形瓶、量筒。

材料：食用油脂。

试剂：

（1）中性乙醚-乙醇混合液（体积比2∶1），临用前用0.1mol/L的NaOH溶液中和至酚酞指示剂呈中性。

（2）酚酞指示剂：1%乙醇溶液。

（3）0.1000mol/L氢氧化钾标准溶液。

3. 实验步骤 精密称取3~5g试样置于锥形瓶中，加入50ml中性乙醚-乙醇溶液，摇匀使油脂溶解，必要时可放热水中，温热使之溶解。冷至室温，加入酚酞指示剂2~3滴，用0.1000mol/L的氢氧化钾标准溶液滴定至初见微红，30秒不褪色。

4. 计算

$$\text{酸值}=\frac{cV\times 56.1}{m}$$

式中：c是氢氧化钾标准溶液的浓度mol/L；V是滴定消耗氢氧化钾标准溶液的体积ml；56.1是氢氧化钾的摩尔质量g/moL；m是试样质量g。

（三）油脂过氧化值的测定

1. 实验原理 碘化钾在酸性条件下能与油脂中的过氧化物反应而析出碘。析出的碘用硫代硫酸钠溶液滴定，根据硫代硫酸的用量来计算油脂的过氧化值。

2. 仪器与试剂

仪器：碘价瓶250ml、微量滴定管5ml、量筒5ml/50ml、移液管、容量瓶100ml/1000ml、滴瓶、烧瓶。

试剂：

（1）三氯甲烷-冰乙酸混合液：取三氯甲烷40ml加冰乙酸60ml，混匀。

（2）饱和碘化钾溶液：取碘化钾10g，加水5ml，储于棕色瓶中。

（3）0.01mol/L硫代硫酸钠标准溶液：用移液管吸取约0.1mol/L的硫代硫酸钠溶液10ml，注入100ml容量瓶中，加水稀释至刻度。

（4）1%淀粉指示剂：称取可溶性淀粉0.5g，加入少许水调成糊状倒入50ml沸水中调匀，煮沸，现用现配。

3. 实验步骤 称取混合均匀的油样2~3g于碘量瓶中，或先估计过氧化值，再按表称样。加入三氯甲烷-冰乙酸混合液30ml，充分混合。加入饱和碘化钾溶液1ml，加塞后摇匀，在暗处放置3分钟。加入50ml蒸馏水，充分混合后立即用0.01mol/L硫代硫酸钠标准溶液滴定至浅黄色时，加淀粉指示剂1ml，继续滴定至蓝色消失为止。同时做不加油样的空白试验。

油样称取量

估计的过氧化值（毫克当量）	所需油样（g）
0~12	5.0~2.0
12~20	2.0~1.2
20~30	1.2~0.8
30~50	0.8~0.5
50~90	0.5~0.3

4. 计算 油样的过氧化值按（式 11-2）计算

$$过氧化值(I_2\%)=(V_1-V_2)\times N\times 0.1269/W\times 100$$

式中：V_1是油样用去的硫代硫酸钠溶液体积，ml；V_2是空白试验用去的硫代硫酸钠溶液体积，ml；N是硫代硫酸钠溶液的当量浓度；W是油样重 g；0.1269 是 1mg 当量硫代硫酸钠相当于碘的克数。

用过氧化物氧的毫克当量数表示时，可按下（式 11-3）计算

$$过氧化值(meq/kg)=(V_1-V_2)\times N/W\times 1000$$

式中 V_1、V_2、N 同（式 11-2）。

三、说明

1. 过氧化物检验中，颜色变化有蓝色时，油脂开始酸败，反之未酸败。

2. 间苯三酚乙醚法中，下层溶液颜色呈桃红色或红色为已酸败，呈浅粉红或黄色为未酸败。

3. 酸值测定时，油样颜色深可减少试样用量或适当增加混合指示剂的用量；如果深色难以判断终点，可改用指示剂。

4. 实验中切忌明火。

5. 过氧化值测定中，加入碘化钾后，静置时间长短以及加水量多少，对测定结果均有影响。

6. 过氧化值过低时，可改用 0.005mol/L 硫代硫酸钠标准溶液进行滴定。

四、思考题

1. 油脂的酸败有几种类型？酸败的影响主要是什么？

2. 评价油脂酸败的指标常用的有哪些？

实验六　蛋白质等电点的测定

一、目的要求

1. 了解蛋白质的两性电离性质。

2. 学习测定蛋白质等电点的方法。

二、实验原理

蛋白质的基本结构单位是氨基酸，虽然蛋白质中绝大多数氨基和羧基形成肽键，但含有少量游离的氨基和羧基。因此蛋白质和氨基酸一样可以电离，当 pH 达一定值时，蛋白质

颗粒上的正负电荷数相等，在电场中，蛋白质既不向阴极移动，也不向阳极移动，此时溶液的 pH 为此蛋白质的等电点。不同蛋白质各有其特异的等电点，多数等电点在 7 以下。在等电点时，蛋白质相互排斥力最小，最容易沉淀，此时蛋白质的溶解度最小。

本实验是通过观察在不同 pH 溶液中的溶解度来测定酪蛋白的等电点。用乙酸-乙酸钠配制各种不同 pH 的缓冲溶液，向各缓冲溶液中加入酪蛋白后，沉淀出现最多的缓冲液的 pH 即为酪蛋白的等电点。

三、仪器与试剂

1. 仪器 水浴锅、温度计、锥形瓶、50ml 容量瓶、试管、试管架、移液管、乳钵。

2. 试剂

（1）1. 0mol/L 醋酸溶液；0. 1mol/L 醋酸溶液；0. 1mol/L 醋酸溶液。

（2）酪蛋白的乙酸钠溶液：将酪蛋白充分研磨后称取酪蛋白 0. 25g 于锥形瓶中，加蒸馏水 20ml，用移液管量取 1. 0mol/L NaOH 溶液 5. 0ml，再加入 1. 0mol/L 醋酸 5. 0ml，将锥形瓶置于 50℃左右水浴，振摇使酪蛋白溶解，然后倒入 50ml 容量瓶中，用蒸馏水稀释至刻度，混匀。（酪蛋白浓度为 0. 5%）；酪蛋白。

四、实验方法

1. 取 8 支 20ml 的干燥试管，编号后按下表准确加入各种试剂，摇匀。

2. 静置 20 分钟，观察每支试管内溶液的浑浊度，以-，+，++，+++，++++等符号来表示沉淀多少，根据观察结果，指出哪一个是酪蛋白等电点。

试管编号 / 试剂加入顺序	1	2	3	4	5	6	7	8
蒸馏水（ml）	2. 4	3. 2	—	2. 0	3. 0	3. 5	1. 5	2. 75
1. 0mol/L 醋酸（ml）	1. 6	0. 8	—	—	—	—	—	—
0. 1mol/L 醋酸（ml）	—	—	4. 0	2. 0	1. 0	0. 5	—	—
0. 01mol/L 醋酸（ml）	—	—	—	—	—	—	2. 5	1. 25
酪蛋白醋酸钠溶液（ml）	1. 0	1. 0	1. 0	1. 0	1. 0	1. 0	1. 0	1. 0
溶液的最终 pH	3. 5	2. 8	4. 1	4. 1	4. 7	5. 0	5. 3	5. 6
沉淀出现情况								

五、说明

在测定蛋白质等电点实验中，要求各试剂的浓度和加入的量相当精确。

六、思考题

1. 什么是蛋白质的等电点？
2. 在等电点时蛋白质的溶解度为什么最小？
3. 宰杀后的畜禽肉为什么有一段时间变硬了？

实验七 酶的定性测定

一、目的要求

1. 加深对酶的性质的认识。

2. 了解温度、pH、激活剂、抑制剂等条件对酶促反应的影响。

二、实验原理

可溶性淀粉遇碘变蓝，在淀粉酶作用下发生水解，随水解时间和水解程度加深，与碘呈现不同颜色，淀粉及其水解产物的显色反应为：淀粉遇碘呈蓝色；糊精按分子的大小，遇碘可呈蓝色、紫色、暗红色或红色，最简单的糊精遇碘不呈颜色，麦芽糖遇碘也不呈颜色。

淀粉→蓝色糊精→红色糊精→无色糊精→麦芽糖→葡萄糖

聚合度大于60呈蓝色，20~60为紫红色，20为红色，小于6不呈色。

淀粉被唾液淀粉酶水解的程度可由水解混合物遇碘呈现的颜色来判断。

三、仪器材料与试剂

1. 仪器材料 试管及试管架、吸管、白瓷盘、烧杯、水浴锅、量筒、漏斗、滴管。

2. 试剂

（1）0.1% $CuSO_4$ 溶液；稀释100倍的唾液；冰水。

（2）0.3% NaCl的1%淀粉溶液：用蒸馏水配制0.3% NaCl溶液，再称取1g可溶性淀粉与少量0.3% NaCl混合，之后倒入沸腾的0.3% NaCl溶液，边加边搅，直至稀释至100ml，需新鲜配制。

（3）磷酸二氢钠-柠檬酸缓冲液系列：

pH	0.2mol/L Na_2HPO_4（ml）	0.2mol/L NaH_2PO_4（ml）	pH	0.2mol/L Na_2HPO_4（ml）	0.2mol/L NaH_2PO_4（ml）
5.8	8.0	92.0	7.6	87.0	13.0
6.2	18.5	81.5	8.0	94.5	5.5
7.0	61.0	39.0			

（4）碘化钾-碘溶液：将碘化钾2g及碘1g溶于100ml蒸馏水中。

（5）0.1% $NaSO_4$；1% NaCl。

四、实验内容方法

（一）pH对酶活性的影响

1. 取1支试管，编号为1，加入pH7.0缓冲液3ml，0.3% NaCl的1%淀粉溶液1ml及稀释唾液2ml，震荡，将试管置于37℃水浴保温，记时。每隔1~2分钟用滴管从试管中吸取一滴样品于白瓷盘中与碘液作用，当颜色为橙黄色时，取出试管，记录保温时间。

2. 取5支试管，编号，分别加入pH为5、6.2、7.0、7.6、8.0的磷酸二氢钠-柠檬酸缓冲液3ml，及各管均加入0.3% NaCl的1%淀粉溶液1ml。然后各管加入稀释唾液2ml，摇匀，立即置水浴中保温37℃。

3. 当各管保温时间与1号管相等时，依次从水浴中取出试管，立即加碘液1滴，观察并记录各管颜色，确定唾液淀粉酶的最适pH。

（二）温度对酶活的影响

1. 取试管3支，编号，各管均加入稀释唾液2ml，然后将第3管加热煮沸。

2. 将第1、3管放37℃水浴保温5分钟，第2管于冰水中冷却5分钟。

3. 分别在各试管中加入0.3% NaCl的1%淀粉溶液1ml，振荡后，各管在原温度下作用20分钟。

4. 将第2管倒出一半于另一试管（4号）中，这管在37℃水浴中放20分钟。

5. 第1、2、3管中各滴加一滴碘液，观察颜色，记录结果。

6. 第4号管取出后加入1滴碘液，观察颜色变化，比较第2管颜色。

7. 比较各管结果。

（三）抑制剂和激活剂对酶活的影响

1. 取试管4支，编号，各加入稀释唾液2ml，再于第1管中加入1% NaCl 1ml，第2管加入0.1% $CuSO_4$ 1ml，第3管加入1% $NaSO_4$ 1ml，第4管加入蒸馏水1ml。

2. 各管均加入0.3% NaCl的1%淀粉溶液1ml，振荡各管，置于37℃水浴保温，约5分钟，每隔1分钟从第1试管中取1滴试液于白瓷盘中与碘液反应，直至碘液呈现橙黄色，将4支试管都取出。

3. 每管取1滴试液于白瓷盘中碘液反应，比较各管颜色，若第3管（加入1% $NaSO_4$的试管）中仍为浅蓝或蓝色，将第2、3、4管放入37℃水浴中再反应，直到第3管为橙黄色，全取出。

4. 每管滴入1滴碘液，振荡，比较各管颜色。

五、思考题

1. 根据淀粉的结构和性质，说明碘液可作为检查唾液淀粉酶活性的原理。

2. 酶促反应的影响因素有哪些？如何影响的？

实验八　维生素C含量的测定

一、目的要求

1. 了解测定维生素C的意义。

2. 掌握测定维生素C的方法和原理。

二、实验原理

还原型维生素C可以还原2,6-二氯靛酚染料。该染料在酸性介质中呈浅红色，被还原后红色消失。还原型维生素C还原染料后，本身被氧化成脱氢抗坏血酸。在无杂质干扰时，一定量的样品提取液还原染料的量与样品中所含还原型抗坏血酸的量成正比，根据染料用量就可计算样品中还原型抗坏血酸含量。

三、仪器与试剂

1. 仪器　高速组织捣碎机、分析天平。

2. 试剂

（1）1%草酸溶液：称取10g草酸（$C_2H_2O_4 \cdot 2H_2O$）溶解于水并稀释至1L。

（2）2%草酸溶液：称取20g草酸溶解于水并稀释至1L。

（3）1%淀粉溶液：称1g淀粉溶解于100ml水中加热煮沸，边加热边搅拌。

（4）6%碘化钾溶液：称6g碘化钾溶解于100ml水中。

（5）0.001mol/L碘酸钾标准溶液：精确称取干燥的碘酸钾0.3567g，用水稀释至100ml，取出1ml，用水稀释至100ml，此溶液1ml相当于抗坏血酸0.088mg。

（6）抗坏血酸标准溶液：准确称取20mg抗坏血酸，溶于1%草酸中并定容至100ml，置冰箱中保存。用时取出5ml，置于50ml容量瓶中，用1%草酸溶液定容，配成0.02mg/ml的标准使用液。

标定：吸取标准使用液5ml于三角瓶中，加入6%的碘化钾溶液0.5ml，1%淀粉溶液3滴，再以0.001mol/L碘酸钾标准溶液滴定，终点为淡蓝色。

计算：

$$c=\frac{V_1\times 0.088}{V_2}$$

式中：c是抗坏血酸标准溶液的浓度，mg/ml；V_1是滴定时消耗0.001mol/L碘酸钾标准溶液的体积，ml；V_2是滴定时所取抗坏血酸标准溶液的体积，ml；0.088是1ml 0.001mol/L碘酸钾标准溶液相当于抗坏血酸的量，mg/ml。

（7）2,6-二氯靛酚钠溶液

配制：称取52mg碳酸氢钠（$NaHCO_3$）溶解在200ml沸水中，然后再称取50mg 2,6-二氯靛酚钠溶于上述碳酸氢钠溶液中。冷却，保存在冰箱中过夜。次日过滤于250ml棕色容量瓶中，定容。

标定：吸取5ml抗坏血酸标准溶液，加1%草酸溶液5ml，摇匀，用2,6-二氯靛酚钠溶液滴定至溶液呈粉红色15秒不褪色为止。

$$T=\frac{c\times V_1}{V_2}$$

式中：T是每毫升2,6-二氯靛酚钠溶液相当于抗坏血酸的毫克数，mg/ml；c是抗坏酸的浓度，mg/ml；V_1是抗坏血酸标准溶液的体积，ml；V_2是消耗2,6-二氯靛酚钠的体积，ml。

四、实验方法

1. 样液制备

（1）鲜样制备：称100g鲜样，放入组织捣碎机中，加2%草酸100ml迅速捣成匀浆。取10～40g匀浆，用2%草酸定容至100ml容量瓶中，（若有泡沫可加入2滴辛醇除去），摇匀放置10分钟过滤。若滤液有色，可按每克样品加0.4g白陶土脱色后再过滤。

（2）多汁果蔬样品制备：榨汁后，用棉花快速过滤，直接量取10～20ml汁液（含抗坏血酸1～5mg），立即用2%草酸浸提剂定容至100ml，待测。

2. 测定　吸取5ml或10ml滤液于100ml三角瓶中，用已标定过的2,6-二氯靛酚钠溶液滴定，直到溶液呈粉红色15秒不褪色为止。同时做空白试验。

五、结果计算

$$X=\frac{T(V-V_0)}{m}\times 100$$

式中：X是样品中V_C的含量，mg/100g；V是滴定样液时消耗染料溶液的体积，ml；V_0是滴定空白时消耗染料溶液的体积，ml；T是1ml染料溶液相当于抗坏血酸溶液的量，mg/ml；m是滴定时所取滤液中含有样品的质量g。

六、说明

1. 本方法适用于水果、蔬菜及其加工制品中还原型抗坏血酸的测定（不含二价铁、二价锡、二价铜、亚硫酸盐或硫代硫酸盐）。

2. 动物性样品，须用10%三氯醋酸代替草酸溶液提取。

3. 2,6-二氯靛酚钠溶液应贮于棕色瓶中冷藏，每星期应标定一次。

参考文献

[1] 孙延春，方北曙．食品化学［M］．武汉：武汉理工大学出版社，2011.
[2] 阚建全．食品化学［M］．第3版．北京：中国农业大学出版社，2016.
[3] 汪东风．食品化学［M］．第2版．北京：化学工业出版社，2014.
[4] 黄国伟．食品化学与分析［M］．北京：北京大学医学出版社，2006.
[5] 夏延斌，王燕．食品化学［M］．第2版．北京：中国农业大学出版社，2015.
[6] 李红．食品化学［M］．北京：中国纺织出版社，2015.
[7] 梁文珍，蔡智军．食品化学［M］．北京：中国农业大学出版社，2010..
[8] H. D. Belitz，W. Grosch，P. Schieberle 著．石阶平，霍军生译．食品化学［M］．北京：中国农业大学出版社，2008.
[9] 吴俊明．食品化学［M］．北京：科学出版社，2004.
[10] 谢明勇．食品化学［M］．北京：化学工业出版社，2015.
[11] 赵新淮．食品化学［M］．北京：科学出版社，2006.
[12] 马永昆，刘晓庚．食品化学［M］．南京：东南大学出版社，2007.
[13]（德）贝利兹，格鲁．石阶平等译．食品化学［M］．北京：中国农业大学出版社，2008.
[14] 张忠，郭巧玲，李凤林．食品生物化学［M］．北京：中国轻工业出版社，2009.
[15] 刘用成．食品生物化学［M］．北京：中国轻工业出版社，2007.
[16] 王淼，吕晓玲．食品生物化学［M］．北京：中国轻工业出版社，2010.
[17] 李晓华．食品生物化学［M］．北京：化学工业出版社，2011.
[18] 李丽娅．食品生物化学［M］．北京：高等教育出版社，2005.
[19] 郑宝东．食品酶学［M］．南京：东南大学出版社，2006.
[20]《食品安全国家标准　食品添加剂使用标准》(GB 2760—2014).
[21] 彭珊珊、钟瑞敏．食品添加剂［M］．第3版．北京：中国轻工业出版社，2014.
[22] 谢笔钧．食品化学［M］．第3版．北京：科学出版社，2013.
[23] 赵国华．食品化学［M］．北京：科学出版社，2014.
[24] 胡耀辉．食品生物化学［M］．第2版．北京：化学工业出版社，2014.
[25] 杨玉红．食品化学［M］．北京，中国质检出版社，2012.

目标检测参考答案

第四章 【参考答案】

一、单项选择题

1. C　2. A　3. A

第十章 【参考答案】

一、填空

1. 天然食品添加剂；人工合成食品添加剂
2. 大
3. 色、香、味 防腐；保鲜；加工工艺

二、判断

1. ×　2. √　3. ×

教学大纲

（供食品类、医学营养及健康类专业用）

一、课程任务

食品化学是高职高专院校食品类、医学营养及健康类专业一门重要的专业基础课，本课程的主要内容是介绍食品的化学组成、结构、性质及其在食品加工和贮藏过程的化学变化及其对食品品质和安全性的影响及控制。本课程的任务是使学生掌握食品化学的基础理论、知识和实验基本操作技能，能够运用基础理论分析和解决实际问题，为学习专业课程奠定良好的基础。

二、课程目标

1. 知识与技能目标

①掌握食品化学的基本知识，包括食品中各组分的结构、理化性质、营养、安全性和它们在生产、加工、贮藏、运输、销售过程中发生的变化，以及这些变化对食品品质的影响及控制。

②掌握本课程所涉及仪器的工作原理及操作方法。

③掌握食品中相关成分的分析检验方法，并能熟练进行实验操作。

2. 能力目标

①具备应用食品化学及相关知识和技术综合分析和解决问题的能力。

②具备继续学习和适应职业变化的能力，以及具有一定的创新能力。

3. 素质目标

①具有良好的职业道德、责任感，吃苦耐劳、热情服务、爱岗敬业、诚实守信的精神。

②具有良好的心理素质和身体素质，自信、乐观，充分理解各类人群的需求和病者的痛苦，富有爱心、耐心、细心、同情心和责任心。

③具有良好的语言表达、人际交往和人际沟通能力。

④具有团队协作和一定的组织协调、管理能力。

⑤具有理论联系实际、严谨求学的科学态度和勤奋好学、刻苦钻研的优秀品质，能够针对工作，对未来职业生涯做出规划，具有可持续学习能力和自主创业能力。

⑥具有强烈的法律意识和服务、竞争意识。

三、教学时间分配

教学内容	学时数		
	理论	实践	合计
一、绪论	1		1
二、水分	9	8	17
三、碳水化合物	10	4	14
四、脂质	8	4	12
五、蛋白质	10	4	14
六、维生素和矿物质	6	4	10

续表

教学内容	学时数		
	理论	实践	合计
七、酶	6	8	14
八、色素	6		6
九、食品风味物质	5		5
十、食品添加剂	2		2
合　计	63	32	95

四、教学内容与要求

单元	教学内容	教学要求	教学活动建议	参考学时	
				理论	实践
一、绪论	（一）食品化学的概念 （二）食品化学的研究内容 （三）食品化学的研究方法 （四）食品化学在食品工业技术发展中的作用	了解	理论讲授 多媒体	1	
二、水分	（一）概述 1. 水在食品中的作用 2. 水和冰的物理性质	了解 了解	理论讲授 多媒体	1	
	（二）水和冰的结构和性质 1. 水分子的结构 2. 水分子的缔合作用 3. 冰的结构和性质	了解 理解 了解	理论讲授 多媒体	2	
	（三）食品中水的存在状态 1. 水和非水组分的相互作用 2. 水的存在状态	了解 熟悉	理论讲授 多媒体	1	
	（四）水分活度 1. 水分活度的定义与测定方法 2. 水分活度与温度的关系 3. 食品水分的吸湿等温线	掌握 掌握	理论讲授 多媒体	1	
	（五）水与食品的稳定性 1. 水分活度与微生物生命活动的关系 2. 水分活度与食品化学变化的关系 3. 降低水分活度提高食品稳定性的机理	理解 掌握	理论讲授 多媒体	4	
	实践 1：水分活度的测定 实践 2：分光光度计对溶液浓度的测定	学会	技能实践		8

续表

单元	教学内容	教学要求	教学活动建议	参考学时	
				理论	实践
三、碳水化合物	（一）概述 1. 碳水化合物的定义和分类 2. 食品中碳水化合物的功能	 掌握 了解	理论讲授 多媒体演示	1	
	（二）单糖 1. 单糖的结构 2. 单糖的物理性质 3. 单糖的化学性质	 了解 掌握 理解掌握		3	
	（三）低聚糖 1. 蔗糖 2. 乳糖 3. 麦芽糖 4. 果葡糖浆 5. 三糖	了解		3	
	（四）多糖 1. 多糖的性质 2. 淀粉 3. 糖原 4. 纤维素和半纤维素 5. 果胶 6. 其他多糖	 理解 了解 了解 了解 了解	理论讲授 多媒体演示	3	
	实践 3：美拉德反应初始阶段的测定	掌握	技能实践		4
四、脂质	（一）概述 1. 脂质的定义和作用 2. 脂质的分类 3. 脂质的结构和组成	 掌握 了解 掌握		1	
	（二）脂质的物理性质 1. 色泽和气味 2. 溶点、凝固点和沸点 3. 烟点、闪点和着火点 4. 结晶特性 5. 熔融特性 6. 油脂的乳化和乳化剂	掌握	理论讲授 多媒体演示	2	

续表

单元	教学内容	教学要求	教学活动建议	参考学时	
				理论	实践
四、脂质	（三）油脂在食品加工和贮藏中的氧化反应 1. 自动氧化 2. 光敏氧化 3. 酶促氧化 4. 影响油脂氧化速率的因素 5. 过氧化脂质的危害	 掌握 掌握 理解 理解 了解	理论讲授 多媒体演示	2	
	（四）油脂在加工和贮藏中的其他化学变化 1. 脂解反应 2. 油脂在高温下的化学变化 3. 辐照油脂的化学变化 4. 油炸用油的化学变化	了解	理论讲授 多媒体演示	1	
	（五）油脂品质的表示方法 1. 油脂品质重要的特征常数 2. 油脂的氧化程度及氧化稳定性检验	了解	理论讲授 多媒体演示		
	（六）油脂加工化学 1. 油脂的制取和精炼 2. 油脂的改性	了解	理论讲授 多媒体演示	1	
	实践4：油脂氧化酸败的定性与定量检验	学会	技能实践		4
五、蛋白质	（一）概述 1. 蛋白质的概念和化学组成 2. 蛋白质的分类	 熟悉 了解	理论讲授 多媒体演示	1	
	（二）氨基酸 1. 构成蛋白质的氨基酸 2. 氨基酸的理化性质	熟悉	理论讲授 多媒体演示	1	
	（三）蛋白质的结构 1. 蛋白质的结构 2. 维持蛋白质三维结构的作用力	理解 掌握	理论讲授 多媒体演示	2	
	（四）蛋白质的性质 1. 蛋白质的变性作用 2. 蛋白质的功能性质	 掌握 掌握	理论讲授 多媒体演示	4	
	（五）蛋白质在食品加工和贮藏中的变化 1. 热处理的影响 2. 低温处理的影响 3. 脱水处理的影响 4. 辐射处理 5. 碱性条件下的热处理 6. 氧化剂的影响 7. 机械处理的影响 8. 酶处理引起的变化	理解	理论讲授 多媒体演示	2	
	实践5：蛋白质等电点的测定	学会	技能实践		4

续表

单元	教学内容	教学要求	教学活动建议	参考学时	
				理论	实践
六、维生素和矿物质	(一) 维生素 1. 概述 2. 维生素的分类 3. 维生素的生理功能及来源 4. 脂溶性维生素 5. 水溶性维生素 6. 维生素在食品加工和贮藏中的变化	 了解 了解 了解 了解 了解 掌握	理论讲授 多媒体演示	4	
	(二) 矿物质 1. 概述 2. 食品中重要的矿物质 3. 矿物质在食品加工中的变化	了解 掌握	理论讲授 多媒体演示	2	
	实践6：维生素C含量的测定	学会	技能实践		4
七、酶	(一) 概述 1. 酶的化学本质 2. 酶的专一性 3. 酶的命名与分类 4. 酶活力	了解	理论讲授 多媒体演示	2	
	(二) 酶催化反应动力学 1. 酶催化反应速率 2. 影响酶促反应速率的因素	理解		1	
	(三) 酶的固定化 1. 固定化酶 2. 固定化酶的制备方法	理解 掌握		1	
	(四) 酶促褐变 1. 酶促褐变机理 2. 酶促褐变的控制	了解 掌握		1	
	(五) 酶在食品加工中的应用 1. 酶在淀粉加工中的应用 2. 酶在果蔬类食品加工中的应用 3. 酶在乳制品加工中的应用 4. 酶在肉、鱼、蛋制品加工中的应用	掌握		1	
	实践7：非酶褐变实验 实践8：酶的定性测定	学会	技能实践		8
八、色素	(一) 概述 1. 食品色素的定义和作用 2. 食品色素的分类	掌握	理论讲授 多媒体演示	1	
	(二) 四吡咯色素 1. 叶绿素 2. 血红素	掌握		1	

续表

单元	教学内容	教学要求	教学活动建议	参考学时	
				理论	实践
八、色素	（三）类胡萝卜素 1. 类胡萝卜素的结构 2. 类胡萝卜素的性质 3. 类胡萝卜素在食品加工与贮藏中的变化 4. 类胡萝卜素在食品加工中的应用	掌握	理论讲授 多媒体演示	2	
	（四）多酚类色素 1. 花青素 2. 儿茶素 3. 黄酮类色素	掌握		1	
	（五）食品着色剂 1. 天然色素 2. 人工合成着色剂 3. 食品着色剂使用注意事项	了解		1	
九、食品风味物质	（一）概述 1. 食品风味的概念 2. 食品风味的分类 3. 食品风味物质的特点 4. 食品风味的评价 5. 品风味的研究意义	了解	理论讲授 多媒体演示	1	
	（二）风味物质的分离及分析方法 1. 风味物质的分离方法 2. 风味物质的分析方法	了解		1	
	（三）食品的味觉和呈味物质 1. 味觉 2. 甜味与甜味物质 3. 苦味与苦味物质 4. 酸味与酸味物质 5. 咸味与咸味物质 6. 其他味感物质	掌握		1	
	（四）食品的香气和香气物质 1. 嗅觉 2. 植物性食品的香气物质 3. 动物性食品的香气物质 4. 焙烤食品的香气成分 5. 发酵食品的香气成分	了解		1	
	（五）加工和贮藏对食品风味的影响 1. 食品香气的控制 2. 食品香气的增强	理解		1	

续表

单元	教学内容	教学要求	教学活动建议	参考学时	
				理论	实践
十、食品添加剂	（一）概述 1. 添加剂的定义 2. 食品添加剂的作用 3. 食品添加剂的分类 4. 食品添加剂的要求 5. 食品添加剂的使用标准	掌握 了解 熟悉 了解 了解	理论讲授 多媒体演示	1	
	（二）常用的食品添加剂 1. 防腐剂 2. 抗氧化剂 3. 漂白剂 4. 乳化剂和增稠剂 5. 甜味剂 6. 膨松剂 7. 食品着色剂	了解		1	

五、大纲说明

（一）适应专业及参考学时

本教学大纲主要供高职高专院校食品类、医学营养及健康类专业教学使用。总学时为95学时，其中理论教学为63学时，实践教学32学时。

（二）教学要求

1. 理论教学部分具体要求分为三个层次，分别是：了解，要求学生能够记住所学过的知识要点，并能够根据具体情况和实际材料识别是什么。理解，要求学生能够领会概念的基本含义，能够运用上述概念解释有关规律和特征等。熟悉和掌握，要求在掌握基本概念、理论和规律的基础上，通过分析、归纳、比较等方法解决所遇到的实际问题，做到学以致用，融会贯通。

2. 实践教学部分具体要求分为两个层次，分别是：掌握，能够熟练运用所学会的技能，合理应用理论知识，独立进行专业技能操作和实验操作，并能够全面分析实验结果和操作要点，正确书写实验或见习报告。学会，在教师的指导下，能够正确地完成技能操作，说出操作要点和应用目的等，并能够独立写出实验报告或见习报告。

（三）教学建议

1. 教学内容上要注意体现高职教育特点，在突出基本理论、基本概念和方法的同时，以应用为目的，尽量做到将基本知识和实践应用以及各种新技术有机结合在一起。

2. 教学过程中，适度应用多媒体教学手段，可以使抽象的理论知识简单化、形象化，如自行拍摄或收集一些具体操作方法的视频，通过多媒体投影仪和幻灯机等现代化教学工具，给学生适时讲解，能够使教学内容直观、易懂。

3. 课程考核方式及成绩评定

理论评价与实验评价有机结合，平时考核与期末考核有机结合，成绩考核与评定可依据：

考核项目	总成绩/%	计分制
期末考核	60	100
实验考核	30	100
平时成绩	10	100